Ihre Arbeitshilfen zum Download:

Die folgenden Arbeitshilfen stehen für Sie zum Download bereit:

- Übersichtsgrafiken
- Vertiefende Beiträge zu ausgewählten Themen

Den Link sowie Ihren Zugangscode finden Sie am Buchende.

Schnelleinstieg Agiles Personalmanagement

Frank Edelkraut, Heiko Mosig

Schnelleinstieg Agiles Personalmanagement

Business Agility, Führung und Transformation

1. Auflage

Haufe Group
Freiburg · München · Stuttgart

Bibliografische Information der Deutschen Nationalbibliothek

Die Deutsche Nationalbibliothek verzeichnet diese Publikation in der Deutschen Nationalbibliografie; detaillierte bibliografische Daten sind im Internet über http://dnb.dnb.de abrufbar.

Print:	ISBN 978-3-648-13252-4	Bestell-Nr. 14098-0001
ePub:	ISBN 978-3-648-13253-1	Bestell-Nr. 14098-0100
ePDF:	ISBN 978-3-648-13256-2	Bestell-Nr. 14098-0150

Frank Edelkraut, Heiko Mosig
Schnelleinstieg Agiles Personalmanagement
1. Auflage, Juni 2019

www.haufe.de
info@haufe.de

Produktmanagement: Christiane Haas
Lektorat: Helmut Haunreiter, Marktl am Inn
Korrektorat: Monika Spinner-Schuch, Schuch Verlagsservice/Wirtschaftsredaktion, Bad Aibling

Inhaltsverzeichnis

Vorwort: Agile Personalentwicklung – Ein Gespräch

Dieses Buch entstand aus Widersprüchen. Genauer gesagt ist es das Ergebnis eines Gesprächs über die vielen Widersprüche, denen sich Führungskräfte, Personalverantwortliche und alle anderen gegenübersehen, die das eigene Unternehmen nachhaltig erfolgreich machen wollen. Entstanden ist das Protokoll eines Gesprächs, in dem wir die aktuellen Herausforderungen der Wirtschaft als Auslöser für digitale und agile Transformationen ebenso betrachten wie die Frage, wie sich Unternehmen, Führungskräfte und vor allem unsere Personalkollegen auf die aktuellen Herausforderungen einstellen können. Diese Gruppen sind von der digitalen und agilen Transformation der Unternehmen besonders stark betroffen, alleine wegen der umfangreichen und komplexen Herausforderungen, die mit dem anstehenden Umbau verbunden sind. Damit geht einher, dass die Personalabteilung die Rolle als Treiber und Unterstützer des digitalen Business annehmen kann und unbedingt auch sollte. In unseren Gesprächen mit Führungskräften und Personalern erleben wir allzu oft ein großes Maß an Orientierungslosigkeit und Wissenslücken. Gebraucht wird ein Einstieg, der die Interessierten an die Hand nimmt, leicht verständlich und zum eigenen Kontext passend ist. Diesen Einstieg versuchen wir mit diesem Buch zu bieten.

Unter Agilität verstehen wir vor allem Business Agility, d. h. die Fähigkeit eines Unternehmens und der Personen darin, sich einem dynamischen Markt kontinuierlich anzupassen und Mehrwert für seine Kunden zu generieren. Die viel diskutierten Agilen Methoden sind ein Teilaspekt davon. Die Komplexität des Themas Agilität resultiert aus vielfältigen Abhängigkeiten unterschiedlichster Aspekte, die alle bekannt sein müssen, um das Thema zu verstehen und handlungsfähig zu werden. In dem resultierenden Umfang an Teilaspekten und den je nach Situation und Kontext unterschiedlichen Konstellationen liegt die zentrale Herausforderung für jeden, der sich erstmals mit dem Thema befasst. Hier soll das Buch Orientierungshilfe und Anleitung sein.

Ausgangspunkt für dieses Buch war daher die Frage: **Wenn die Wirtschaft sich zunehmend dynamisch verändert, wie müssen sich Führung und Personalarbeit weiterentwickeln?**

Hieraus ergab sich sofort eine zweite Frage: **Was brauchen die Kollegen im Business und in den Stabsstellen, um sich dem Thema Agilität professionell annehmen zu können?**

Insgesamt haben wir all die Widersprüche und Schwierigkeiten in der Auseinandersetzung mit dem neuen Thema Agilität selbst erlebt, bearbeitet und dann neue Lösungen entwickelt, die nicht nur uns begeistern. Vor allem haben wir erkannt, wie sehr die

Sicht der potenziellen Kunden im Fokus stehen muss und was Agiles Arbeiten bedeutet, wenn es in der Personalentwicklung konsequent angewandt wird.

Das Buch ist von Mittelmanagern im Personalmanagement vor allem für Führungskräfte und Personaler geschrieben, aber wir sind überzeugt, dass auch andere Funktionsträger viele Anregungen dafür, wie sie den eigenen Herausforderungen im Umgang mit Agilität begegnen, finden können. Wir glauben, dass sich die Unternehmen und alle Beteiligten radikaler auf die neuen Prinzipien und Methoden einstellen sollten und Widersprüche und Restriktionen viel früher und konsequenter gelöst werden müssen. Das heißt, die Unternehmen müssen noch agiler, digitaler und exponentieller werden und sich gleichzeitig auf die relevanten Prinzipien fokussieren.

Viel Spaß bei der Lektüre und einer Reise durch die Agile Wirtschaft sowie durch die Agile Führung und Personalarbeit – und viel Erfolg bei der anschließenden Umsetzung oder Weiterentwicklung!

Dr. Frank Edelkraut, Heiko Mosig

1 Business Agility – Wie Kurven und Geraden die Wirtschaft verändern

Summary
Wirtschaft und die einzelnen Unternehmen werden zunehmend durch Entwicklungen bestimmt, die exponentiell verlaufen. Daraus resultiert eine steigende Veränderungsgeschwindigkeit, die wiederum neue Arbeitsmethoden erfordert. Dieses Kapitel zeigt, was Business Agility ist, welche Treiber hinter Business Agility stecken und wie sie sich auswirkt. Ferner zeigt es, warum Unternehmen und deren Mitarbeiter agiler arbeiten werden.

1.1 Was verstehen wir unter Agilität?

Heiko: Wer heute als Führungskraft in einem Unternehmen tätig ist und versucht, die relevanten Entwicklungen für die eigene und die angrenzenden Branchen im Blick zu behalten, wird über die letzten Jahre erlebt haben, dass die Vielzahl der Entwicklungen und die Geschwindigkeit, mit der wirklich massive Veränderungen auftreten, enorm sind. Die Menge an neuen Themen, Veranstaltungen und anderen Formaten oder auch die Publikationen in den Social Media sind unüberschaubar. Dabei sind es nicht nur Modethemen und die permanente Wiederholung von bekannten Themen mit neuen Labels, es ist wirklich viel Neues und Spannendes dabei, was im täglichen Business eine echte Bereicherung sein kann und zu einer Weiterentwicklung beiträgt.

Frank: Das stimmt und ich habe den Eindruck, dass wir in einer total genialen Zeit leben. So viele echte Fortschritte parallel und auf vielen Spielfeldern gleichzeitig hat es noch nie gegeben. Dann kommt natürlich hinzu, dass viel mehr Themen miteinander vernetzt sind, etwa wenn neue Technologien wie der 3D-Druck ganze Wertschöpfungs- und Lieferketten verändern. Eines der aktuell besonders spannenden Themen ist Agilität, also das Thema, das uns beide und das AgileSixPack – eine Gruppe von drei Managern und drei Beratern, die sich Agilität gemeinsam erarbeiten – zusammengebracht hat. Ich glaube, bevor wir thematisch einsteigen, müssen wir beide erst einmal erzählen, was uns zum Thema Agilität gebracht hat und warum es für uns beide so wichtig ist. Was meinst du?

Heiko: Ja, das wird helfen zu erkennen, woher wir beide kommen und was wir unter Agilität verstehen. Ganz nach dem Motto: »Bevor du dich mit mir streitest, erkläre mir deine Begriffe.« Für unsere Zusammenarbeit im AgileSixPack haben wir uns auf folgende Definition des Begriffs »Business Agility« geeinigt:

»Agilität ist die Fähigkeit einer Organisation, sich pro- und/oder reaktiv an verändernde Bedingungen bzw. Anforderungen anzupassen, eine hierzu passende Arbeits-

organisation zu entwickeln, permanent zu lernen und sich schneller weiterzuentwickeln, als es das Umfeld bzw. Mitbewerber tun, um permanent Kundennutzen zu generieren.«

Mir gefällt diese Definition so gut, weil sie auf das Wesentliche in der Agilität hinweist. Es geht um die Handlungsfähigkeit in veränderlichen Kontexten, indem Arbeit adäquat organisiert wird. In meiner Vergangenheit stand lange die schnelle Veränderung in einer IT-Organisation im Vordergrund. Dabei geht es stets darum, einen Mehrwert für den Kunden bzw. Nutzer zu generieren. Heute bin ich als Personalleiter einer Bank eher mit dem Widerspruch befasst, die schnellen Veränderungen in der Welt mit der starken Regulatorik und der eher konservativen Geschäftskultur in Einklang zu bringen. In der IT haben wir früh begonnen, uns mit Agilität zu befassen, heute geht es um die Balance von Agilen Teilen unseres Geschäfts und Lähmungen durch Rahmenbedingungen. Richtig relevant ist Agilität für mich in den letzten Jahren geworden, als klar wurde, dass sich die Finanzbranche kaum aus sich heraus entwickelt, sondern durch externe Disruptoren Veränderungen erfährt. Wir sind ein Musterbeispiel für die Prinzipien der Digitalisierung.

Frank: An der genannten Definition erscheint mir eines sehr wichtig. Sie beschreibt sowohl den gewünschten Effekt, also die Handlungsfähigkeit in einem komplexen Wirtschaftskontext, als auch den dafür wichtigsten Parameter: die Agile Arbeitsorganisation. Diese fehlt in vielen Definitionen oder es geht nur um Agile Methodik.

Heiko: Jeder erschließt sich Agilität also anders. Was zur Eingangsfrage zurückführt, wie du zur Agilität gekommen bist. Was ist deine Geschichte?

Frank: Mein Weg zur Agilität war länger und eher evolutionär. Als Naturwissenschaftler und freiberuflicher Personaler mit Projektmanagementhintergrund habe ich die gesamte Geschichte des Projektmanagements der letzten 25 Jahre mitgemacht. Ich war immer wieder vorne dran und hatte daher auch sehr früh mit Agilen Methoden im Projektmanagement aktive Berührungen. Das liegt auch an Interimsmandaten, die ich als Personalmanager wahrgenommen habe. Hier ging es fast immer darum, in kurzer Zeit eine signifikante Veränderung einer Organisation zu begleiten. Gerade in Organisationsprojekten wird übrigens schon sehr lange nach Agilen Prinzipien und mit dem zugehörigen Mindset gearbeitet, lange bevor es Agile Methoden oder gar die Diskussion um Agilität gab. Es bedurfte aber erst des Agilen Manifests und Methoden wie Scrum, um diese Prinzipien in die Breite zu tragen. Die Doppelerfahrung in Agilem Arbeiten und Personalmanagement hat mich über die letzten Jahre zunehmend angetrieben, mich intensiver mit Agilität und ihrer Wirkung auf Unternehmen zu befassen. Es war übrigens früh offensichtlich, wie wichtig ein gutes Organisationsdesign ist, um Agiles Arbeiten erfolgreich machen zu können. Das bedeutet unter anderem, dass Führungskräfte und die Personalabteilung eine zentrale Rolle spielen.

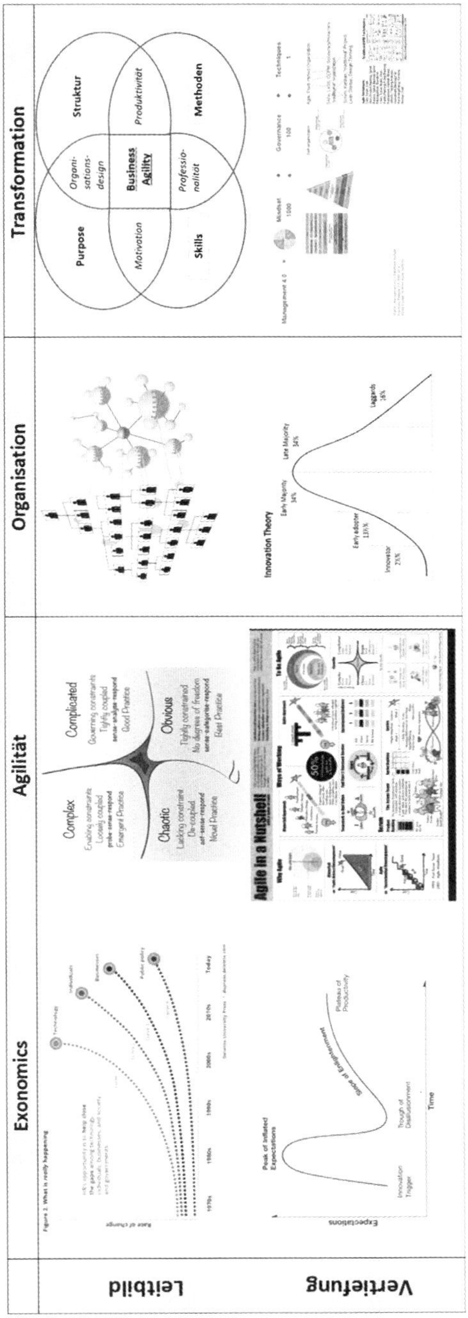

Abb. 1: Übersicht über die Themen, die im Buch diskutiert werden; Quellenangaben der hier dargestellten Einzelgrafiken jeweils dort

Heiko: Dazu möchte ich einen Punkt wiederholen, der aus meiner Sicht des Personalers in einem Unternehmen besonders wichtig ist. Wir müssen einen immer schwierigeren Spagat zwischen den Anforderungen der sich verändernden Wirtschaft und Beharrungstendenzen im Umfeld, aber auch im Unternehmen bewältigen. Dieser Spagat ist harte Arbeit und erfordert einige Kompetenzen, die nicht so einfach zu erlangen sind. Ich denke hier an Regelungen staatlicher Organisationen, in unserem Fall z. B. der EBA/BaFin, und an eine Gesetzeslage im Personalrecht, die ebenfalls noch im vergangenen Jahrhundert verwurzelt ist und unseren Handlungsspielraum einschränkt. Dies hat starken Einfluss auf unseren operativen Alltag und lässt wenig Spielraum, sich mit den aktuellen Top-Themen oder gar mit Zukunftsthemen auseinanderzusetzen. Führungskräfte und Personaler müssen diesen Widerspruch erkennen und dann den harten Weg gehen, sich mit relevanten Themen zu befassen, statt sich im operativen Kleinkram zu verlieren. Das passiert leider allzu oft.

Frank: Dann sollten wir versuchen, zuerst einen kurzen Überblick über die Top-Themen zu geben, die uns alle in den nächsten Jahren beschäftigen werden und von denen der Erfolg abhängt. In Abbildung 1 habe ich einfach mal ein paar Bilder aus dem Netz zusammengeführt, die für das Verständnis der aktuellen Entwicklungen und der Komplexität Agilen Arbeitens stehen und die wir in der Führung und Personalarbeit abbilden sollten. Wollen wir die einzelnen Grafiken einfach mal durchgehen?

1.2 Exonomics – Die exponentielle Wirtschaft

Heiko: Die erste Einzelgrafik, die wir uns gleich ansehen werden, steht für die Exonomics und zeigt ein erkennbares Auseinanderlaufen von Entwicklungen, wie ich es gerade für den operativen Alltag in einer Personalabteilung erwähnt habe. Ist das so zu verstehen?

Frank: Ja auch. Die Grafik stammt aus dem Report Deloitte Global Human Capital Trends (2017). Sie zeigt zwei wesentliche Entwicklungen, die auch uns in HR (Human Resources) betreffen. Zum einen weisen viele technologische Entwicklungen einen exponentiellen Verlauf auf, d. h., sie haben immer schneller eine immer größere Wirkung. Zum anderen laufen die Trends in unterschiedlichen Bereichen unterschiedlich schnell ab. Es ergeben sich also die gerade schon angesprochenen Lücken, die mit einem immer größeren Spagat überbrückt werden müssen. Du hattest für euch den Unterschied zwischen der langsamen und restriktiven Gesetzgebung und den Anforderungen des Business angesprochen.

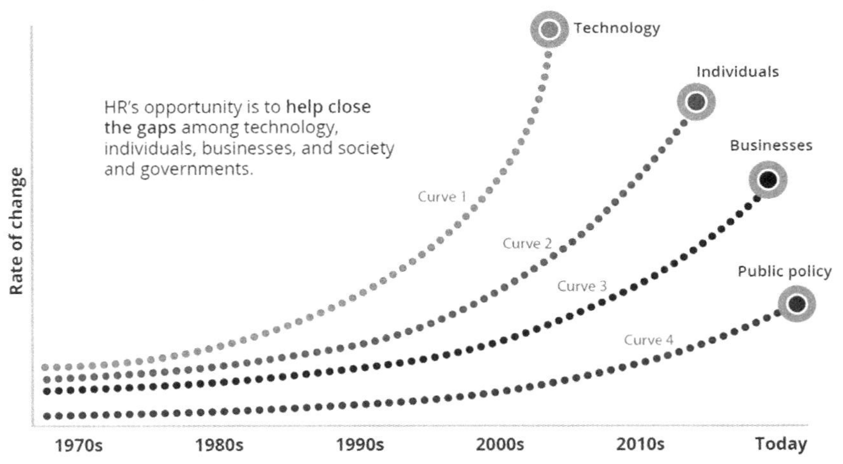

Abb. 2: Exponentielle Verläufe in der modernen Welt; Quelle: Deloitte Human Capital Trends 2017

Heiko: Oh ja, da muss ich gerade an die jüngsten Klimmzüge zur Umsetzung der DSGVO oder noch schlimmer an die Konsequenzen der AÜG-Novellierung für den Einsatz von Freiberuflern denken. Beides hat uns viel Zeit und Nerven gekostet und von wertschöpfender Arbeit abgehalten. Das Problem mit dem Einsatz von Freiberuflern ist für die meisten Unternehmen noch immer nicht gelöst, obwohl diese in einer digitalen und agilen Transformation ideal einsetzbar wären. Wir verlieren durch fehlerhafte Politik Handlungsspielräume an Stellen, die besonders wichtig werden bzw. sind.

Ich glaube an das Pferd. Das Automobil ist eine vorübergehende Erscheinung.
Wilhelm II. über die Zukunft der Automobilität

Frank: Ja und es ist noch viel schlimmer! Wenn wir uns die Kurven nochmals ansehen, dann ist das Interesse des Business ja, die Lücke zwischen der organisatorischen Entwicklung und der Technologieentwicklung zu schließen. Neue Technologien und Produkte sollen so schnell wie möglich genutzt oder entwickelt werden, um vorne dabei zu sein. Für uns Personaler, die wir das Business beim Bewältigen seiner Herausforderungen unterstützen wollen, besteht die Lücke also nicht zwischen Regelwerken und dem eigenen Unternehmen, sondern den Regelwerken und der technologischen Entwicklung! Wenn HR seiner Aufgabe gerecht wird, muss es so früh wie irgend möglich die anstehenden Entwicklungen antizipieren und vorbereiten. Wir dürfen schließlich nicht übersehen, dass jede der Entwicklungen gleichzeitig ein umfassender Lernprozess ist. Einzelne Personen müssen neue Kompetenzen erwerben, Teams neue Formen der Zusammenarbeit entwickeln und die Organisation muss häufig ebenfalls weiterentwickelt werden. Die Personal- und Organisationsentwicklung ist ein wesentlicher Bestandteil jedes Veränderungsprozesses. Damit die Personal- und Organisationsentwicklung nicht zum Bremser wird, muss sie so früh wie möglich gestartet werden, um für eine Veränderung nötige Kompetenzen bereitzustellen.

HR schließt die Lücke zwischen technologischen und organisatorischen Entwicklungen – ein zunehmender Spagat.

Heiko: Da erhebst du einen Anspruch, der in der HR-Community und selbst unter Führungskräften wohl eher wenig Unterstützung erfahren wird. Folgt man deinem Gedankengang, bedeutet dies, die bequeme Position des Unterstützers und Dienstleisters aufzugeben und sich zum Treiber von neuen Themen und permanenter Veränderung zu machen. Ich erlebe in allen Organisationen, dass diese unbequeme Rolle gerne anderen in die Schuhe geschoben wird. Hinzu kommt, dass wir die ganze Zeit über exponentielle Entwicklungen reden, die allermeisten Menschen aber große Probleme haben, sich Exponentialität (vergl. den folgenden Exkurs) vorzustellen oder gar damit zu arbeiten. Wie bekommt man deiner Meinung nach dieses Defizit in den Griff und gibt es einen Bereich, in dem dies besonders nötig ist?

Frank: In Bezug auf den Umgang mit exponentiellen Entwicklungen hilft nur eines: Übung, Übung, Übung. Naturwissenschaftler und Mathematiker sind hier definitiv im Vorteil, da sie früh gelernt haben, mit exponentiellen Entwicklungen zu arbeiten.

EXPONENTIELLES DENKEN – EXPONENTIELL DENKEN

Spätestens mit der Popularität von Moore's Law, d. h. der Vorhersage, dass sich das Preis-Leistungs-Verhältnis von Computerprozessoren exponentiell entwickelt, ist klar, welche Rolle exponentielle Entwicklungen für die Wirtschaft spielen. Die radikalen Veränderungen in der Digitalwirtschaft mit einem schnellen Aufbau von Plattformen usw. haben klargemacht, wie radikal schnell sich in der Folge auch ganze Wirtschaftszweige verändern können, wenn eine Entwicklung exponentiell verläuft.

Das bekannteste Beispiel eines exponentiellen Verlaufes rankt sich um die Legende um den Erfinder des Schachspiels. Er erbat sich als Belohnung Reis. Die Menge wurde dadurch bestimmt, dass auf das erste Feld seines neu entwickelten Schachbretts ein Reiskorn gelegt wird, auf das zweite zwei, auf das dritte vier Reiskörner und so weiter. Die konstante Verdopplung der Reiskornanzahl führt dazu, dass insgesamt 2^{64}-1 oder 18.446.744.073.709.551.615 (≈ 18,45 Trillionen) Körner auf dem Schachbrett lägen.

Dieses Beispiel zeigt bereits, wie schwer es Menschen fällt, exponentielle Entwicklungen zu verstehen und damit umzugehen. Der Mensch ist in einer linea-

ren Welt entstanden und groß geworden, er kann nicht exponentiell denken. Jeder kann die Fähigkeit zum Umgang mit exponentiellen Entwicklungen aber trainieren.
Was die meisten nicht wirklich erfassen: dass jeder Punkt auf einer exponentiellen Kurve gleich ist, dass also die Verdopplung zwischen allen Punkten auf der Kurve erfolgt. Das menschliche Hirn hat eine fatale Tendenz, die Entwicklung einer exponentiellen Kurve linear zu sehen. Das Hirn baut sich eine Kurve, in der zu einem Zeitpunkt X eine Wende erfolgt, und danach wird eine lineare Weiterentwicklung »gedacht«. Als Metapher passt ein Hockeyschläger. Nach einem geraden Teil folgt eine Krümmung und dann wieder ein gerader Teil. Das ist kein exponentieller Verlauf! Eine exponentielle Kurve ist immer gleich gekrümmt. Dies geht schlichtweg in der üblichen Darstellungsform, d. h. der logarithmischen oder doppelt-logarithmischen Darstellung, verloren. Hier betrügt sich das Gehirn quasi selbst, indem es die gewollte lineare Welt durch einen mathematischen Kniff herstellt und dann weiter linear denkt. Eigentlich müssten exponentielle Entwicklungen auf linearen Achsen dargestellt werden, um die Relevanz zu erkennen. Blöderweise funktioniert dies auch nicht, da die sich stark beschleunigende Kurve in einer zweidimensionalen Darstellung in einem linearen XY-Diagramm durch zwei scheinbare (!) Geraden gekennzeichnet ist. Optisch geht so die Erkenntnis verloren, dass jeder Teilbereich der Kurve die Krümmung aufweist, auch in den scheinbar geraden Bereichen.
Die Folge: Die große Mehrheit der Menschen in einer Organisation unterschätzt die Geschwindigkeit und Radikalität exponentieller Entwicklungen!

Als gute Gelegenheit, den Umgang mit Exponentialität zu üben, sehe ich die aktuelle Entwicklung im Bereich AI (Artificial Intelligence) bzw. KI (Künstliche Intelligenz). Dort werden rasante Fortschritte gemacht und die KI wird sich aufgrund der Art der Technologie sicher exponentiell entwickeln. Wer sich jetzt mit dem Thema intensiv befasst und immer wieder fragt, was bedeutet es, wenn sich KI (und die Anwendungen) exponentiell entwickeln, wird gute Chancen haben, die Erwartungen und die Realität (mal sehen, was kommt) abzugleichen. Ich bin sicher, dass wir insgesamt das Potenzial und die Geschwindigkeit der Entwicklung bei der KI gnadenlos unterschätzen.

Heiko: Bei uns in der Bankenbranche steckt die Nutzung von KI noch in den Anfängen. Alle Banken haben einen großen Datenbestand von ihren Kunden, den sie bisher noch nicht intelligent verknüpfen. Hier sind in der jüngeren Vergangenheit – auch getrieben durch FinTechs – die ersten Lösungen entstanden. Die Institute erkennen den wirtschaftlichen Nutzen der KI. Sie gewinnen neue Erkenntnisse aus dem bestehenden Datenbestand, verbessern die Kundenerfahrung (Customer Experience) und automatisieren Geschäftsprozesse, die bisher nur mit manuellen Eingriffen funktionierten. Damit bekommen die Berater in den Instituten ganz neue Ansätze für die individuelle Beratung ihrer Kunden. Sie müssen sich aber auch darauf einlassen, denn das Berufsbild wird sich dadurch deutlich verändern. Die Kunden kommen mit unterschiedlichen Anforderungen auf uns zu, ein Teil will gar nicht mehr beraten werden und wird zukünftig Robo Advisor nutzen, andere wollen weiterhin den persönlichen Kontakt zum Berater – wenn dieser dann auch seine Erwartung erfüllt. Diesen Spagat hinzubekommen ist eine der Zukunftsherausforderungen unserer Branche.

So steuert eine sehr namhafte Direktbank die Auslastung ihrer Marktfolge im Bereich der Baufinanzierung. Sinkt die Auslastung, werden automatisch die Zinskonditionen für die Baufinanzierung nach unten reguliert, damit die Nachfrage und die Zahl der Abschlüsse wieder steigen. Ist die Marktfolge dann zu nahezu 100 % ausgelastet oder besteht die Gefahr der Überlast, steigen die Zinsen wieder – wenn die Auslastung bis auf einen definierten Punkt fällt, werden die Zinsen wieder nach unten angepasst usw. Das ist also ein hochautomatisierter Prozess, der die Nachfrage und in der Folge die Auslastung der Marktfolge optimal steuert.

Frank: Ein spannendes Beispiel und nur eines von vielen. Mich überrascht immer wieder, dass exponentielle Verläufe nicht nur in der IT auftreten, obwohl fast nur IT-Beispiele diskutiert werden. Auch in der Biochemie (exponentieller Preisverfall bei Gentests), bei den erneuerbaren Energien (exponentieller Preisverfall bei Solarstrom bei gleichzeitig exponentiellem Anstieg installierter Leistung) oder in der Raumfahrt kommen exponentielle Entwicklungen immer häufiger vor. Dann kommt hinzu, dass die einzelnen Prozesse selbst immer schneller ablaufen.

Heiko: Oh ja, als Banker finde ich dieses Muster unter anderem in der Finanzierung von Unternehmen bzw. in der immer kürzeren Zeit, die Neugründungen benötigen, um bestimmte Schwellen zu überschreiten. Nehmen wir nur die Marktkapitalisierung. Die Anzahl der »Einhörner«, also der Unternehmen, die eine Marktbewertung von über 1 Milliarde Dollar erreichen, steigt in den letzten Jahren immer schneller an. Das ist faszinierend zu beobachten, denn es zeigt, wie schnell die entsprechenden Produkte und Dienstleistungen am Markt aufgenommen werden.

Frank: Diese Entwicklung ist wirklich faszinierend. Eine Schwierigkeit dabei ist, das zunehmende Risiko zu sehen, das sich aus den aktuellen Entwicklungen der Technologie sowie von Geschäftsmodellen einerseits und unseren Organisationen andererseits ergibt. Zu identifizieren, welche Entwicklungen für das eigene Unternehmen relevant sind, wird immer wichtiger. Es gibt so viele davon, dass es für einzelne Personen kaum eine Chance gibt, den Überblick zu behalten. Umso wichtiger ist, sich ausreichend intensiv mit aktuellen Entwicklungen zu befassen und zu verfolgen, welche Themen und technologischen Entwicklungen relevant werden könnten. Welche Quellen helfen dir dabei?

Abb. 3: Zeitpunkte, zu denen Start-ups die 1-Milliarde-Dollar-Bewertungsgrenze übersprungen haben; Quelle: CB Insights, https://www.cbinsights.com/research/ (abgerufen am 24.2.2019)

Heiko: Ich nutze sehr gerne den Singularity Hub (https://singularityhub.com) als Quelle für aktuelle Trends. Er hat mir übrigens auch geholfen zu verstehen, warum die Unternehmen im Silicon Valley oder asiatische Unternehmen so weit voraus sind, wenn es um digitale Geschäftsmodelle geht. Es hat viel mit der Haltung zur Nutzung von Möglichkeiten und einem hohen Anspruch zu tun. Besonders eindrücklich ist dies im »The Exponential Leader's Guide to Achieving 10x Growth« (Singularity University 2018) klar geworden, der aber auch ganz praktische Tipps gibt, wie sich ein Management auf die exponentielle Wirtschaft einstellen kann.

Frank: Was sind die wichtigsten Thesen?

Heiko: Prinzipiell sagen die Kapitelüberschriften bereits alles aus:
1. Grow Your Toolkit
2. Learn from the Best
3. Innovate Like the Future Depends On It (... it does)

> Innovate like the future depends on it (... it does).

Es gilt also, die wichtigsten Prinzipien der exponentiellen Wirtschaft zu verstehen. Dabei geht es nicht nur um Technologie, sondern auch um die Haltung, wirklich Großes erreichen zu wollen. Es wird auch dargestellt, welche Prinzipien sich in letzter Zeit verändert haben, etwa der Fokus auf Verfügbarkeit (Daten und anderes), statt sich permanent auf Engpässe und Mangel zu konzentrieren. Daraus entsteht dann auch der Anspruch, deutlich mehr und schneller in Innovationen zu investieren und dafür auch stärker zu kollaborieren. In diesem Kontext empfehle ich als Praxisbeispiel das Buch »Delivering Happiness – wie konsequente Kunden- und Mitarbeiterorientierung einzigartige Unternehmen schaffen« von Tony Hsieh. In diesem Buch kann jeder leicht verständlich diese Prinzipien nachvollziehen.

Frank: Okay und der Punkt »Learn from the Best« ist ohnehin selbsterklärend. Was er konkret bedeuten kann, werden wir ja zum Schluss noch zeigen, wenn wir eines der Praxisbeispiele für eine Agile Personalentwicklungsmaßnahme beschreiben. An dieser Stelle passt auch noch ein Literaturtipp. Einer der Treiber an der Singularity University ist Salim Ismail und sein Buch »Exponential Organizations« ist wohl noch immer die Leitlektüre für alle, die verstehen wollen, was exponentielle Wirtschaft ausmacht und wie Unternehmen sie für sich nutzen können.

WIE 3D-DRUCK DIE WIRTSCHAFT VERÄNDERT

3D-Druck war bis vor Kurzem eher ein Nischenthema für die Spezialisten. In den 1980er-Jahren eingeführt, geht es heute um einen Markt mit deutlich über 6 Mrd. US-Dollar Umsatz. Im Gegensatz zu IT-basierten Themen wie künstlicher Intelligenz, für die wunderbar ein großes Bedrohungspotenzial herbeigeschrieben werden kann, hat sich die Entwicklung des 3D-Drucks eher

im Hintergrund vollzogen. Wie viele andere exponentielle Entwicklungen in der Wirtschaft sind die Preise drastisch gefallen und die Anzahl der Anwendungsmöglichkeiten extrem angestiegen. 3D-Drucker für den Hausgebrauch sind inzwischen für unter 100 € zu haben.
Im Kontext der Wirtschaft ist vor allem die Frage relevant, welche Auswirkungen die Entwicklung des 3D-Drucks auf unterschiedliche Branchen und die einzelnen Unternehmen haben kann. Der Antwort kann man sich unter anderem über die wichtigsten Anwendungsfälle des 3D-Drucks nähern. In einem Beitrag zu den realen Beispielen für 3D-Druck nennt Bernard Marr sieben Anwendungen:

- Prothesen und Körperteile
- Häuser und andere Gebäude
- Essbare Dekorationen und Gerichte
- Feuerwaffen
- Produktion, u. a. in der Luftfahrt und Automobilindustrie
- Musikinstrumente
- Alles, was man sich vorstellen kann

Quelle: https://www.forbes.com/sites/bernardmarr/2018/08/22/7-amazing-real-world-examples-of-3d-printing-in-2018/#460a4e836585

Der entscheidende Punkt dürfte der letzte sein! Auch wenn der 3D-Druck noch einigen Restriktionen, insbesondere bei den eingesetzten Materialien, unterliegt, zeigt die rasante Entwicklung, was in den kommenden Jahren möglich sein wird. Die Grenzen verschieben sich erkennbar aus dem technischen Bereich hin zu den Grenzen der Vorstellungskraft. Umgekehrt argumentiert eröffnen sich enorme Potenziale.
Ein schönes Beispiel für kreative Möglichkeiten sind die Druck-Erzeugnisse von Dinara Kasko. Diese junge Architektin hat ihre Liebe zu Süßspeisen mit ihrem Beruf verknüpft und ist nun bekannt für äußerst kreative Nachspeisenkonstruktionen, z. B. geometrisch kinetische Kuchen.
Links zu Dinara Kasko: http://www.dinarakasko.com/ und https://www.youtube.com/watch?v=mEjH5xMpLSA

Die disruptive Wirkung des 3D-Drucks kann auf die eigentlichen Druckerzeugnisse bezogen werden, kann sich aber auch aus der Veränderung von Wertschöpfungsketten ergeben. Nehmen wir als Beispiel die 3D-Produktion von Sportschuhen, wie sie von Adidas vorangetrieben wird. Vordergründig geht es um individualisierte Produkte und eine schnell umstellbare Produktion. Das eigentliche Produkt bleibt aber erhalten. In der bestehenden Wertschöpfungskette ergeben sich dagegen massive Veränderungen. Während Sportschuhe heute in Massen in Billiglohnländern produziert und rund um die Welt verschifft werden, sind 3D-Druckzentren idealerweise in der Nähe der Kunden anzusiedeln. Für Reeder ist dies beispielsweise eine ernste Herausforderung, da sich die Transportmengen deutlich verkleinern. Solche Effekte sind für viele andere Branchen ebenfalls zu erwarten.

Heiko: Wenn ich die Diskussion um exponentielle Kurven in Abbildung 2 und die diskutierten Beispiele für entsprechende Technologien so ansehe, sind sie sofort eingängig und jeder wird sofort zustimmen. Ich frage mich allerdings, ob die Unterschiede zwischen den Kurvenverläufen nur meine Vorurteile bedienen oder solche Unterschiede in der Entwicklung wirklich zu beobachten sind. Sind Unternehmen und die öffentliche Hand wirklich so viel langsamer? Kennst du ein konkretes Beispiel für die unterschiedlichen Verläufe bei einem Thema?

Frank: Eines meiner liebsten Beispiele für Neuerungen, die die Welt verändern, ist TED (www.ted.com, vergl. die Case Study, die wir Ihnen in den Arbeitshilfen online zur Verfügung stellen). Bereits in den 1980er-Jahren als mehr oder weniger normale Konferenz gegründet, hat sich die Konferenz stetig, aber linear entwickelt. Es ist halt ein analoges Format und die Verbreitung hängt von der Besucherzahl ab. Die Bereitstellung der Konferenzbeiträge als Internetvideo hat dem Format einen unglaublichen Schub gegeben. Vor allem haben sich viele der präsentierten Ideen sehr schnell sehr weit verbreitet (Skalierung). Heute kennt eigentlich jeder die TED Talks von Simon Sinek zum Golden Circle (Why, How, What) oder von Ken Robinson zur Wirkung unserer Schulen auf kindliche Kreativität. Hinzu kommt, dass TED wesentlich dazu beigetragen hat, Storytelling als Kommunikationsformat zu verbreiten. Damit haben sich wiederum die Erwartungen an Kommunikation deutlich erhöht. Wer oft und gerne TED Talks sieht, ist mit einer klassischen Powerpoint-Präsentation nicht mehr zu erreichen. Hier hat eine technologische Entwicklung (Webvideo) das individuelle Verhalten verändert und immer mehr Unternehmen lassen ihre Führungskräfte darin schulen, wie TED Talks entwickelt werden. Wir haben hier also genau die Art Abfolge unterschiedlicher Kurven wie in der Abbildung 2 dargestellt.

> TED Talks haben sich exponentiell entwickelt und die Erwartungen an Kommunikation signifikant verändert.

Heiko: Ein schönes Beispiel, zumal ich selber die TED Talks gerne ansehe. Das heißt also zusammengefasst, dass wir aus der ersten Einzelgrafik (Abb. 2) und unserer Diskussion dazu mitnehmen können, dass sich Unternehmen einer immer umfassenderen, schnelleren und vielfältigeren Veränderung der eigenen Märkte und ihrer Geschäftsmodelle gegenübersehen. Für die Personalabteilungen besteht eine zentrale Herausforderung darin, dass sie die für das eigene Unternehmen relevanten Entwicklungen antizipieren müssen, da sie ganz wesentlich für die Leitplanken der Befähigung der Mitarbeiter verantwortlich sind. In der exponentiellen Wirtschaft spielen Lernen und Kompetenzentwicklung eine große Rolle, hier wächst die Verantwortung bei den Mitarbeitern und Führungskräften vor Ort. Deren Kompetenz und Geschwindigkeit haben einen wesentlichen Einfluss darauf, wie schnell sich eine Organisation wandeln kann, d. h. wie agil sie im Sinne unserer Definition oben ist.

1.3 Grundlagen Agilen Arbeitens

Frank: Damit können wir nun die Brücke zwischen dem Verständnis von Agilität als Adaptionsfähigkeit einer Organisation und den Agilen Methoden bzw. Agilem Arbeiten bauen. Über den in der allgemeinen Diskussion häufigsten Punkt, also die Agilen Methoden, haben wir bisher ja noch gar nicht gesprochen. Dabei versuchen viele Unternehmen, über den Methodeneinsatz, etwa die Einführung von Scrum, agiler zu werden. Man sollte sich zunächst bewusst machen, welche Konsequenzen die bisher beschriebenen Entwicklungen bei Technologien und Geschäftsmodellen haben. Dafür halte ich das Stacey-Diagramm (vergl. Exkurs) für hilfreich.

Wenn man sich das Stacey-Diagramm ansieht, erkennt man, dass die gerade diskutierten Themen exponentieller Entwicklungen, zunehmender Geschwindigkeit in der Wirtschaft, Digitalisierung usw. dazu führen, dass die Komplexität unseres wirtschaftlichen Handelns steigt. Genauer gesagt kommen immer komplexere Aspekte zu dem bisherigen Geschäft hinzu. Die Herausforderung besteht darin, Komplexität zu beherrschen. Diese Herausforderung ist Auslöser und Grundlage der Entwicklung und Anwendung Agiler Methoden.

DAS STACEY-DIAGRAMM

Das Stacey-Diagramm geht auf den britischen Organisationstheoretiker und Professor für Management Ralph Douglas Stacey zurück. Der Nutzen liegt darin, bei der Entscheidungsfindung unterstützen zu können. Das Diagramm zeigt sehr übersichtlich, worauf besonderer Wert zu legen ist und wie eine Entscheidungsfindung organisiert werden sollte. Wie sieht dies konkret aus? Zunächst handelt es sich um eine klassische 2x2-Matrix, die hier von den Achsen »Einvernehmen« (Agreement) und »Gewissheit« (Certainty) gebildet wird und die beide hoch oder niedrig sein können. Unter Einvernehmen wird hier der Grad an Einvernehmen verstanden, den die Stakeholder eines Themas haben. Es besteht im Extremfall absolute Einigkeit darüber, worum es geht und wie ein Thema zu behandeln ist. Das andere Extrem ist Uneinigkeit darüber, worum es geht bzw. wie ein Sachverhalt zu bewerten ist. Gewissheit bezieht sich auf die Frage, wie klar ein Lösungsweg ist. Ist dieser offensichtlich und ist der weitere Ablauf klar, besteht Gewissheit. Ist dagegen offen, wie ein Lösungsweg aussehen kann, oder gibt es mehrere Lösungswege, die nicht eindeutig bewertbar sind, dann besteht geringe Gewissheit. Ein zu entscheidendes Thema kann nun daraufhin eingestuft werden, wie Einvernehmen und Gewissheit eingeschätzt werden.

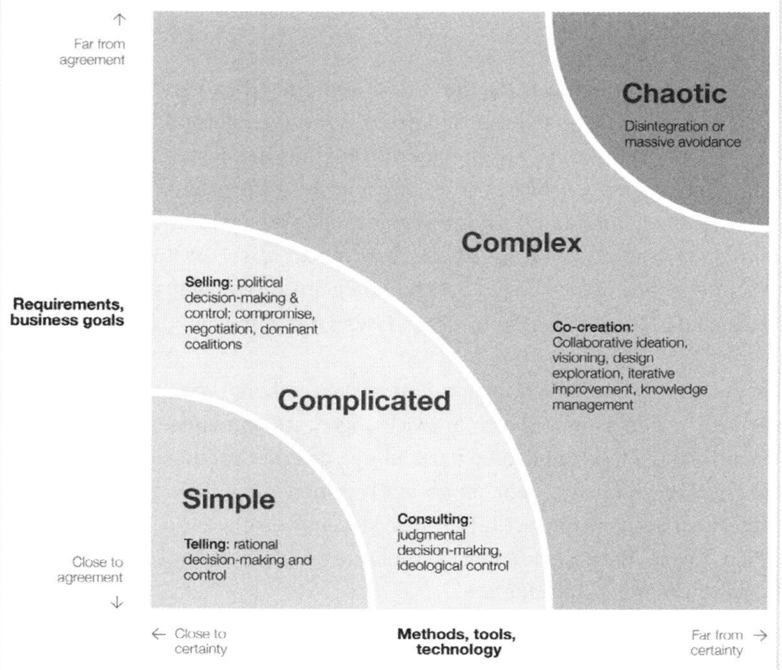

Abb. 4: Das Stacey-Diagramm; Quelle: https://lifebytwobytwo.com/2018/02/08/the-stacey-matrix-of-process-complexity/ (abgerufen am 24.2.2019)

Das Feld »Simpel« ist durch hohes Einvernehmen und hohe Gewissheit gekennzeichnet. Die Stakeholder sind sich einig, wie der Sachverhalt aussieht und wie er zu bewerten ist. Der Lösungsweg und die dazu benötigten Ressourcen und Methoden sind klar definierbar. Es besteht ein klarer Zusammenhang von Ursache und Wirkung. Führung erfolgt hier in der Regel über eine ausdifferenzierte Organisation mit klaren Regeln und Prozessen. Das Führungsverhalten ist durch Anweisungen und Kontrolle gekennzeichnet.
Im Feld »Kompliziert« besteht zwar Klarheit darüber, worum es geht, aber es herrscht Uneinigkeit darüber, wie dorthin zu kommen ist bzw. was besonders wichtig ist. Hier gilt es, die unterschiedlichen Stakeholder zusammenzuholen, den Sachverhalt zu diskutieren, Lösungen zu verhandeln und Entscheidungen zu treffen. Führung ist stärker auf Kommunikation, Moderation und Verhandlung ausgerichtet.
Das dritte Feld wird mit »Komplex« bezeichnet. Hier ist unklar, wie ein Vorgehen aussehen kann, und gleichzeitig besteht zwischen den Stakeholdern keine Einigkeit. Das Vorgehen ist gekennzeichnet durch kleine, iterative Schritte im Vorgehen, um den Sachverhalt besser zu verstehen, Lösungswege auszuprobieren und durch permanentes Lernen die beste Lösung zu identifizieren. Gleichzeitig wird die Diskussion in der Stakeholdergruppe den

Verhandlungsprozess bestimmen. Führung legt hier großen Wert darauf, dass die unterschiedlichen Ansichten gleichwertig erfasst werden und durch den iterativen Prozess, der sich aus Hypothese → Prototyp → Lernen → Weiterentwickeln zusammensetzt, zu einer sinnvollen Lösung zu kommen.
Das vierte Feld »Chaotisch« ist analog dem Feld »Komplex« zu sehen, hier kommt jedoch noch der Zufall als weiteres Element hinzu. Dadurch wird die Vorhersehbarkeit stark eingeschränkt und es kann relativ leicht zu Entwicklungen kommen, die unvorhersehbar waren und hinsichtlich der Richtung und Stärke einer Entwicklung überraschend sind. Chaotische Systeme sind nicht steuerbar.

Heiko: Bei der Betrachtung des Stacey-Diagramms war meine erste Assoziation, dass die meisten Unternehmen und dort tätigen Menschen eine starke Präferenz für simple Strukturen und Lösungen haben. Es wird versucht, so viel wie möglich in diesem Feld (Komfortzone) zu bleiben oder komplizierte/komplexe Themen mit den Methoden der simplen Unternehmenssteuerung zu bearbeiten. Das kann in der heutigen Wirtschaft nicht funktionieren!

Frank: Die Agilen Methoden haben sich genau aus dieser Erkenntnis heraus entwickelt bzw. sind deswegen so erfolgreich. Sie adressieren die Notwendigkeit, Einigkeit bei den Stakeholdern herzustellen, ebenso wie die Möglichkeit, unterschiedliche Wege zu probieren und neue Wege zu entwickeln. Agile Methoden geben Unternehmen somit die Möglichkeit, komplexe Sachverhalte professionell zu handhaben. Voraussetzung für den Erfolg ist, dass auch die Organisation und die Führung dementsprechend verändert werden und Agiles Arbeiten unterstützen.

Heiko: Die Achse »Gewissheit« in der Stacey-Matrix wird durch das methodische Vorgehen bespielt. Dazu gehört neben der eigentlichen Agilen Methodik (Scrum, Kanban etc.) das permanente Lernen und Weiterentwickeln. Die Achse »Einvernehmen« wird vor allem dadurch bespielt, dass die Organisationsbasis die cross-funktionalen Teams sind. Hinzu kommt der permanente Austausch mit den Kunden/Nutzern.

Frank: Wie in der Diskussion der Felder bereits gesehen, spielt die Führung eine zentrale Rolle für den Erfolg Agilen Arbeitens. Auch wenn die cross-funktionalen Teams die Basis Agilen Arbeitens sind, was wir im nächsten Kapitel sehen werden, können manche Aspekte von diesen Teams nicht effektiv/effizient erledigt werden. Es werden Führungskräfte benötigt, die dies auffangen und die Teams unterstützen:

- Integration unterschiedlicher Interessengruppen (außerhalb der Teams)
- Moderation der Meinungen und Widersprüche
- Befähigen und Kollaboration zum Lernen anbieten
- Bereitstellen von Rahmenbedingungen
- Zu übergeordneten Zielen inspirieren und motivieren
- Strategiedefinition und Portfoliosteuerung

Heiko: Gerne möchte ich noch einen anderen Aspekt ansprechen, der in der Praxis eine Rolle spielt und leider die Komplexität der Diskussion weiter steigert. Die Abbildung 5 stellt den sogenannten »Gartner Hype Cycle« dar (Gartner 2019). Ich glaube, dass wir in unserer Diskussion immer auch diesen Zyklus vor Augen haben sollten. Er beschreibt die Entwicklung, die fast alle Technologien durchlaufen und deren einzelne Abschnitte unterschiedliche Konsequenzen für das Management und die Personalarbeit haben. Gehen wir die Abschnitte noch einmal kurz durch:

1. Innovationsauslösung: Eine neue Technologie wird als potenziell vielversprechend angesehen und erhält einige Aufmerksamkeit – dies oft ohne echte Anwendungen in der Praxis.
2. Gipfel der Erwartungen: Die publizistische Darstellung hypt erste Erfolgsgeschichten, die ebenfalls zu beobachtenden Fehlschläge werden weniger berücksichtigt. Einige Unternehmen springen auf den Zug auf, viele tun es nicht.
3. Tal der Desillusion: Das Interesse lässt nach und die Umsetzung erweist sich immer wieder als schwierig. Die ersten Anbieter gehen bankrott. Falls die Verbleibenden gute Neuerungen anbieten, wird weiter investiert.
4. Anstieg der Erleuchtung: Immer mehr Anwendungsfälle und echte Nutzen werden erkannt und realisiert, das Angebot verbreitet sich. Zweite und dritte Generationen des Produktes werden vermarktet, immer mehr, auch konservative Unternehmen steigen auf den Zug auf.
5. Plateau der Produktivität: Das Produkt ist im Mainstream angekommen, es ist gut verfügbar und der Markt ist etabliert.

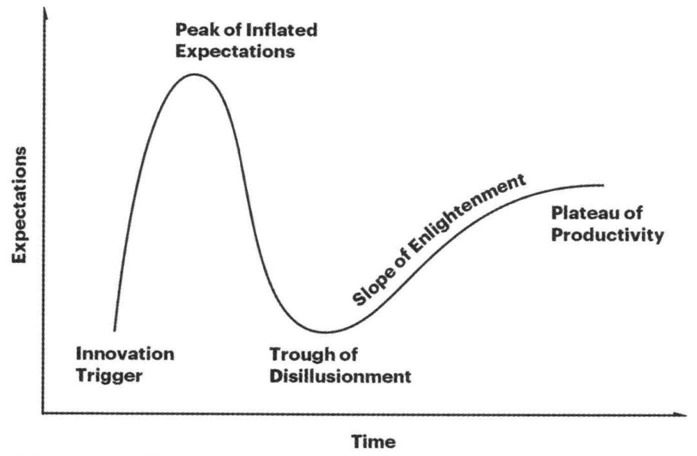

Abb. 5: Gartner Hype Cycle; Quelle: https://www.gartner.com/en/research/methodologies/gartner-hype-cycle (abgerufen am 24.2.2019)

1.4 Umgang mit exponentieller Veränderung und Agilität

Frank: Diese Beschreibung einer Produktinnovation kann auch auf die Themen, die uns in HR bewegen, angewandt werden. Gehypt werden aktuell Working Out Loud (WOL) und eben Agilität. Design Thinking ist etabliert und schon nicht mehr im Gespräch, ebenso wie andere Themen. Wo siehst du denn Agilität im Moment?

Heiko: Im Prinzip teile ich deine Einschätzung. Nach einer langen Anlaufphase wurde Agilität in den letzten beiden Jahren gehypt, aber nun kommen die ersten kritischen Stimmen. Wir bewegen uns scheinbar in das Tal der Desillusion hinein. Was mir aber besonders wichtig erscheint, wird meist nicht mit dem Hype Cycle diskutiert. Der Gartner Hype Cycle unterscheidet nur zwischen einzelnen Technologien als Ganzem. Gerade für die Personalarbeit halte ich es für wichtig, auch die Entwicklung innerhalb verschiedener Stakeholdergruppen zu unterscheiden. Neben dem Thema selbst, d. h. der Technik, gibt es einen Hype Cycle der medialen Aufmerksamkeit und einen in der realen Anwendung. Diese Cycles verlaufen im Prinzip gleich, aber zeitlich verschoben und auch mehr oder weniger gestaucht. Die Presse ist meist nur kurz für ein Thema zu begeistern, während die wirtschaftliche Nutzung länger läuft. Zum Thema Agilität denke ich, dass die Methodik schon fast auf dem Plateau der Produktivität angekommen ist. Aus der Vielzahl der ersten Anwendungen konnten wir bereits etliche »Standards« ableiten. In der medialen Aufmerksamkeit geht das Thema gerade deutlich zurück, hier ist die Phase der »Desillusion« jedoch noch nicht erreicht. Das kommt bestimmt bald, dann werden die »Alles Quatsch-« und »Hat ja noch nie funktioniert«-Artikel zunehmen. In den Unternehmen sind die Innovatoren und Early Adopters bereits durch die Talsohle der Desillusion durch, aber die große Masse der Unternehmen muss überhaupt erst damit beginnen, Agilität zu nutzen. Das nimmt aber gerade massiv zu. Eigentlich ist die Erkenntnis bei allen vorhanden, dass es ohne Agilität keine Zukunft gibt.

Frank: Ob man den letzten Satz so stehen lassen kann, wage ich fast zu bezweifeln. Ich erlebe in vielen Gesprächen, dass es noch keine echte Klarheit darüber gibt, was Agilität im Kern ist und welche Konsequenzen sie für die Unternehmen hat – leider auch sehr oft im Management und in der Personalerwelt. Aber entscheidend an deiner letzten Aussage scheint mir zu sein, dass am Ende ja eine Kakofonie unterschiedlichster Meinungen und Bewertungen entsteht, die zu einem guten Teil aus verschiedenen Erfahrungen, man könnte auch sagen unterschiedlichen Reifegraden entsteht.

Heiko: Ja, da hast du sicher Recht, dies ist oft zu beobachten. Unglücklicherweise steigt die Komplexität eines Themas dadurch an. Umso wichtiger ist es wohl, sich intensiv mit den Hintergründen und Grundlagen zu beschäftigen. Erschwerend kommt hinzu, dass Dinge mit Agilität etikettiert werden, die damit nichts zu tun haben. Letztens habe ich von einem Agilen Talentmanagement gelesen. Das fand ich als Personaler hochgradig spannend und wollte erfahren, was dahintersteckt. Leider wurde ich desillusioniert, der Verantwortliche hat mir erklärt, es sei so ein schöner, moderner Titel, mit dem sie versuchen wollten, junge Talente anzulocken. Ich glaube, wir beide brauchen darüber nicht zu philosophieren, dass dieser Schuss nach hinten losgehen wird. Also weiter im Text.

Frank: Okay, wir haben uns bisher die unterschiedlichen Treiber für die moderne Wirtschaft angesehen und mein Fazit wäre:

- Die Komplexität in der Wirtschaft steigt → **Komplexität**
- Wirtschaft wird immer exponentieller und schneller → **Geschwindigkeit**
- Neue Technologien und Methoden fordern passende Organisationen, Führung, Arbeitsweisen und Kompetenzen → **Transformation**sbedarf
- Komplexität und Geschwindigkeit führen zu einem gestiegenen Lernbedarf (für das Individuum wie auch für die Organisation) und **Lernen** wird eine Kernkompetenz

Heiko: Komplexität, Geschwindigkeit, Transformation und Lernen. Das sind die vier wesentlichen Elemente, die man unter Business Agility zusammenfassen kann. Unternehmen erweitern ihre Fähigkeiten und können immer komplexere Fragen bearbeiten. Dabei müssen sie immer schneller agieren und benötigen eine Organisation, die diese Geschwindigkeit auch gehen kann. Dahin gilt es, sich zu transformieren und alles für diese Transformation Nötige zu lernen.

Frank: Genau. Agilität der Wirtschaft wird durch technologische Entwicklungen und verändertes Verhalten getrieben. Agilität im Sinne Agiler Arbeitsmethoden ist Teil der organisatorischen Antwort auf diese Herausforderung und im folgenden Kapitel sollten wir genau dieses Thema diskutieren. Was heißt eigentlich Agiles Arbeiten?

2 Agilität – Die Methodik der schnellen Wirtschaft

Summary

Was ist eigentlich Agilität? Dazu gibt es viele Meinungen und Theorien. Agilität ist in unserer Wahrnehmung die Fähigkeit einer Organisation, sich pro- und reaktiv an verändernde Bedingungen anzupassen, permanent zu lernen und sich schneller weiterzuentwickeln, als es das Umfeld tut, um permanent Kundennutzen zu generieren. Das ist die Sicht auf das Unternehmen, die sich aus der Business Agility ergibt. Agil ist aber auch die Agile Arbeitsorganisation in den selbstorganisierten Teams. Sie arbeiten eng am Kundennutzen, liefern häufig und sind in ihrer Leistung transparent. Beide Ebenen zusammen erlauben es, komplexe Fragen effizienter zu bearbeiten. Das heißt aber nicht, dass die »klassischen« Formen der Arbeitsorganisation wegfallen. Unternehmen erweitern ihren Handlungsspielraum, wenn sie Agiles Arbeiten einführen. Professionalität = »Klassisch« + Agil.

Heiko: Bisher haben wir darüber gesprochen, dass Menschen gar nicht in der Lage sind, grundlegende Aspekte wie exponentielle Entwicklungen zu verstehen oder die Entwicklungen in ihrer Gesamtheit zu erfassen, weil einfach zu viel in sehr kurzer Zeit passiert. Gleichzeitig befinden wir uns im Hamsterrad des operativen Alltags und können uns gar nicht mit allen Entwicklungen befassen. Das ist wie in einem Albtraum, in dem wir laufen möchten, aber nicht von der Stelle kommen. Da habt ihr Berater es doch deutlich einfacher, oder?

Frank: Na ja, einerseits schon, da wir als Selbstständige unabhängiger entscheiden dürfen, wie und wo wir unsere Ressourcen einsetzen. Andererseits nutzt dies nur bedingt, denn auch wir unterliegen wirtschaftlichen Zwängen und müssen uns den Klienten anpassen. Am Ende landen wir oft gemeinsam im gleichen Hamsterrad. Damit stellt sich jedoch die Frage, wie wir das Hamsterrad von der starren Achse herunterbekommen und als Fortbewegungsmittel nutzen. Gemeinsam sollten wir doch einige Power entwickeln können.

Heiko: Die Kräfte und damit die unterschiedlichen Kompetenzen zu bündeln ist definitiv sinnvoll und generiert einen erheblichen Mehrwert. Ich denke alleine daran, dass jedes System dazu neigt, sich selbst zu bestätigen und zu erhalten. Damit sind Veränderungen aus einer Organisation heraus erheblich schwieriger zu stemmen, als wenn ein externer Treiber bzw. Impulsgeber dazugeholt wird. Wenn ich es richtig einschätze, kommt ja bei unserem Thema Agilität hinzu, dass Veränderungsprozesse ideal geeignet sind, Agile Methoden einzusetzen und die Belegschaften für Agiles Arbeiten vorzubereiten.

Frank: Das ist meist richtig, da Grundprinzipien Agilen Arbeitens die Fokussierung auf einen anzustrebenden Nutzen, selbstorganisierte Teams und ein iteratives Vorgehen mit kontinuierlichen Lern- und Verbesserungsschleifen sind. Außer in den Fällen, in denen eine Veränderung in einem »Big Bang« umgesetzt wird, ist Agiles Arbeiten somit ideal. Übrigens kann auch beim Big Bang Agiles Arbeiten sinnvoll sein, zumindest während der Vorbereitung und Planung des »Knalls«.

2.1 Eine Einführung in Agilität

Heiko: Da machst du bereits Unterscheidungen, die aus meiner Sicht einige Kenntnisse und Erfahrungen mit Agilem Arbeiten voraussetzen. Wenn die nicht vorhanden sind, ist schwer einzuschätzen, wie ein erfolgversprechendes Vorgehen aussieht. Wenn ich mich nun bei uns so umsehe, fehlt es auf jeden Fall an Erfahrung, meist auch an den grundlegenden Kenntnissen dazu, was Agilität bedeutet. Einige wollen auch gar nicht mit dem Thema belastet werden bzw. haben Schwierigkeiten, aus den ganzen Agilen Themen Fake von echtem Agilem Vorgehen zu unterscheiden.

Frank: Ja, das gilt in den meisten Organisationen. Daher schlage ich vor, dass wir jetzt noch ein paar zusätzliche Gedanken dazu anstellen, was Agilität ist und wie Agile Methoden funktionieren. Wenn du einverstanden bist, würde ich versuchen, die Brücke zwischen den Überlegungen im ersten Kapitel (Exonomics, Speed, Komplexität) und Agilem Arbeiten (Mindset, Methoden, Governance) herzustellen. In vielen Gesprächen merke ich, dass der Zusammenhang nicht so offensichtlich ist.

Heiko: Diese Zusammenhänge sind ja auch nicht so einfach zu durchschauen. Agilität ist ein komplexes Thema.

Frank: Im ersten Kapitel hatten wir das Stacey-Diagramm kennengelernt. In diesem Klassifizierungsmodell wird die Klarheit von Anforderungen der Klarheit über den Lösungsansatz gegenübergestellt. Daraus entstanden dann die Bereiche »Simpel«, »Kompliziert«, »Komplex« und »Chaotisch«.

Heiko: Stimmt und die aus dieser Betrachtung resultierende Grafik (vgl. Abb. 4) finde ich auch sehr eingängig. Aber was ich mich immer wieder gefragt habe: Was nutzt mir diese Grafik in meinem Führungsalltag als Personaler? Das Stacey-Diagramm selbst gibt mir wenig Hinweise dazu, was sich aus der Einordnung eines Projektes oder meines Kontextes im Diagramm ganz praktisch ergibt.

Frank: Genau und deswegen sollten wir uns nun ergänzend mit dem Cynefin-Framework (vergl. Exkurs) befassen. Dieses beinhaltet ebenfalls die vier genannten Bereiche, ist aber deutlich praktikabler.

DAS CYNEFIN-FRAMEWORK

Das Cynefin-Framework wurde 1999 von dem Waliser Dave Snowden als Orientierungsrahmen für Entscheidungen vorgestellt. In dem Modell werden fünf Bereiche definiert, die dem Nutzer helfen, einen gegebenen Kontext besser zu verstehen und angemessener zu entscheiden und zu handeln. Das Cynefin-Framework wurde in unterschiedlichen Zusammenhängen eingesetzt und erlangte eine größere Verbreitung im Agilen Arbeitskontext.
Der Wert liegt nicht nur in der leicht nachvollziehbaren Kategorisierung vorhandener Kontexte, sondern auch darin, dass der Nutzer eigene Intuition, eigenes Verhalten, eigene Annahmen etc. hinterfragt und so bewusstere Entscheidungen trifft. Gerade im Agilen Kontext, der meist noch ungewohnt ist und sich durch einen hohen Anteil komplexer und nicht einzuordnender Sachverhalte auszeichnet, ist dieser Orientierungsrahmen hilfreich.

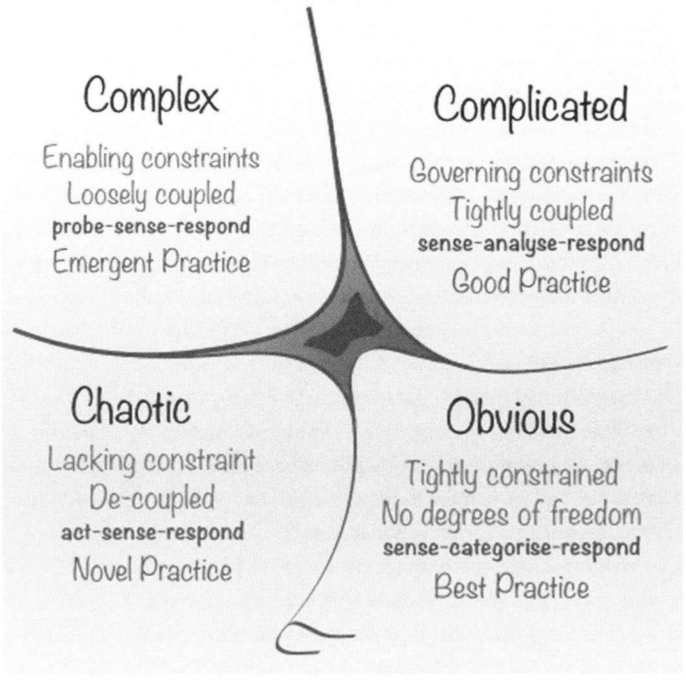

Abb. 6: Das Cynefin-Framework; Quelle: David J. Snowden, veröffentlicht unter CC BY 3.0, https://www.youtube.com/watch?v=N7oz366X0-8 (abgerufen am 24.2.2019)

Das Cynefin-Framework besteht aus den vier Bereichen »Simpel« (Obvious), »Kompliziert« (Complicated), »Komplex« (Complex) und »Chaotisch« (Chaotic). Hinzu kommt der Bereich »Disorder«, der rote Bereich in der Mitte zwischen den vier anderen Feldern.

Im Bereich »Simpel« sind Ursachen und Wirkungen vorhersehbar und wiederholbar. Simple Systeme sind somit vorhersagbar und für sie funktionieren Entscheidungen im Sinne von: Wahrnehmen – Kategorisieren – Reagieren (Sense – Categorise – Respond). Für simple Systeme existieren Best Practices oder sie können entwickelt werden.
Komplizierte Systeme sind charakterisiert durch einen Zusammenhang von Ursache und Wirkung, der aber nicht selbsterklärend ist. In der Folge wird Expertise benötigt, um komplizierte Systeme zu beherrschen, und Entscheidungen werden nach der Abfolge Wahrnehmen – Analysieren – Reagieren (Sense – Analyse – Respond) getroffen. In komplizierten Systemen wird auf Good Practices zurückgegriffen. Der wesentliche Unterschied zwischen Best und Good Practices ist, dass es nur eine Best Practice gibt, aber unterschiedliche Good Practices anwendbar sein können. Es gibt nicht den einen besten Weg, sondern die Beteiligten können sich entscheiden, welcher der verfügbaren Wege für sie bzw. den gegebenen Kontext passend ist.
Komplexe Systeme sind dadurch gekennzeichnet, dass keine Ursache-Wirkung-Abhängigkeiten vorhersagbar sind, sondern Ursache und Wirkung nur im Rahmen der laufenden Handlungen bzw. rückblickend erkennbar sind. Ergebnisse sind somit meist ebenfalls nicht vorhersagbar. Das Entscheidungsmodell für komplexe Systeme ist: Ausprobieren – Wahrnehmen – Reagieren (Probe – Sense – Respond). Es werden Experimente durchgeführt, die im positiven Fall weiterentwickelt werden oder im Fall eines Scheiterns durch andere Experimente mit geänderten Annahmen ersetzt werden. Das komplexe System entwickelt sich mit aus den Handlungen und Entscheidungen und ist somit im Fluss. Entsprechend wird hier auch von Emergent Practice gesprochen.
Chaotische Systeme entstehen durch bewusste Versuche zur Innovation oder Zufälle. Das Vorgehen ist hier Handeln – Wahrnehmen – Reagieren (Act – Sense – Respond). Practices gibt es gar nicht, da alles neu ist. Hier geht es somit vor allem um die Fähigkeit eines Systems, schnell auf Entwicklungen zu reagieren und sich zu stabilisieren.
Die Unterscheidung der vier Bereiche gibt eine einfache Vorstellung davon, wie gearbeitet werden sollte. Manchmal weiß man aber nicht, ob das aktuelle System simpel, kompliziert, komplex oder chaotisch ist. Hierfür steht das mittlere Feld »Disorder«. Neben dem Bereich »Komplex« ist dieser Bereich für Agile Kontexte eigentlich der wichtigste, denn sehr oft ist unklar, in welchem Systembereich ein betrachteter Kontext einzuordnen ist, oder es kommt zu Veränderungen, die eine Verschiebung nach sich ziehen. Auf den Arbeitshilfen online stellen wir unseren Lesern eine Matrix zur Verfügung, die dabei helfen kann, den jeweiligen Kontext in eine der beschriebenen Kategorien einzuordnen.

Literatur:
Eine besonders anschauliche Einführung in das Cynefin-Framework gibt David J. Snowden selbst in diesem Video: https://www.youtube.com/watch?v=N7oz366X0-8 (abgerufen 24.2.2019)
Snowden, David J.; Boone, Mary E. (November 2007). »A Leader's Framework for Decision Making«. Harvard Business Review, 69–76, https://hbr.org/2007/11/a-leaders-framework-for-decision-making
Kurtz, Cynthia F.; Snowden, David J. (2003). »The new dynamics of strategy: Sense-making in a complex and complicated world«. IBM Systems Journal, 42 (3): 462–483, http://alumni.media.mit.edu/~brooks/storybiz/kurtz.pdf

Frank: Ein Vorteil des Cynefin-Frameworks ist, dass soziale und psychologische Faktoren mitberücksichtigt bzw. leichter identifizierbar werden. Viele Menschen haben zum Beispiel Präferenzen für bestimmte Arten zu arbeiten und werden in einem System tendenziell diese Art suchen. Beispiele: Wenn ein Mensch lange Jahre in einer bürokratischen Umgebung gearbeitet hat, wird er Abweichungen und Probleme als Fehler in einem Prozess wahrnehmen. Ist ein Mensch Experte für ein Fachthema, werden Probleme auf einen Mangel an Zeit und Ressourcen zurückgeführt. Menschen, die in komplexen Umgebungen zuhause sind, tendieren dazu, möglichst viele, diverse Experten zusammenzuholen, in der Hoffnung, dass jemand die richtige Lösung findet. In der Konsequenz entsteht für jede Vorgehensweise eine Tendenz, Sachverhalte und Indikatoren dem bestimmten Bereich zuzuordnen und dann Ableitungen zu treffen. Die Hauptfunktion der Cynefin-Matrix ist daher, bessere Entscheidungen zur Einordnung und bessere Entscheidungen über das weitere Vorgehen zu treffen.

Heiko: Deine Erläuterungen erinnern mich an die Metapher von Paul Watzlawick: Wer als Werkzeug nur einen Hammer hat, sieht in jedem Problem einen Nagel. In diesem Sinne öffnet also die Cynefin-Matrix den Werkzeugkoffer und ich kann besser erkennen, dass ein anderes Werkzeug sinnvoller eingesetzt werden kann. Habe ich das richtig übersetzt?

Frank: Ja, so kannst du es für dich übersetzen. Wenn du dir klar geworden bist, in welchem der Felder sich dein Thema bewegt, kannst du schneller ein geeignetes Vorgehen auswählen. Eine weitere Funktion des Cynefin-Frameworks ergibt sich an der Grenze zwischen simplen und chaotischen Systemen. Sie ist eher als Klippe zu verstehen. Sie steht für das Risiko, das sich ergibt, wenn der Umgang mit einer Fragestellung durch starke Simplifizierung gekennzeichnet ist und daraus resultierend Entscheidungen und Aktionen nur im Bereich simpler Systeme erfolgen. Handelt es sich in Wirklichkeit um ein kompliziertes, komplexes oder chaotisches System, wird die Simplifizierung höchstwahrscheinlich zu einer Krise führen, das System fällt dann automatisch in den Bereich »Chaotisch«. Hier wieder handlungsfähig zu werden, wird anstrengend, teuer und zeitaufwendig. Aus dieser Überlegung ergibt sich, dass Management vor allem in den Bereichen »Kompliziert« und »Komplex« erfolgen sollte und nur zu einem möglichst geringen Teil im Bereich »Simpel«.

Heiko: Diese Situation kenne ich zu gut. Viele Unternehmen brüsten sich damit, dass sie extrem gut in der Feuerbekämpfung sind, aber bei genauem Hinsehen wären die Feuer vermeidbar gewesen. Das bedeutet, dass wir mit dem Cynefin-Framework ein Hilfsmittel an der Hand haben, das uns nicht nur eine Klassifizierung erlaubt, sondern uns auch Hinweise zur Entscheidungsfindung und Vorgehensplanung zur Verfügung stellt. Damit kommen wir einen entscheidenden Schritt weiter und können Überlegungen zur optimalen Gestaltung von Arbeit und Abläufen anstellen.

2.2 Veränderte Rollen in der Agilen Welt

Frank: Lass uns im Bereich »Simpel« beginnen. Hier kennen und können wir alles oder sind zumindest der subjektiven Überzeugung, dass es so sei. Für simple Systeme bleibt eine tayloristische Arbeitsorganisation sinnvoll und wir verdienen unser Geld primär durch Effizienz. So weit, so bekannt.

Heiko: Im Bereich komplizierter Systeme werden wir nach meiner Erfahrung ebenfalls versuchen, möglichst viel Arbeit »durchzuorganisieren«, sind uns aber im Klaren, dass hier deutlich mehr Kompetenz gefordert ist, um die Aufgaben zu erledigen – weil entweder der zu bearbeitende Gegenstand nicht einfach zu verstehen ist und/oder weil mit Abweichungen, die es professionell zu handhaben gilt, zu rechnen ist. Für die ingenieurgetriebene deutsche Wirtschaft ist dies gewohntes Terrain.

Frank: Stimmt. Bis hierher bewegen wir uns also in gewohnten Bahnen. Wenn ein System nun jedoch von vorneherein komplex oder chaotisch ist, verändert sich die Welt deutlich. Hier sind ganz andere Vorgehensweisen und dementsprechend eine andere Organisation gefragt. Zur Erinnerung die Vorgehensweisen in den beiden Systemen:

- Komplex: Ausprobieren – Wahrnehmen – Reagieren (Probe – Sense – Respond)
- Chaotisch: Handeln – Wahrnehmen – Reagieren (Act – Sense – Respond)

In beiden Systemen agieren wir geradezu gegenteilig zu den gewohnten Vorgehensweisen und es sind andere (zusätzliche) Kompetenzen gefragt. Vor allem benötigen wir Organisationen, die diese Vorgehensweisen unterstützen. Die bestehenden Organisationen behindern meist ein professionelles Bearbeiten komplexer und chaotischer Systeme.

> Agiles Arbeiten startet mit Ausprobieren.

Heiko: Darüber klagen wir doch eigentlich schon viele Jahre. Wenn ich mir ansehe, dass die beiden ersten Vorgehensschritte *Ausprobieren* bzw. *Handeln* lauten, ist dies diametral zu unserer Bildungs- und Arbeitstradition. Machen und Probieren verbinden wir doch eher mit Spielen und nicht mit Arbeiten. Auf der anderen Seite zeigt der Erfolg von »spielerischen« Elementen im Agilen Arbeiten, dass dieser Weg genau richtig und erfolgreich ist. Wir haben bei uns ein Digital Lab eingerichtet, in dem haufenweise »Spielzeug« auf seine Nutzung wartet. Legosteine, Malzeug und andere Hilfsmittel zur Produktion von Prototypen sind in der Agilen Welt doch unverzichtbar.

Frank: Und das ist gut so! Du hattest zu Recht auf die Lerntradition hingewiesen. Schulen und Hochschulen haben eine fatale Tendenz, Kindern und jungen Erwachsenen das spielerische Ausprobieren, ich spreche lieber von Simulieren, auszutreiben. So geht genau die Kreativität verloren, die in der komplexen Wirtschaft bzw. für die Bewältigung chaotischer Systeme benötigt wird. Bei dieser Frage muss ich immer an den TED Talk von Sir Ken Robinson denken: »Do schools kill creativity?« Er beschreibt hier schon 2006 exakt diese fatale Wirkung des Schulsystems auf die Kreativität und wenn ich seine Ausführung mit der Realität in der Personalentwicklung vergleiche, erkenne ich viel zu viele Muster heute immer noch wieder.

> Klassische Bildungseinrichtungen bereiten nicht auf die Agile Arbeitswelt vor.

Heiko: Ja, dieser Talk ist nicht umsonst einer der am häufigsten angesehenen und ich fürchte, dass wir die Defizite des staatlichen Bildungswesens auch in den Unternehmen finden. Darüber müssen wir noch im Detail reden (Kap. 5). Mich beschäftigt aber auch die Frage, wie sich die Logik des Cynefin-Frameworks auf die Rolle der Führungskraft auswirkt.

Frank: Eine interessante Frage. Dazu sollten wir zuerst herausfinden: Was sind die wichtigsten Bestandteile der Führungsrolle? Wenn man eine verkürzte Antwort versucht, kann man sagen:

- Entscheiden (organisieren, durchsetzen)
- Umsetzen (lassen)
- Vermitteln (Kommunikation, Lehre)
- Problemlösung (verhandeln, schlichten, ...)

Auf den ersten Blick ändert sich in agil arbeitenden Organisationen daran gar nichts. Auch wenn wir agil arbeiten, sind diese Aufgaben zu erledigen. Aber (!) Führungskräfte bewegen sich im agilen Kontext im Bereich komplexer Systeme, d. h., die einzelnen Punkte in der Aufzählung erhalten eine ganz andere Bedeutung.

Heiko: Das bedeutet, dass wir Konsequenzen für die Person der Führungskraft sehen. Spontan fällt mir etwas ein, was ich als Personaler aktuell eher schmerzhaft erfahre. Unsere Führungskräfte wurden in simplen oder komplizierten Kontexten sozialisiert und auch die erlernten Managementmethoden und -instrumente, mit denen sie bisher sehr erfolgreich waren, stammen aus diesem Umfeld. Wenn wir nun über Agiles Arbeiten reden, muss sich eine Führungskraft klarmachen, dass deutlich andere Kompetenzen relevant sind und man viele Dinge von Grund auf neu lernen muss. »Erfahrene« Führungskräfte sind wieder Anfänger!

> Die Rolle der Führungskraft verändert sich in der Agilen Welt. Führungskräfte lernen von Grund auf neu, was ihre Rolle ist.

Frank: Das ist in der Tat eine echte Herausforderung. Wir Berater sind hier zwar in einer komfortableren Situation, denn unsere Einbindung ist ja bereits das Eingeständnis, dass benötigte Kompetenzen fehlen oder nicht in ausreichendem Maße vorhanden sind. Aber auch wir erleben oft, dass Führungskräfte glauben, bereits agil zu sein, es aber tatsächlich noch nicht sind. Ich empfehle dazu stets, sich ein wenig Zeit zum Nachdenken zu nehmen, die Prinzipien von Agilität zu erarbeiten und dann zwei Fragen zu stellen:

- Welche Kompetenzen sind bei mir besonders stark ausgeprägt und welche Methoden und Instrumente beherrsche ich besonders gut?
- Wo im Cynefin-Framework sind die identifizierten Kompetenzen und Fertigkeiten besonders hilfreich?

Heiko: Ob das reicht, um die Erkenntnis zu fördern, dass hier ein völlig neuer Kontext vorliegt und ich als Führungskraft wahrscheinlich bei null starten werde? Da habe ich Zweifel.

Frank: Es reicht sicher nicht, aber ich freue mich, wenn ein selbstkritischer Reflexionsprozess startet. Diesen kann man dann ja weiterführen.

Heiko: Wenn wir gerade dabei sind, Rollen und bestehende Systeme kritisch zu hinterfragen, müssen wir wohl auch über unser eigenes Gebiet sprechen, die Personalabteilung. Analog zur Führungsrolle ist auch deren Rolle in Agilen Welten kritisch zu hinterfragen.

Frank: Selbstverständlich, denn für die Personalarbeit ändert sich fast am meisten und die Herausforderungen sind besonders groß. Für die erste grobe Orientierung, welche Bestandteile der HR-Funktion wie von Agilem Arbeiten und komplexen Kontexten betroffen sind, kann man das DGfP-Referenzmodell (DGfP 2010) heranziehen:

- **Recruiting**: Das Recruiting ist kaum betroffen, solange es um Angestellte geht. Hier werden andere Kompetenzen und Erfahrungen von den Bewerbern erwartet, die hierfür nötige Flexibilität ist für Recruiter aber normal. Neue Technologien (KI, Big Data, Social-Media-Suche, Gamification usw.) sind auf dem Vormarsch und beeinflussen die Arbeit im Recruiting selbst, aber auch hier sind vorerst keine prinzipiellen Veränderungen zu erwarten.
- **Lohn und Gehalt**: Die Entlohnungssysteme sind grundsätzlich zu überarbeiten und radikal zu verändern! Bereits die Frage, was denn zu vergüten ist, wird in Agilen Kontexten zu anderen Antworten führen, als es in der Vergangenheit der Fall war. Dann ist zu klären, wie Leistung zu beurteilen ist, insbesondere vor dem Hintergrund der selbstorganisierten Teams.
- **Personalplanung**: Sie wird mit steigender Komplexität immer schwieriger, da weder der Bedarf sicher zu prognostizieren ist noch die benötigten Qualifikationen vollständig vorhersehbar sind. Verschärfend kommt hinzu, dass Bedarfe immer kurzfristiger auftreten werden.
- **Personalentwicklung**: Agiles Arbeiten ist von der Grundlogik her ein kontinuierlicher Lernprozess und der Lernbedarf steigt in komplexen Umgebungen drastisch an. In der Phase der Agilen Transformation kommt hinzu, dass der Lernbedarf der Organisation stark ansteigt. Hier kann der Schlüsselbereich für den Wertbeitrag der Personalabteilung in der Agilen Welt gesehen werden.

Heiko: Das sind nur vier der Kernaufgabenbereiche der Personalabteilung. Hiermit werden wir uns noch eingehender beschäftigen müssen (Kap. 5). Diese Diskussion sollten wir aber verschieben, denn eigentlich hatten wir gerade untersucht, wie das beste Vorgehen in komplexen Systemen aussieht und wie man diese bearbeiten kann, **ohne** in die gewohnten Muster für simple und komplizierte Systeme zu fallen.

Frank: Stimmt, das sollten wir noch vertiefen. Am Beispiel der Personalarbeit zeigt sich aber sehr schön, wie komplex das Thema Agilität ist und wie schnell man hier den Überblick verlieren kann. Wollen wir daher ein schnelles Zwischenfazit wagen, um wieder auf unseren Pfad zurückzufinden?

Heiko: Ich versuche es mal. Bisher haben wir Agilität als eine Anforderung an Unternehmen definiert, die sich aus der Veränderung des Umfelds ergibt (Business Agility). Um Business Agility zu erreichen, wird das Methodenportfolio um Agile Arbeitsmethoden ergänzt. Wichtig ist, das Ziel »Business Agility« und die Vorgehensweise »Agiles Arbeiten« nicht zu verwechseln.

Frank: Wie bist du eigentlich zu Agilität gekommen?

Heiko: Als ich noch in der IT-Branche war, habe ich mich gefragt, warum unsere Projekte immer so schwerfällig waren und das Ergebnis eigentlich nicht komplett dem

Kundenwunsch zum Zeitpunkt des Projektendes entsprach. Ich habe mir zu dieser Zeit die Frage gestellt: Wie kann es sein, dass man von dem Kunden große Pflichten- oder Lastenhefte bekam, diese akribisch nach sehr umfangreichen Projektplanungen abgearbeitet hat – und am Ende keiner mit dem Ergebnis wirklich glücklich war? So bin ich auf die Suche nach veränderten Vorgehensweisen gegangen und bin auf das Agile Manifest gestoßen. Dieses hat mich fasziniert und ich habe mich gefragt: Wie funktioniert so ein Vorgehen? Wann wurde mir erstmals bewusst, dass ich mich in einem Agilen Kontext bewege?

Frank: Ehrlich gesagt war es bei mir ein eher schleichender Prozess. Ich habe mein gesamtes Berufsleben im Projektmanagement verbracht, beginnend mit technischen Entwicklungs- und Investitionsprojekten. Mit der Zeit verlagerte sich der Fokus auf Organisationsprojekte und damit in den Bereich komplexer Systeme hinein. Da hatte auch das heute so bezeichnete »klassische« Projektmanagement bereits etliche Instrumentarien entwickelt, die später in das Agile Projektmanagement einflossen und einfach nur mit anderen Bezeichnungen versehen wurden. Dies ist wohl auch der Grund, dass ich persönlich die Unterscheidung zwischen klassischem und agilem Projektmanagement für ziemlichen Unfug halte. Es geht darum, für eine definierte Zielstellung in einem gegebenen Kontext eine optimale Vorgehensweise zu definieren.

Heiko: Tja, manche Dinge bleiben einfach gleich. Und wann kam nun Agilität in dein Leben?

Frank: Das war um die Jahrtausendwende. Als Personalleiter einer Internetagentur, der auch für das Projektmanagement mitverantwortlich war, habe ich von unseren Entwicklern vom Agilen Manifest und neuen Arten der Softwareentwicklung gehört. Das war alles noch eher experimentell und weit von der strukturierten und disziplinierten Art Agiler Entwicklung entfernt, die wir heute nutzen. Das kam dann kurz darauf in einem Interimsmandat bei einem großen IT-Unternehmen. Dort wurde sehr früh mit Scrum gearbeitet bzw. einem Derivat, da Scrum selbst einige Mängel aufweist, was Anpassungen erforderlich machte. In der Zeit stieg dann auch die öffentliche Aufmerksamkeit deutlich an und die Diskussion, wie wir sie heute erleben, nahm ihren Anfang.

DAS AGILE MANIFEST

Das Agile Manifest entstand 2001 während eines Skiurlaubs mehrerer Experten für Softwareentwicklung. Es resultierte im Wesentlichen aus einer tief sitzenden Unzufriedenheit mit der Art, in der Software entwickelt wurde. In den Jahren zuvor wurde immer klarer, dass die im sogenannten »Wasserfall-Projektmanagement« definierten Ziele für Entwicklungsprojekte, deren Planung und das Abarbeiten der definierten Arbeitspakete nicht mehr in die Zeit

passten. Software wurde immer wieder als monolithisches Produkt konzipiert, das für die Kunden nicht mehr tauglich war, wenn es endlich fertig entwickelt war. Es galt eine dynamischere, kundennähere und vor allem an Veränderungen anpassbare Art der Programmierung zu finden.
Die Überlegungen zur Verbesserung führten zum Agilen Manifest, in dem vier Grundwerte Agilen Arbeitens und zwölf Prinzipien formuliert wurden. In der allgemeinen Diskussion wird meist auf die Werte Bezug genommen, obwohl die Prinzipien mehr Aufschluss darüber geben, wie Agiles Arbeiten konkret funktionieren sollte:

»Agile Werte

- **Individuen und Interaktionen** sind wichtiger als Prozesse und Werkzeuge.
- **Funktionierende Software** ist wichtiger als umfassende Dokumentation.
- **Zusammenarbeit mit dem Kunden** ist wichtiger als Vertragsverhandlung.
- **Reagieren auf Veränderung** ist wichtiger als das Befolgen eines Plans.

Das heißt, obwohl wir die Werte auf der rechten Seite wichtig finden, schätzen wir die Werte auf der linken Seite höher ein.

Agile Prinzipien

- Unsere höchste Priorität ist Kundenzufriedenheit durch frühe und kontinuierliche Lieferung.
- Änderungswünsche sind willkommen, auch in späten Phasen, denn es geht um die Wettbewerbsfähigkeit des Kunden.
- Wir liefern regelmäßig, bevorzugt in kurzen Zyklen.
- Alle Funktionsbereiche arbeiten täglich gemeinsam.
- Organisiere Teams um motivierte Menschen herum, gib Teams die Ressourcen und Unterstützung, die sie brauchen, und vertraue ihnen.
- Die beste Art der Kommunikation ist von Angesicht zu Angesicht.
- Funktionsfähige Produkte sind die Maßeinheit des Fortschritts.
- Alle Stakeholder sollten einen kontinuierlichen Arbeitsfluss aufrechterhalten.
- Kontinuierliches Streben nach technischer Exzellenz und gutem Design verstärkt Agilität.
- Einfachheit, die Kunst, Dinge nicht zu tun, ist essenziell.
- Die besten Ergebnisse kommen aus selbstorganisierten Teams.
- In regelmäßigen Abständen reflektiert das Team Möglichkeiten, noch besser zu werden, und setzt entsprechende Maßnahmen um.«

Quelle: Manifest für Agile Softwareentwicklung 2001: http://agilemanifesto.org/

Heiko: Dies war auch die Zeit, in der ich mit Scrum in Berührung kam, bei meinem damaligen Arbeitgeber in der IT-Branche. Die Diskussion bei uns ging sehr stark auf die Mängel der Wasserfall-Methodik ein, in der Projekte »durchdefiniert« wurden, dann lange in Bearbeitung waren, um gegen Ende schließlich in einer Welt wieder aufzutauchen, die sich verändert hat. Dann passten Ergebnis und neue Anforderung nicht mehr zusammen. Wir haben also genau das erlebt, was die Initiatoren des Agilen Manifests dazu motiviert hat, dieses zu verfassen.

Frank: Anders ausgedrückt stieg bei uns beiden der Anteil komplexer Fragestellungen an, auf die unsere Unternehmen mit Arbeitsmethoden reagierten, die wir heute zu Agilem Arbeiten zählen.

Heiko: Genau und das zeigt, dass die Bedeutung Agilen Arbeitens ansteigt, denn der Anteil komplexer Fragestellungen und Maßnahmen nimmt weiter zu.

Frank: Ich plädiere dafür, in jedem Einzelfall zu schauen, wie Vision und Strategie aussehen, welche Veränderungen sich in der Zukunft ergeben und welche Organisation am besten dazu passt. Die große Masse der Unternehmen wird dann zu der Erkenntnis kommen, dass Agilität eingeführt werden muss, dass aber am Ende eine bimodale Organisation entsteht, in der sowohl klassisch effizienzorientiert als auch agil gearbeitet wird.

Agilität erlaubt, komplexe Fragestellungen effizienter zu bearbeiten, das heißt aber nicht, dass die anderen Bereiche wegfallen. Unternehmen erweitern ihren Handlungsspielraum, wenn sie Agiles Arbeiten einführen. Professionalität = »Klassisch« + Agil

Heiko: Mit bimodaler Organisation meinst du eine Organisation, in der Agiles Arbeiten ebenso genutzt wird wie die klassischen Vorgehensweisen. Je nachdem, was zur Aufgabe und zum Kontext passt.

Frank: Genau.

Heiko: Dann lass mich doch einmal versuchen, das bisher Diskutierte zusammenzufassen. In einer digitalen, globalen Wirtschaft, in der immer mehr technologische und soziale Veränderungen immer schneller ablaufen und immer mehr Spieler im Markt auftreten, steigt die Komplexität deutlich an. Komplexe Systeme zeichnen sich wiederum dadurch aus, dass sie nur schwer vorhersagbar und zu steuern sind. Der Erfolg eines Unternehmens hängt somit immer stärker von der Fähigkeit ab, schnell auf neue Entwicklungen zu reagieren oder diese sogar auszulösen. Dazu ist eine passende Organisation ebenso nötig wie passende Methoden und eine qualifizierte Belegschaft.

Frank: Ja, so kann man es auf den Punkt bringen. Wenn wir Agilität also definieren wollen, können wir dies wie folgt tun:

WAS IST AGILITÄT? EIN ERKLÄRUNGSANSATZ DES AGILESIXPACK

Wir erleben immer wieder, dass viel über den Begriff der Agilität gesprochen wird, darunter aber sehr unterschiedliche Dinge verstanden werden. Sucht man in der Suchmaschine »des Vertrauens« nach einer Definition von Agilität, werden sehr unterschiedliche Ergebnisse ausgespuckt. Diese umfassen im Prinzip die Bereiche:

- Agilität als Eigenschaft – wendig, flexibel, anpassungsfähig …
- Agilität als Organisationsmerkmal – Fähigkeit, antizipativ, reaktiv oder initiativ zu agieren
- Agilität als Konzept für die Arbeitsorganisation – Agile Methoden (Scrum etc.), das dazu passende Mindset (Haltung) und Agiles Management bzw. Agile Organisationsentwicklung

Wir betrachten Agilität in diesem Buch und in unserer Arbeit primär aus Sicht der Führung und Organisation. Wie im Agilen Manifest gilt auch hier, dass wir eine Priorität setzen, die anderen Faktoren jedoch sehen und wertschätzen.

Unsere Definition von Agilität:

Agilität ist die Fähigkeit einer Organisation, sich pro- und reaktiv an verändernde Bedingungen anzupassen, permanent zu lernen und sich schneller weiterzuentwickeln, als es das Umfeld tut, um permanent Kundennutzen zu generieren.

Agiles Arbeiten trägt dazu bei, indem durch häufige (Teil-)Lieferung einer **tatsächlich** wertschöpfenden Leistung (Produkte, Features, Wissen) wirtschaftlicher Erfolg im Wettbewerb erzielt wird.

Agilität = Produktentwicklung (Was bieten wir an?) + Produktrealisierung (Wie realisieren wir es?)

Agiles Arbeiten: Ausgehend von einem Kundennutzen erstellen selbstorganisierte, cross-funktionale Teams mit End-to-end-Verantwortung in iterativen Zyklen funktionsfähige Ergebnisse. Dabei wird in regelmäßigen Lernschritten die eigene Arbeit wie auch das Produkt permanent hinterfragt und verbessert.

Agiles Management:

1. Kundenebene
   a) Analysiere die Bedürfnisse der Kunden und erzeuge Kundenwert
   b) Nutze Prototypen und MVP für die stete Kommunikation und für Fortschritt
   c) Moderiere den Austausch von Kunde und Team
2. Organisationsebene
   a) Baue selbstverantwortlich arbeitende und selbstorganisierte Teams auf
   b) Sorge für effektiven Produktionsfluss (Flow Efficiency)
   c) Schaffe agil-taugliche Rahmenbedingungen (kurze Entscheidungswege, Transparenz, reduzierte Abhängigkeiten …)

3. Führungsebene
   a) Lebe das Streben nach Exzellenz (organisatorisch wie technisch)
   b) Fördere Kollaboration und Lernen
   c) Vertrete das Team nach außen

Agiles Management = lernen, vernetzen, Organisation entwickeln

Heiko: Gut, nach der bisherigen Diskussion sollte jedem klar sein, wie die großen Veränderungen in der Wirtschaft aussehen, wie sie sich auf die einzelnen Organisationen auswirken werden und in welche Richtung wir die Unternehmen weiterentwickeln wollen. Dann können wir doch jetzt einmal über Agile Methoden sprechen, oder?

2.3 Agile Methoden – Eine Einführung

Frank: Agile Methoden haben wir bisher eher am Rande angesprochen. Sie sind aber ein wesentlicher Teil der Agilen Welt. Wenn du einverstanden bist, möchte ich einleitend einen kurzen Rückblick auf einige der schon diskutierten Themen voranstellen. Ich glaube, das macht es leichter, die Logik hinter Agilen Methoden zu verstehen. Dazu möchte ich Material nutzen, das schwedische Kollegen (https://dandypeople.com/) unter Creative Commons bereitgestellt haben und das ich einfach exzellent gemacht finde.

Heiko: Ah, du meinst die »Agile in a Nutshell«-Darstellungen. Die haben mir immer sehr gut gefallen und sie zeigen, wie sich das Mindset durch Agilität verändert. Früher betrachteten Berater ihre Materialien als Staatsgeheimnis und haben es nur zahlenden Kunden zur Verfügung gestellt. In der Agilen Community sind viele bereit, ihr Wissen und ihre Materialien zu teilen. Ganz im Sinne des Open-Source-Gedankens entstehen so sehr schnell neue, veränderte und individualisierte Varianten. Die Weiterentwicklung und das Lernen werden durch Teilen beschleunigt.

Frank: Genau! Vor allem wächst die eigene Toolbox schnell an und man hat einfach passendere Instrumente zur Verfügung, wenn alle alles nutzen können. Aber zurück zu »Agile in a Nutshell«. In der folgenden Abbildung ist alles dargestellt, aber wie du siehst, ist selbst die vereinfachte Grundlage bereits einigermaßen kompliziert.

Heiko: Mir fällt sofort das Cynefin-Framework auf der rechten Seite ins Auge. Das haben wir ja bereits ausführlich diskutiert. Dann fällt mir weiter die berühmte Frage nach dem »Why«, also dem Nutzen auf, den Agil hat. Wie ist die Grafik zu interpretieren?

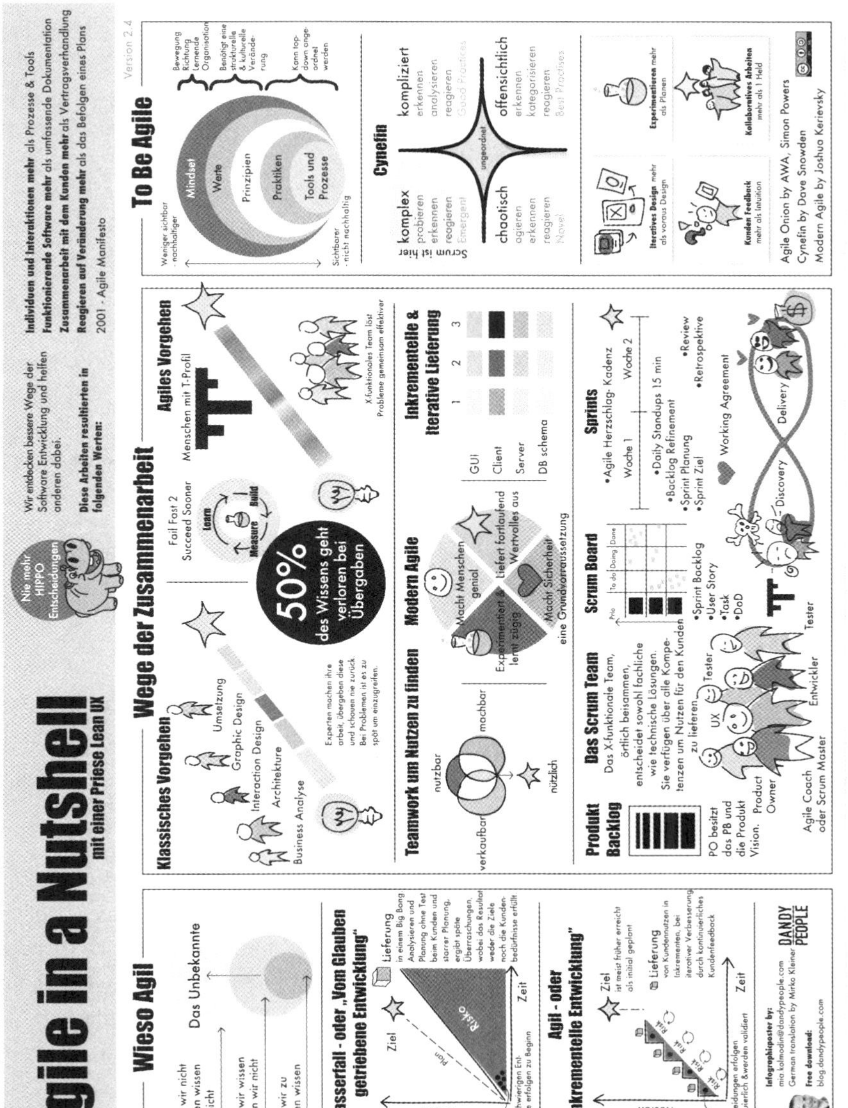

Abb. 7: Übersichtsbild zum Verständnis von Agilität; Quelle: https://media.dandypeople.com/2017/09/Agile-poster-2017-ver16-dandy-GERMAN.pdf (abgerufen am 24.2.2019)

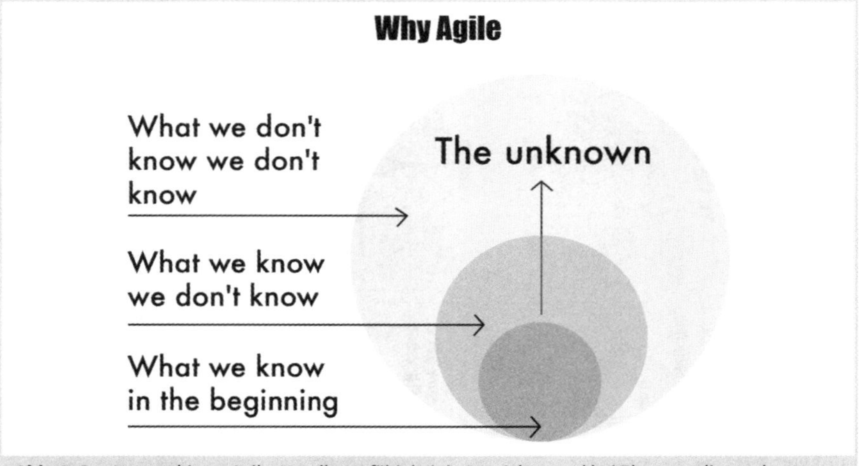

Abb. 8: Der Nutzen hinter Agil – Handlungsfähigkeit in Bereichen und bei Themen, die uns heute unbekannt sind; Quelle: https://dandypeople.com/

Frank: Diese Abbildung macht noch einmal klar, dass unsere Welt generell und die Wirtschaft im Speziellen aus drei Bereichen besteht. Da ist zunächst einmal der Bereich der Dinge, die wir kennen, dann der Bereich der Dinge, von denen wir wissen, dass sie existieren, die wir aber nicht kennen …

Heiko: Also etwa Einzelheiten zur KI. Ich weiß, dass viele Unternehmen daran arbeiten, ich habe aber keine Vorstellung davon, was dort genau passiert und wie der aktuelle Entwicklungsstand ist oder wie gar die zukünftigen Anwendungen aussehen werden.

Frank: Genau so etwas ist gemeint. Dann bleibt noch der dritte und deutlich größere Bereich der Dinge, von denen wir nicht wissen, dass sie existieren oder dass sie auf uns zukommen, und wir haben dementsprechend nicht die geringste Vorstellung davon, was sie für uns bedeuten. Das sind oft die Produkte, die einen echten Wow-Effekt auslösen, wenn die überraschte Öffentlichkeit erstmals davon erfährt. Ich denke hier zum Beispiel an den Effekt, den das iPhone erzeugte, als Steve Jobs es vorstellte und dabei den Touchscreen benutzte. Mit so etwas hatte niemand gerechnet. Zehn Jahre später gibt es bereits halb so viele Smartphones auf der Welt wie Menschen.

Heiko: Das ist ein positives Beispiel dafür, dass die Menschen sofort verstanden, welchen Nutzen die neue Technik bietet. Meist erscheint es mir aber so, als hätten sehr viele Menschen Angst vor dem Neuen und Unbekannten. Wenn wir davon ausgehen, dass wir den größten Teil dessen, was auf uns zukommt, nicht kennen, ist es viel einfacher und gefühlt sicherer, sich in ein Schneckenhaus aus Bekanntem zurückzuziehen. Menschen wollen nach meiner Einschätzung das Gefühl haben, ihr Leben im Griff zu haben.

Frank: Ja, und hier liegt eine große Herausforderung für uns Begleiter. Wir versuchen zu vermitteln, dass das Neue und Unbekannte eine Chance und Möglichkeit ist, die Welt zu gestalten. Ganz wie es die großen Naturforscher und Philosophen in der Vergangenheit getan haben: Grenzen verschieben, indem wir sie überschreiten, und so neue Handlungsräume schaffen. Wie würde die Welt aussehen, wenn es Alexander von Humboldt, Roald Amundsen, die Apollo-Crews usw. nicht gegeben hätte? Dann säßen wir noch immer in der Höhle und würden uns vor dem Zorn der Götter fürchten.

Heiko: Damit sprichst du bereits einen Aspekt des Agilen Mindsets an, das so oft eingefordert wird. In Abbildung 9 wird es als Agile Zwiebel bezeichnet und da wird schon darauf verwiesen, dass die bekannten Teile, etwa Instrumente und Prozesse, die relativ weniger wirksamen Teile der Agilität sind. Große Wirkung zeigen dagegen die Bereiche außen, die mit Haltung, Werten und Prinzipien zu tun haben – ganz wie es im Agilen Manifest formuliert wurde. Hier sehe ich auch die Möglichkeit zur Skalierung, d. h. die Möglichkeit, besonders viele Menschen zu erreichen oder schneller eine neue Technologie einzuführen. Daher versuche ich unseren Führungskräften zu vermitteln, wie wichtig Inspiration in der Führung ist und wie zum Beispiel gutes Storytelling dabei hilft.

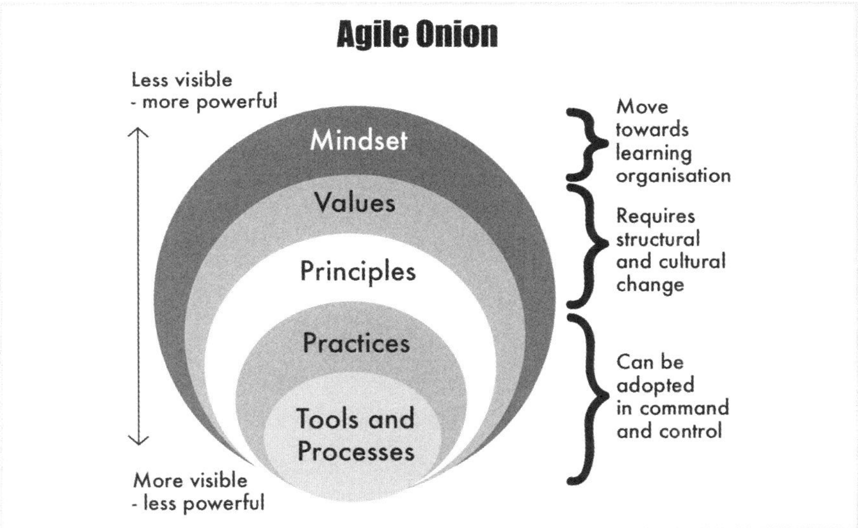

Abb. 9: Die Agile »Zwiebel« aus Mindset, Werten, Prinzipien, Praktiken sowie Instrumenten und Prozessen; Quelle: https://dandypeople.com/

Frank: Neben dem Agilen Mindset als wesentliches Element der Agilität und den Agilen Methoden als Handwerkszeug für die Agile Arbeit ist noch der mittlere Bereich der Werte und Prinzipien wichtig, in der Grafik ergänzt durch »Requires structural and cultural change«. Hier wird darauf verwiesen, dass neben der Kulturveränderung auch strukturelle Veränderungen nötig sind. Auf gut Deutsch: Agilität erfordert eine Organisation, die Agilität fördert. Nach unserer Erfahrung liegt hier aktuell der Schwachpunkt in den meisten Unternehmen. Es wurde versucht, Methoden einzuführen, oder die Kulturveränderung, also das Mindset, stand im Fokus. An die Mitte der Zwiebel, wo die meiste und schmerzhafte Arbeit ansteht, haben sich die wenigsten bisher ernsthaft herangetraut.

Agilität erfordert eine Organisation, die Agilität fördert.

Heiko: Das heißt unter dem Strich, dass am Ende eine Betrachtung aller drei Bereiche – Mindset, Organisation und Methoden – nötig ist, um Agilität zu erreichen. Das Agile Mindset ist Grundlage einer positiven Veränderung, dann folgen Methoden und vor allem die Agile Organisationsstruktur. Wie wichtig dies ist, fällt mir immer in Diskussionen über den Weg zur Agilität auf, wenn ich zwischen Adaption und Transformation unterscheide.

Frank: Was meinst du damit?

Heiko: Adaption ist die Anpassung des Bestehenden an eine externe Veränderung. Konkret ist dies die Einführung Agiler Methoden wie Scrum oder Kanban in eine bestehende Organisation. Solange nur Teilbereiche der Organisation auf diese Weise »agil werden«, ist das ein einfacher Weg. Sehr schnell wird aber klar, dass Agile Inseln nicht zu einer Agilen Organisation führen. Wenn ein agil arbeitendes Team seine Produktivität deutlich verbessert, aber Wochen auf einen Termin eines Lenkungsausschusses oder auf die Zuarbeit einer anderen Abteilung wartet, ist die Agil-Logik tot. Hier muss eine Transformation stattfinden, d. h. die durchgängige Veränderung der gesamten Organisation: beginnend mit einer Kulturveränderung, die auf das Agile Mindset zielt, über eine Organisationsänderung, die konsequent die Agilen Teams fördert, bis zu einer Lernkultur, die eine permanente Weiterentwicklung in den Fokus stellt. Den Aufwand, den es bedeutet, agil zu werden, unterschätzen viele Protagonisten oder sie scheuen ihn.

Frank: Hinsichtlich des Unterschätzens gebe ich dir völlig recht. Agil ist deutlich anspruchsvoller als alle bisherigen Organisationsweisen, denn wir müssen alle relevanten Kulturmerkmale gleichzeitig erfüllen können. Ich denke hier an Zusammenarbeit, Kompetenz für Hochleistung, Lernen und trotzdem Kontrolle. Ich sage trotzdem, da viele Protagonisten der Agilen Szene Kontrolle als etwas Böses sehen und strikt ablehnen. Dabei wird ignoriert, dass sich einerseits die Rahmenbedingungen nur langsam ändern und Compliance und Gesetze immer eine große Rolle spielen und dass andererseits die selbstorganisierten und unabhängigen Teams immer noch Teil einer größeren Organisation sind. Diese können nicht so frei agieren, wie es immer wieder gefordert wird.

Heiko: Stimmt, zumal ich in der Diskussion immer wieder die Unterscheidung zwischen den Agilen Vorreitern und der großen Masse der Unternehmen vermisse. Die Agilen Vorreiter sind zumeist kleine Unternehmen mit einer sehr homogenen, hoch qualifizierten Belegschaft, die keiner Mitbestimmung unterliegen, unter dem Radar der Behörden fliegen und weitgehend machen können, was sie für gut und richtig halten. Oft wird dann auch nur an einer Produktart wie beispielsweise an einer Software gearbeitet und insgesamt ist die Komplexität des Geschäfts relativ gering. Die meisten Unternehmen sind jedoch im Anlagen- und Maschinenbau, den Branchen Chemie und Pharma oder in anderen Bereichen tätig, haben mehrere Tausend Mitarbeiter und unterschiedlichste global agierende Geschäftsfelder. Die werden nicht rein agil arbeiten, weil es beispielweise in der Produktion nur bedingt sinnvoll ist und externe Rahmenbedingungen es vielfach gar nicht zulassen. Für mich wird der Normalfall der Zukunft ein bimodales Unternehmen sein, in dem Agiles Arbeiten, eine klassisch effizienzorientierte Produktion und bedarfsgerechte, d. h. agil oder klassisch organisierte Projekte unter einem Dach vereint sind. Dahin zu kommen ist eine Herausforderung.

Frank: Umso wichtiger ist es, sich darüber klar zu werden, was der Unterschied zwischen Adaption und Transformation ist. Lass uns doch später das Thema Agile Transformation noch einmal ausführlicher diskutieren (vergl. Kap. 6). Ich schlage vor, dass wir uns jetzt einmal mit den Agilen Methoden befassen, die wir bereits mehrfach angesprochen haben. Sehen wir uns ein weiteres Element der Abbildung 7 »Agile in a Nutshell« an.

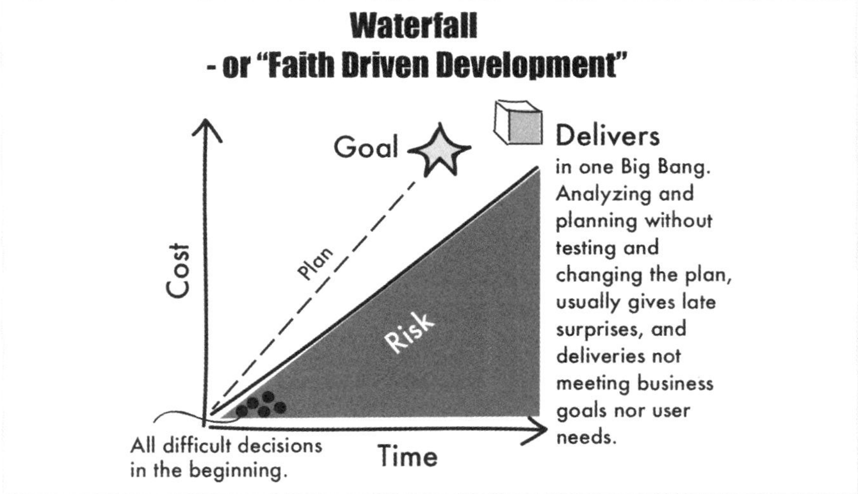

Abb. 10: Kritik am sogenannten Wasserfall-Projektmanagement; Quelle: https://dandypeople.com/

Heiko: Oh ja, hier geht es um die Frage, wie ein Projekt idealerweise geplant wird – eine der »Glaubensfragen« der Agilität. Ich habe in vielen Beiträgen zum Thema Agiles Arbeiten den Eindruck, dass hier ein echter dogmatischer Streit ausgefochten wird.

Dabei herrscht die Meinung vor, dass die »Wasserfall« genannte Planung vom Endprodukt her etwas Böses sei und die Agile Vorgehensweise die Rettung der Welt darstelle.

Frank: Das hast du jetzt zwar etwas zynisch formuliert, aber ich erlebe die Diskussion genauso. Es gibt einen erkennbaren Dogmatismus, gerade bei jüngeren, d. h. vor allem wenig projekterfahrenen Protagonisten. Die haben häufig nicht durchdacht, wie sehr sich die Anforderungen unterscheiden können, die von den verschiedenen Projekttypen an die Planung und Umsetzung gestellt werden. Wer nur einen Projektanlass wie zum Beispiel die Softwareentwicklung kennt, sieht viele Aspekte anderer Projekte nicht. Nehmen wir das Beispiel des Schiffbaus, passend zu unserem Standort hier in Hamburg. Ein Schiff ist ein Investitionsgut und der Bau unterliegt extrem vielen Restriktionen hinsichtlich Platz, Verkabelungsbahnen, Abfolge der Gewerke usw. Hier ist eine präzise Planung vom Ende, also von der Übergabe an den Reeder her zwingend nötig. Daran werden auch die positiven Aspekte Agilen Arbeitens nur sehr bedingt etwas ändern können.

Heiko: Das gilt auch für viele andere Produkte und Leistungen, die auch zukünftig weiter benötigt werden. An der Diskussion finde ich vor allem gefährlich, dass sich Mitarbeiter in Unternehmen, die weiter klassisch arbeiten sollten oder sich auf die bimodale Welt vorbereiten, von der Heftigkeit der Aussagen beeindrucken lassen und Agil-Dogmatikern folgen, statt die Bedürfnisse des individuellen Kontextes zu berücksichtigen bzw. in den Vordergrund zu stellen.

Frank: Das sehe ich genauso. Dazu gibt es für unsere Leser auf den Arbeitshilfen online einen kleinen Exkurs, der aus dem »klassischen« Projektmanagement kommend die Anforderungen unterschiedlicher Projekttypen und die Konsequenzen für Planung usw. beleuchtet. Darin wird dann klar, dass Agilität bei einigen Projektarten schon immer die logische Wahl war und in anderen Bereichen auch zukünftig eine untergeordnete Rolle spielen wird. In der Diskussion wird zudem die Frage nach der Bedeutung des Risikomanagements auftauchen, das ja auch in der Abbildung 10 eine Rolle spielt.

Heiko: Okay, zurück zur Abbildung 10. Darin erkenne ich folgende Aussage: Es gibt eine Abhängigkeit von Kosten und Zeitaufwand einerseits und dem definierten Ziel andererseits. Der entscheidende Punkt ist, dass eine vollständige Planung des Produktentstehungsprozesses aufgrund der im Projektverlauf eintretenden Risiken bzw. deren Konsequenzen nicht möglich ist. Abweichungen vom geplanten Projektverlauf lassen sich nicht vermeiden. In der Folge werden die realen Projektergebnisse nicht den Anforderungen oder den Bedürfnissen der Nutzer gerecht.

Frank: Bei genauer Betrachtung ist das der Witz an Projekten. Wenn Plan und Realität übereinstimmen würden, wäre es ja kein Projekt, sondern Linienproduktion. Die

Abweichungen frühzeitig zu erkennen und sinnvoll darauf zu reagieren ist die eigentliche Kunst guten Projektmanagements und dies ist bereits ein Schritt in Richtung dessen, was die Agilisten einfordern.

Heiko: Dazu passt ja das nächste Bild, in dem die Vorteile iterativen Arbeitens an inkrementellen Ergebnissen gezeigt werden. Hier folgen viele Iterationsschleifen aufeinander, in denen reale Ergebnisse erarbeitet werden, gleichzeitig führen Lernschleifen und Re-Priorisierungen dazu, dass die Entwicklung Veränderungen im Umfeld ebenso berücksichtigt wie das Feedback der Kunden.

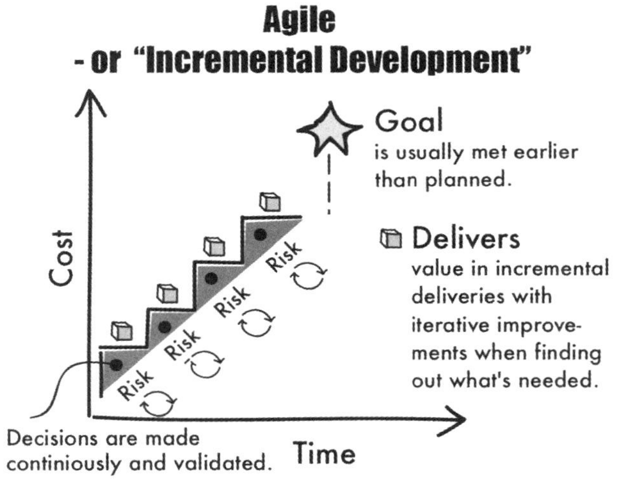

Abb. 11: Die Logik inkrementeller Entwicklung; Quelle: https://dandypeople.com/

Frank: Hier wird ein wesentlicher Aspekt des Agilen Arbeitens sichtbar: häufiges Liefern von Ergebnissen, die es erlauben, die ursprünglichen Anforderungen und Ziele mit der aktuellen Situation in Einklang zu bringen und dem Kunden bzw. Nutzer die Chance zu geben, seine Interessen und Bedürfnisse in den weiteren Entwicklungsprozess einzubringen. Hier sehe ich übrigens den größten Wert Agilen Arbeitens. Der Kunde wird immer wieder eingebunden und die Chance, ein für ihn brauchbares bzw. nutzbares Produkt mit Mehrwert zu entwickeln, steigt deutlich an.

Heiko: Das nehme ich persönlich ebenfalls als eines der Kernargumente wahr, obwohl mich schon stört, dass dieser Vorteil immer wieder recht unreflektiert diskutiert wird. Wie eine Heilsbotschaft wird verkündet, alles müsse agil sein und nur dann kann der Kunde wirklich im Fokus stehen. Das sehe ich anders, denn es setzt voraus, dass der Kunde seine Bedürfnisse wirklich kennt und im Projektverlauf konstruktiv mitarbeiten kann. Das ist nicht immer der Fall.

Agilität = Teams liefern Kundennutzen

Frank: Daraus resultiert die Rolle des Product Owners, der dafür sorgt, dass ein vernünftiges Gleichgewicht aus Nutzen, Machbarkeit und Wirtschaftlichkeit hergestellt wird. Diese Aufgabe ordnen unsere schwedischen Kollegen, die das Nutshell-Bild entwickelt haben, übrigens dem Team zu. Dies teile ich insoweit, als auch das Team immer die entsprechende Balance im Blick haben sollte.

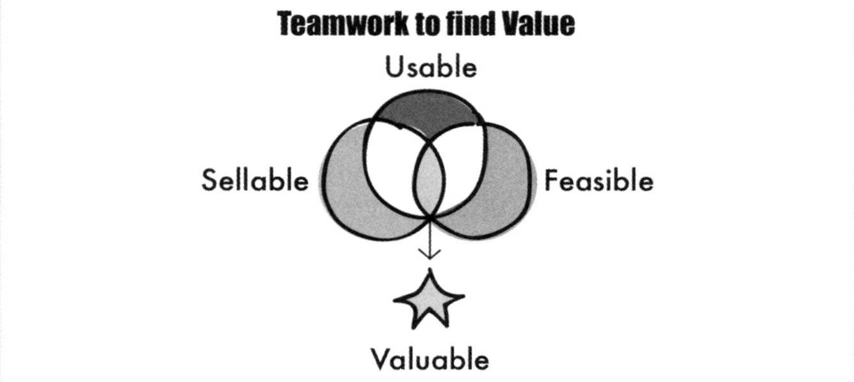

Abb. 12: Teamwork hilft, Nutzen zu definieren; Quelle: https://dandypeople.com/

Heiko: Wenn wir gerade über die Teams sprechen, können wir diesen zentralen Aspekt Agilen Arbeitens direkt beleuchten. In der folgenden Abbildung geht es noch einmal um den Vergleich von Wasserfall-Ansatz und Agilem Arbeiten. Es werden aber auch zwei Arten der Arbeitsteilung verglichen. Auf der einen Seite gibt es eine Spezialistenorganisation, in der die einzelnen Arbeitsschritte zur Realisierung des Nutzens sukzessive abgearbeitet werden: also das berühmt-berüchtigte »Arbeit über den Zaun werfen«. Auf der anderen Seite steht das agile cross-funktional besetzte Team, in dem alle notwendigen Kompetenzen versammelt sind. Das Team bleibt für die Dauer des Projekts oder zumindest der Iterationen, in denen die entsprechende Kompetenz benötigt wird, stabil. In den ganzen Diskussionen über Agile Methoden spielt diese cross-funktionale Zusammensetzung immer eine große Rolle.

Frank: Ja, das beobachte ich ebenfalls und auch hier sollte man kurz den mahnenden Finger heben. Cross-funktionale Teams sind kein Charakteristikum ausschließlich Agiler Projekte. Auch im klassischen Projektmanagement werden cross-funktionale Teams sehr gerne genutzt und wo immer möglich eingesetzt. Es ist einfach sinnvoll, die Personen, die zu einem Ergebnis beitragen, zusammenarbeiten zu lassen. Als Personaler und Führungskraft wissen wir aber auch, dass permanent zusammenarbeitende Teams nicht immer sinnvoll einzurichten sind. Beim Betrachten der Ursprünge Agilen Arbeitens zeigt sich, dass der große Boom aus der Softwareentwicklung kam. Software an sich ist ein Produkt, das sich hervorragend in kleine Teilleistungen zerlegen lässt, das also gut in iterativen Schleifen erarbeitet werden kann. Dann wird eine relativ geringe Anzahl an Kompetenzen über einen relativ langen Zeitraum nötig. Hier sind cross-funktionale Teams und Methoden wie Scrum sehr gut einsetzbar und können ihre Vorteile voll entfalten. Haben wir dagegen ein Projekt, in dem zu unterschiedlichen Zeiten sehr unterschiedliche Kompetenzen benötigt werden bzw. in denen einzelne Aspekte nur einen geringen Umfang ausmachen, sind andere Formen der Teamorganisation oft sinnvoller.

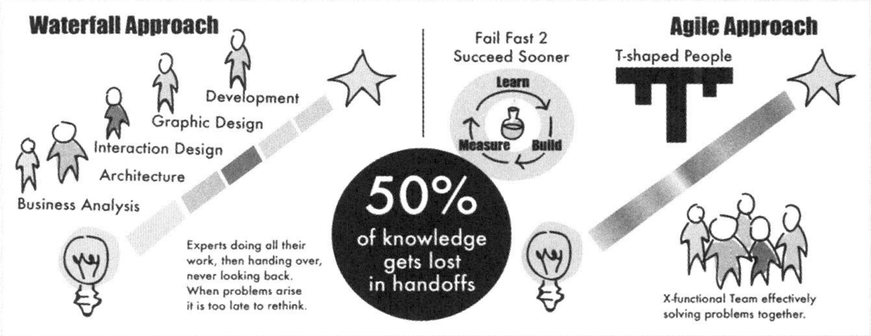

Abb. 13: Vergleich der Arten von Zusammenarbeit; Quelle: https://dandypeople.com/

> Wir versuchen, stabile Teams mit allen nötigen Kompetenzen zu besetzen und diese nur an einem Projekt arbeiten zu lassen.

Heiko: Bleiben wird doch kurz bei den Empfehlungen für Agile Teamarbeit. In der Nutshell-Grafik ist ja noch ein weiteres Bild enthalten, in dem die Teamprinzipien dargestellt werden. Es sind vier, die sich in ihrer Formulierung an das Agile Manifest anlehnen:

- Iteratives Design statt einer Vorabfestlegung
- Experimentieren statt ausgefeilter Planung
- Kundenfeedback statt Annahmen
- Zusammenarbeit statt Einzelexpertise

Teilst du diese Formulierungen?

Abb. 14: Prinzipien für die Teamarbeit; Quelle: https://dandypeople.com/

Frank: Im Prinzip ja, wenn – wie gerade gesagt – die individuellen Gegebenheiten eine entsprechende Ausrichtung sinnvoll machen. Man müsste an alle vier Aussagen anhängen: ... wo sinnvoll und möglich. Hier liegt dann wieder der Hase im Pfeffer. Trotzdem möchte ich eine Lanze für die Prinzipien brechen, denn in der operativen Praxis werden diese eigentlich selbstverständlichen Regeln viel zu oft verletzt. Da werden Mitarbeiter so mit Arbeit zugeschüttet, dass überhaupt keine Möglichkeit bleibt, zu experimentieren, der Kunde fällt komplett aus der Diskussion heraus, weil technische Features im Vordergrund stehen usw. Ich empfehle die vier Prinzipien als Möglichkeit, die eigene Arbeitsrealität daraufhin zu prüfen, inwieweit sie angewandt werden sollten und in der Realität werden. Ich bin sicher, dass sich überall Verbesserungsbedarf ergibt, egal ob agil oder »klassisch« gearbeitet wird.

Heiko: Dann bietet sich eine erste Zusammenfassung des bisher Diskutierten an und auch dazu gibt es im Nutshell-Übersichtsbild eine Grafik. Danach bedeutet Agil, kontinuierlich Nutzen zu generieren, indem experimentiert und schlank gearbeitet wird. Die Menschen im Team sind zu befähigen und man muss ihnen Sicherheit geben, damit sie in einer veränderlichen und komplexen Welt erfolgreich sein können.

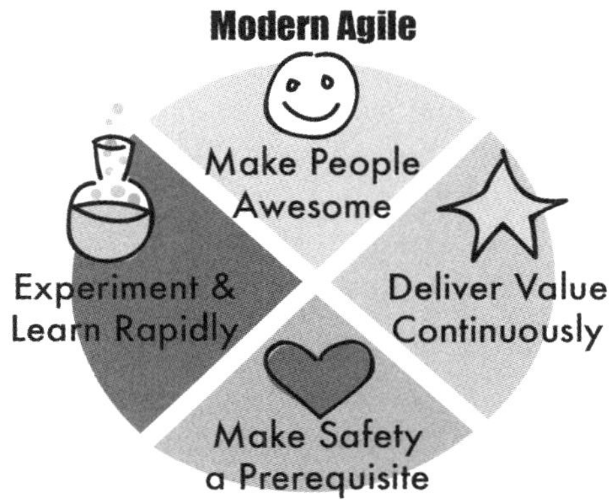

Abb. 15: Vier Grundprinzipien Agilen Arbeitens; Quelle: https://dandypeople.com/

Frank: So kann man es formulieren. Wir sollten aber ein zentrales Element des Übersichtsbilds nicht vergessen, um das wir bisher elegant »herumdiskutiert« haben. Ich meine den Teil zu Scrum, also zur Agilen Methode oder besser gesagt zum Agilen Framework, der untrennbar mit dem Bedeutungszuwachs Agilen Arbeitens verbunden ist. Für viele Menschen gehören das Agile Manifest, Scrum und der Begriff »Agil« zusammen.

Heiko: Was ja so nicht richtig ist. Du hast schon gesagt, dass Scrum primär ein Handlungsrahmen ist und nicht als Methode im klassischen Sinn betrachtet werden sollte (vergl. folgende Definition).

DEFINITION OF SCRUM

Scrum: A framework within which people can address complex adaptive problems, while productively and creatively delivering products of the highest possible value.
Scrum is:

- Lightweight
- Simple to understand
- Difficult to master

Scrum is a process framework that has been used to manage work on complex products since the early 1990s. Scrum is not a process, technique, or definitive method. Rather, it is a framework within which you can employ various processes and techniques. Scrum makes clear the relative efficacy of your product management and work techniques so that you can continuously improve the product, the team, and the working environment.
Quelle: Schwaber und Sutherland; The Scrum Guide, Version November 2017

Frank: Das ist korrekt, Agilität ist viel mehr als Scrum und vor allem eine Logik, wie gearbeitet wird, nicht eine Anleitung zur Abarbeitung. Aber schauen wir uns die Elemente von Scrum einmal an. Startpunkt ist das Product Backlog. Hier werden die Bedürfnisse der Kunden und der zu erarbeitende Nutzen in priorisierten Arbeitsanforderungen beschrieben. Oft erfolgt dies in Form von Geschichten (Epic, User Story) oder Beschreibungen, die aus einem Design-Thinking-Prozess resultieren. Das Product Backlog liegt in der Verantwortung des Product Owners, der quasi der Treuhänder der Kundeninteressen im Projekt ist. Seine und ein paar andere wichtige Rollen beschreiben wir weiter unten im nächsten Exkurs.

2.4 Kernelemente Agilen Arbeitens

Heiko: Jetzt folgt ein spannender Schritt, der aus meiner Sicht einen wichtigen Unterschied zur üblichen Arbeit in definierten Funktionen und Projekten ausmacht. Aus dem Backlog nimmt sich das Team die am höchsten priorisierte Story und bricht diese in einzelne Arbeitsschritte herunter, die wiederum priorisiert werden und dann als Arbeitsvorrat in ein Scrum Board (Sprint Backlog) eingehen. Hier nimmt sich nun jeder Experte die Arbeit, die er in der nächsten Iteration erledigen kann und will. Das heißt, die Arbeit wird nicht mehr im Push-Prinzip (Arbeit wird zugeteilt) zugewiesen, sondern in einem Pull-Prozess (Arbeit wird eigenverantwortlich genommen und zügig abgearbeitet) angenommen.

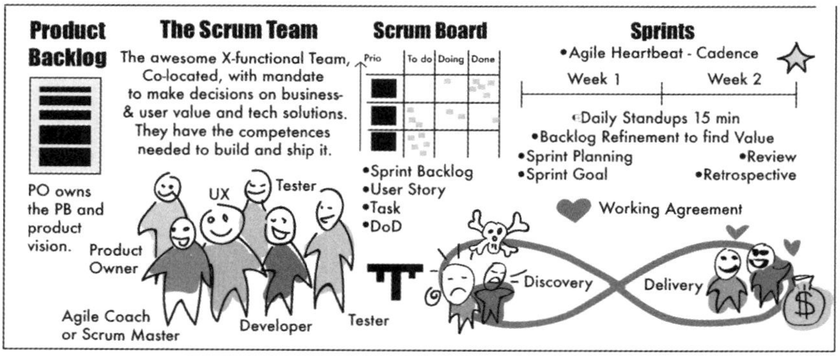

Abb. 16: Kurzeinführung in Scrum; Quelle: https://dandypeople.com/

> Pull statt Push – Arbeit wird von den Teammitgliedern »gezogen«, wenn Kapazität vorhanden ist.

Frank: Ja, das ist ein spannender Prozess und für viele Teams, die Agilität noch nicht verinnerlicht haben, auch ein recht herausfordernder Schritt. Er bedeutet ja, das

Thema selbst zu durchdringen, eigene Entscheidungen zur Abarbeitung zu treffen, den Aufwand möglichst korrekt zu kalkulieren und dann die Verantwortung für die Erledigung zu übernehmen. Dies alles in einem teamumfassenden Kollaborationsprozess – das muss man mögen und dazu muss man bereit sein.

Heiko: Da hatten auch unsere Teams durchaus Schwierigkeiten. Nicht jede Persönlichkeitsstruktur ist hier passend und die große Transparenz ist nicht jedermanns Sache. Da gibt es kein Verstecken hinter anderen und kein Für-sich-Behalten von Informationen und Wissen. Wer solche Verhaltensweisen zeigt, tut sich in Agilen Teams extrem schwer. Wir mussten einige Mitarbeiter aus solchen Teams herausnehmen.

Frank: Das ist ein schönes Beispiel dafür, dass Agil vor allem ein Mindset bzw. ein Handlungsrahmen ist. Da liegen die anstrengenden Veränderungen. Die Methodik kann man schnell lernen, zumal vieles nur mit neuen Namen versehen wurde. Das Scrum Board ist auch nichts anderes als ein Kanban Board, wie es in vielen Produktionsbetrieben bereits lange üblich ist. Übrigens sollten wir hier noch zwei Punkte erwähnen, die in der Praxis immer wieder zu Missverständnissen führen: zum einen die »DoD« in der Abbildung 16, zum anderen einen Punkt, der fehlt: limit WiP.

Heiko: DoD und WiP sollten wir erst einmal definieren. DoD ist die Abkürzung für Definition of Done, WiP steht für Work in Progress. Beides sind wichtige Elemente, damit ein Scrum Board überhaupt funktionieren kann.

Frank: Na ja, es sind wichtige Elemente für jede Form von Projekten. Sie helfen bei der Definition des erwarteten Ergebnisses, das zentral für die Steuerung des Realisierungsprozesses und die Abnahme ist. Das war es schon immer und es war auch immer schwierig. Früher wurde meist versucht, SMARTe Ziele zu definieren, um Messbarkeit herzustellen. In einer komplexen Welt funktioniert das SMART-Konzept selten, denn es setzt ja die exakte Beschreibung des Ergebnisses voraus. Da wir in der Agilen Logik iterativ, meist auch experimentierend und mit permanenten Veränderungen aufgrund des Kundenfeedbacks arbeiten, muss ein anderes Konzept her. Das ist zum einen DoD für die Ebene der einzelnen Arbeitsschritte (Tasks), für die die verantwortlichen Teammitglieder vorab beschreiben, woran zu erkennen ist, dass ein Task fertiggestellt ist. Das kann dann eine Funktionalität oder ein Feature sein oder ein Kundenfeedback. Herausfordernd ist hier, dass das Ergebnis nicht vorgegeben ist, sondern stattdessen von den Teammitgliedern beschrieben wird. Damit tun sich viele anfangs schwer. Weiterhin ist zu beachten, dass bereits im Product Backlog an die Erarbeitung der DoD für alle Tasks gedacht werden muss, um eine Richtung vorzugeben. Auch hier gilt, dass eine exakte Beschreibung des Gesamtergebnisses nicht sinnvoll bzw. unmöglich ist. Wir fragen also permanent: Woran erkennen wir, dass wir erfolgreich waren? Da wir hier auf der Metaebene unterwegs sind, ist das keine triviale Frage. Bewährt hat sich, mit Geschichten und Bildern zu arbeiten. So kann ein Ergebnis beschrieben werden, ohne exakte Angaben machen zu müssen. Salopp formuliert besteht die Kunst darin, sich in den späteren Nutzer zu versetzen und zu beschreiben, was ihn zufrieden macht. Klingt das jetzt zu esoterisch?

Heiko: Auf den ersten Blick vielleicht. Nicht aber, wenn man bereits erlebt hat, wie Storytelling und User Stories usw. in der Praxis funktionieren. Ich rate jedem, sich darauf einzulassen und diese Methoden auszuprobieren. Die Agile Community hat ja einiges an pfiffigen Instrumenten entwickelt oder Bekanntes auf Agile Anwendung hin weiterentwickelt.

Frank: Lass uns kurz an unser Scrum Board zurückkehren. Die Definition der Ergebnisse und damit der Erfolgsmessung war ja nur ein Punkt. Daneben sehe ich in der Praxis noch eine echte Kulturhürde beim WiP (Work in Progress). Zu einem guten Scrum Board gehört in jede der Spalten eine Angabe zum limit WiP, d. h. eine Begrenzung der Anzahl an Aufgaben, die bearbeitet werden. Damit tun sich sehr viele Unternehmen extrem schwer. Die Idee hinter der Limitierung des WiP ist, dass die Produktivität signifikant höher ist, wenn man sich auf eine Aufgabe konzentriert und diese konsequent zu Ende bringt. Da die Tasks so geschnitten sind, dass sie in einer Iteration, d. h. in einem Sprint, abgearbeitet werden können, und da die dafür Verantwortlichen den Aufwand selber geschätzt und die DoD selber festgelegt haben, besteht eine sehr gute Chance, den Task in einem Sprint zu beenden. Wenn dies für alle Tasks in Bearbeitung gilt, lassen sich die Arbeiten der einzelnen Teammitglieder sehr gut koordinieren, was die Gesamtproduktivität weiter steigert. Insgesamt verschiebt sich das Verhältnis von Arbeitszeit zu Wartezeit, da Tasks ziemlich nahtlos (ohne Wartezeit auf die nächste Bearbeitung) weitergegeben werden. Die Schwierigkeit liegt leider oft darin, dass in den meisten Unternehmen eine komplett gegenteilige Realität vorherrscht, indem die einzelnen Mitarbeiter mit vielen Aufgaben gleichzeitig betraut werden, die nach Möglichkeiten und situativer Priorität bearbeitet werden. Dabei geht die Transparenz darüber verloren, wo die einzelnen Tasks oder das gesamte Projekt stehen, und alle »belügen« sich munter selbst und gegenseitig. Aus diesem Krisen- und Feuerwehrmodus in einen transparenten Abarbeitungsmodus zu wechseln ist schwer.

Heiko: Dazu kommt der ständige Kampf mit den Führungskräften der Teammitglieder, die es ja gewohnt sind, die Mitarbeiter mit Arbeitsaufträgen zu versorgen. Wenn die Mitarbeiter nun in ein Agiles Team wechseln, sind sie idealerweise zu 100 % dort angesiedelt und ein »Kannst du mal eben …« muss konsequent unterbleiben bzw. unterbunden werden. Da haben beide Seiten sehr viel zu lernen. Das hat unsere Scrum Master anfangs ziemlich beschäftigt und es wundert mich nicht, dass in vielen Publikationen zu Agilem Arbeiten eine Hauptaufgabe der Scrum Master darin gesehen wird, die Teammitglieder vor den Führungskräften zu »schützen«.

Frank: Das höre ich auch immer wieder, halte es aber für eine nicht richtig durchdachte Argumentation. Die Ursache des zu lösenden Problems liegt darin, dass eine Veränderung der Denk- und Handlungsmuster nicht auf Befehl und von einem Tag auf den anderen erfolgen kann. Darauf würde ich den Fokus legen: sofort konsequent den neuen Weg gehen und üben, üben, üben. Der Alltag ist der beste Lehrmeister. In der Anfangsphase kann eine professionelle Begleitung sehr wertvoll sein, insbesondere um das »Einschleichen« von Fehlern, die ein erfahrener Agilist einfach schneller erkennt und besser beseitigen kann, zu vermeiden – wie im Sport, wo der Trainer genau diese Aufgabe hat.

Heiko: Wir sehen also, dass das Scrum Board oder Agile Board mehr oder weniger der Kondensationspunkt des Agilen Arbeitens ist. Hier fließen die Überlegungen zum Nutzen ein, es ist der Sammelpunkt für die selbstorganisierten Teams und zeigt allen Beteiligten, wo das Projekt aktuell steht.

Das Agile Board ist der Kondensationspunkt Agiler Arbeitsorganisation.

Frank: Gut, dass du auf diese Funktion des Scrum Boards noch einmal hinweist, das hätte ich fast vergessen. Wenn wir noch einmal beim limitierten Arbeitsumfang pro Spalte ansetzen, hat der ja nicht nur den Wert, die Mitarbeiter vor einer Überlast durch zu viele Aufgaben zu schützen, sondern es geht eigentlich darum, dass eine Limitierung dazu führt, dass Störungen im Abarbeitungsfluss sofort erkannt werden. Wenn an irgendeiner Stelle die Arbeit nicht so läuft wie geschätzt und geplant, werden sich in der Spalte davor die Aufgaben sammeln, es entsteht ein »Stau«. An einem Board ist dies sofort zu sehen und die Teams können sofort darauf eingehen und eine Lösung finden. Da auch der Product Owner und andere relevante Stakeholder Zugang zum Board haben, ist auch für sie der Status transparent bzw. Diskussionen über Status und weiteres Vorgehen können hervorragend »am Board« geführt werden.

ROLLEN IN SCRUM

Der **Product Owner** ist für die Wertmaximierung des Produkts und die Arbeit des Entwicklungsteams verantwortlich. Er ist die einzige Person, die für das Management des Product Backlogs zuständig ist und dafür die Rechenschaft trägt. Der Product Owner ist eine einzelne Person, die Rolle kann auch nicht zwischen mehreren Personen, die sich beispielsweise phasenweise abwechseln, aufgeteilt werden.
Die Aufgaben:

- Management des Product Backlogs: Dies umfasst das Sortieren und Priorisieren der Einträge im Backlog, zudem muss sichergestellt werden,

dass das Entwicklungsteam die Einträge versteht. Das Product Backlog muss sichtbar und transparent sein.
- Wertmaximierung der Arbeit des Entwicklungsteams: Eine der Hauptaufgaben des Product Owners besteht in der Optimierung von Arbeit und Wert des Entwicklungsteams. Dies erfolgt zum einen durch die Priorisierung des Backlogs und zum anderen durch die Rücksprache mit dem Management und den Stakeholdern. Zudem ist der PO für die Fortschrittskontrolle hinsichtlich des Erreichens des Sprintziels innerhalb des Sprint Reviews zuständig. In dem Sprint Review erklärt er, welche Product-Backlog-Einträge »Done« sind und welche nicht.
- Rechenschaft: Der Product Owner ist die einzige Person, die Änderungen an dem Product Backlog vornehmen darf und dafür rechenschaftspflichtig ist. Er ist zudem die einzige Person, die entscheiden darf, dass ein Sprint vorzeitig beendet wird, wenn beispielsweise ein Sprintziel obsolet geworden ist.
- Außenvertretung: Der Product Owner hält den Kontakt zum Kunden und zu anderen wichtigen Stakeholdern.

Was der Product Owner **nicht** tut:
- die Rolle des Chefs für das Team übernehmen
- Daily Scrums moderieren oder ungefragt dort reden
- während des Sprints den Sprint Backlog beeinflussen (Zusatzanforderungen, Streichung von Aufgaben etc.)
- im Projekt als Team Member mitarbeiten (Interessenkonflikt!)
- versuchen, gleichzeitig den Scrum Master zu mimen (Interessenkonflikt!)
- seine Aufgabe nur zu Beginn und am Ende der Sprints wahrnehmen

Der **Scrum Master** ist für organisatorische Fragen und den Ablauf des Scrum-Prozesses verantwortlich. Er agiert dabei primär als Unterstützer und Moderator des Teams.

Die Aufgaben:
- trägt die Verantwortung für den Scrum-Prozess und dessen korrekte Implementation
- sorgt für die Beseitigung von Hindernissen/Impediments
- sorgt für den Informationsfluss vom Product Owner zum Team und umgekehrt
- moderiert Scrum-Meetings
- hat die Aktualität der Scrum-Artefakte (Product Backlog, Sprint Backlog, Burndown Charts) im Blick

schützt das Team vor unberechtigten Eingriffen während des Sprints Was der Scrum Master **nicht** tut:
- Rolle des Vorgesetzten des Teams übernehmen
- Aufgaben verteilen

- Doppelfunktion als Scrum Master und Teammitglied oder Product Owner übernehmen

Heiko: Stimmt, es darf aus meiner Sicht jedoch nicht dazu kommen, dass Product Owner oder Führungskräfte an den Daily Standups teilnehmen. Die sollten grundsätzlich dem Team für seine Selbstorganisation vorbehalten sein.

Frank: Das stimmt, das Daily Standup ist »nur« dazu da, die Arbeit im Team zu koordinieren und Punkte zu identifizieren, die geklärt werden müssen. Der Austausch mit dem Product Owner, der Führung etc. erfolgt zwar auch »am Board«, aber zu einem anderen Zeitpunkt und nur mit den Teammitgliedern, die man dafür unbedingt benötigt. Hier möchte ich einen Punkt ergänzen, der in der Praxis zunehmend Probleme macht: Wie lässt sich die Normierung auf die vereinbarte Sprintdauer (Timeboxing) erreichen, wenn die Tasks nicht so zugeschnitten werden können, dass der Zeitraum recht zuverlässig eingehalten werden kann? Damit die Logik des Sprints in Scrum funktioniert, muss diese zeitraumbezogene Normierung möglich sein. Was in der Softwareentwicklung noch relativ gut funktioniert, klappt in anderen Themenfeldern gar nicht oder nur mit Einschränkungen.

Heiko: Das bedeutet aber nicht, dass nicht agil gearbeitet werden kann. Die unter dem Sprint gezeigte Endlosschleife aus Discovery und Delivery, d. h. die permanente Lernschleife aus Handeln, Reflektieren, Verbessern, kann auch dann Leitgedanke bleiben, wenn eine Taktung in Sprints nicht funktioniert. Es geht am Ende um die Logik des iterativen Arbeitens, nicht um die Sprints in festen Takten. Bei uns hat dies übrigens dazu geführt, dass wir Scrum deutlich verändert haben und heute quasi ein Derivat nutzen. Das ist von den Teams eigenständig entwickelt worden und passt zu unseren spezifischen Anforderungen.

USER STORIES – DER NUTZEN DES KUNDEN IN WORTE GEFASST

User Stories sind die Geschichten der Nutzer einer Leistung. Verantwortlich für die Erstellung ist der Product Owner, der darin beschreibt, wie sich die Nutzer oder Kunden eine Leistung wünschen, um ihre Ziele zu erreichen.
Eine gute User Story:

- Besteht aus der Beschreibung des Produkts
- Beinhaltet Akzeptanzkriterien
- Kann in einem einzelnen Sprint erarbeitet werden
- Beinhaltet alle User Interface Deliverables
- Identifiziert die Abhängigkeiten und Schnittstellen
- Beinhaltet Leistungskriterien
- Beinhaltet Kriterien für die Verfolgung des Prozesses
- Wird vom Team geschätzt

Definition of Ready ist eine Vereinbarung zwischen dem Team und dem Product Owner dazu, was in einer User Story enthalten sein muss.

- Die User Story sollte in sich geschlossen sein, d. h., es gibt keine Abhängigkeiten zu anderen User Stories.
- Sie ist verhandelbar, um Änderungen einbringen zu können.
- Die Story muss einen Wert/Nutzen für den Endnutzer darstellen.
- Sie muss schätzbar hinsichtlich Zeit, Arbeitsaufwand etc. sein.
- Sie sollte so überschaubar sein, dass Planung, Umsetzung und Priorisierung möglich sind.
- Es müssen alle relevanten Informationen enthalten sein, die für den Test nötig sind.

Der in einer User Story beschriebene Wert kann an unterschiedlichen Messkriterien festgemacht werden:

- Umsatzzuwachs
- Kostenreduktion
- Kundenzufriedenheitsanstieg
- Mehr Umsatz mit neuen Produkten
- Kundenfeedbacks

Zitat: »A user story is a promise for a conversation« Alistair Cockburn

2.5 Arbeit sichtbar machen mit Kanban

Frank: Neben Scrum greifen die meisten Agilen Teams auf Kanban zurück, um ihre Arbeit transparent und damit steuerbar zu machen.

Heiko: Erinnern wir uns, Kanban im Agilen Kontext wurde ungefähr 2004/05 bei Microsoft in Indien pilotiert. Seit 2007 ist Kanban allgemein bekannt. Im Kern geht es um evolutionäre, inkrementelle Veränderung, d. h., der aktuelle Zustand wird nicht in Richtung eines idealen Endzustands entwickelt, sondern es wird eine permanente Veränderung angestrebt. Diese Weiterentwicklung wird als dauerhafter und infiniter Prozess verstanden. Wir starten also dort, wo wir heute sind, entwickeln kleine Verbesserungsschritte und setzen diese um.

Frank: Genau. Kanban sehe ich vor allem als Haltung und permanente Selbstreflexion. Das Schöne dabei ist, es passt in jeden Kontext und es beruht »nur« auf drei Prinzipien und sechs Praktiken. Das kann man sich leicht merken.

Heiko: Es geht um einen kontinuierlichen Verbesserungsfluss, also eine Kaizen-Logik. Dies spiegelt sich auch in den drei Prinzipien des Kanban:

- Starte mit dem, was Du jetzt machst
- Verfolge inkrementelle, evolutionäre Veränderung
- Respektiere initiale Prozesse, Rollen, Verantwortlichkeiten und Jobtitel

Zu den drei Prinzipien sind sechs Praktiken definiert worden, um die praktische Umsetzung zu fördern:

- Mache Arbeit und den Arbeitsfluss sichtbar
- Limitiere den WiP (Work in Progress, parallele Arbeiten)
- Manage den Flow, d. h., messe den Fluss und steure ihn
- Mach Prozessregeln transparent
- Verwende Modelle, um Chancen für Verbesserungen zu erkennen
- Führe regelmäßige Feedbackschleifen durch

Frank: Das Prinzip mit den Jobtiteln gefällt mir übrigens sehr gut. Es gibt z. B. keinen Kanban Master oder Ähnliches, es wird einfach dort losgearbeitet, wo man ist, mit den Menschen und Titeln, die vorhanden sind. Da unterscheidet sich die Kanban-Logik von Methoden wie Scrum, wo zunächst Scrum Master, Product Owner usw. gefunden und qualifiziert werden müssen und die Regeln von Scrum zu befolgen sind.

Heiko: Qualifizierung von Rollen ist die eine Geschichte. Hinzu kommt, dass wir mit Wissensarbeit generell eine echte Herausforderung erleben. Einerseits sind die großen Veränderungen in der exponentiellen Wirtschaft fast ausnahmslos das Ergebnis von Wissensarbeit, auf der anderen Seite lässt sich Wissensarbeit nur sehr schwer sichtbar und damit steuerungsfähig machen. Wissensarbeiter sitzen meist im stillen Kämmerlein (am Computer) und andere sehen nicht, wie die Arbeit abläuft und wo Verbesserungspotenziale bestehen könnten. Dazu muss die Arbeit sichtbar gemacht werden.

Frank: Gerade an dieser Stelle ist Kanban sehr wertvoll. Damit wir eine kontinuierliche Verbesserung erreichen können, müssen wir Verbesserung definieren und messen können. Somit muss die Arbeit sichtbar gemacht werden, sonst fehlt die Grundlage für Kanban. Daher steht dieses Sichtbarmachen an erster Stelle bei den Praktiken.

Heiko: Und wie kann Wissensarbeit sichtbar gemacht werden?

Frank: Für die Sichtbarmachung der Arbeit (als Grundlage der Verbesserungen) wird meist das Kanban Board genutzt. Darin ist zu sehen, welche Arbeiten zur Erledigung anstehen (to do), welche Aufgaben in Arbeit sind, welche gerade hängen (meist wegen Wartens auf Zulieferung) und welche fertig sind. Alle Arbeiten aufzuschreiben (Tickets) und an ein Board zu kleben reicht alleine nicht aus. Tickets basieren auf der Beschreibung der erwarteten Ergebnisse, Anforderungen oder Produkt-Features. Es kann sich auch um User Stories oder anderes handeln. Auf den Tickets kann noch ein Avatar des aktuellen Bearbeiters angebracht werden, um zu zeigen, wer sich aktuell womit beschäftigt.

Heiko: Also das erinnert mich daran, dass ich gar nicht erwähnt habe, dass unser Scrum-Derivat auch das Kanban Board nutzt. Bei uns wird diese Kombination aus Scrum und Kanban als Scrumban bezeichnet. Alle anstehenden Arbeiten werden in ein aus dem strategischen Backlog abgeleitetes Scrum Backlog überführt. Hier ziehen sich die Bearbeiter die Tickets und überführen sie in den Kanban-Teil, zuerst also in die Spalte WiP.

Frank: Zur Erinnerung, WiP ist der Work in Progress, d.h., diese Arbeiten sind in Bearbeitung (Doing), damit beschäftigt sich aktuell ein Mitarbeiter. Ist euer WiP limitiert?

Heiko: Ja, für alle Spalten im Kanban Board sind Limits definiert, d.h., nur die entsprechende Anzahl an Tickets darf bearbeitet werden.

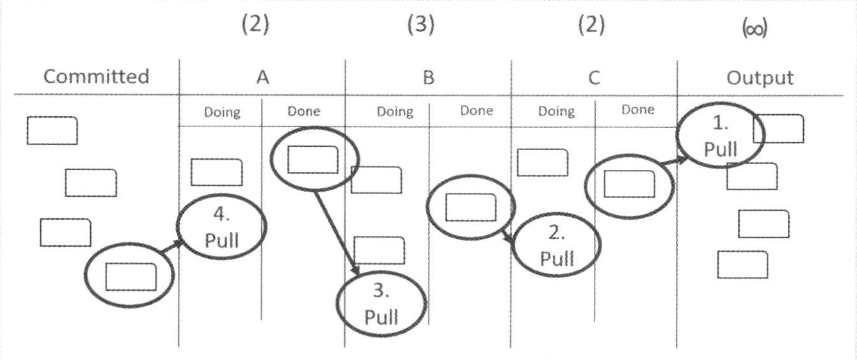

Abb. 17: Exemplarische Darstellung eines Kanban Boards

Zur Abbildung 17: A, B, C sind die einzelnen Schritte im Wertschöpfungsprozess. Die in Klammer gesetzten Zahlen über den Spalten stehen für die maximale Anzahl an (limit WiP) Tasks, die gleichzeitig in dieser Spalte in Arbeit sein dürfen. Arbeit fließt im Pull-Prinzip durch das System.

Frank: Ich hatte nach dem Limit gefragt, weil dies in meiner Wahrnehmung ein wesentliches Element der »Sichtbarmachung« von Arbeit ist. Die eigentliche Arbeit wird durch eine präzise Beschreibung im Ticket und die Priorisierung im Backlog transparent. Der eigentliche Wert Agilen Arbeitens liegt jedoch darin, den Arbeitsfluss transparent und schnell zu machen. Es geht darum, das Verhältnis von Touch-Time (Arbeitszeit) zu Wait-Time (Wartezeit) in Richtung der Touch-Time zu verschieben und

Wartezeiten zu minimieren. Hier helfen das Pull-Prinzip, d. h., die Bearbeiter entscheiden selbst, wann sie ein Ticket ziehen, und die Limitierung des WiP. Erst das Limit lässt Staus und Ineffizienzen erkennbar werden.

Wait-Time minimieren, Touch-Time maximieren.

Heiko: Wenn ich also einen Engpass habe oder Arbeitsschritte, die lange dauern, sehe ich dies daran, dass sich erledigte Tickets an einer Stelle ansammeln (bis zum Limit) und der entsprechende Mitarbeiter nicht weiterarbeiten darf, um das Limit nicht zu überschreiten.

Frank: Genau. So sehen wir den Engpass, d. h. die Bearbeitungsstelle hinter dem Stau, und gleichzeitig kann der Mitarbeiter, der wegen des Limits kein eigenes neues Ticket ziehen darf, entscheiden, wie er mit seiner Arbeitszeit umgeht. Kanban basiert ja auf dem Pull-System von Arbeit, d. h., die Arbeit wird vom nächsten Bearbeiter beim Vorgänger abgeholt, wenn er dazu bereit ist. Bis dahin bleibt die Arbeit dort. In jedem Fall ist der entscheidende Punkt, dass wir sehen, wo die Probleme sind, und so für die Zukunft Verbesserungen initiieren können.

WiP-Limits sind nur dort sinnvoll, wo Vorteile realisiert werden sollen. Dies ist meist am Engpass.

Heiko: Lass es mich noch einmal wiederholen, damit wir auf alle Fälle das gleiche Verständnis haben: WiP-Limits werden so genutzt, dass für jeden Prozessschritt eine maximale Anzahl an Tickets enthalten sein darf (egal ob in Arbeit oder fertig). WiP-Limits zeigen dem Team recht schnell, wo Verbesserungspotenziale liegen. Kommt es an einer Stelle im Prozess zu einer Blockade, etwa wenn der Bearbeiter zwei Tickets hat, an denen er nicht arbeiten kann, zeigt dies, wo Ursachen zu suchen sind. Es darf nicht sein, dass er trotz eines WiP-Limits ein neues Arbeitspaket startet, um seine Zeit zu nutzen. Er muss die bestehenden Probleme lösen, damit ein Ticket vom Board kommt und er dann ein neues Ticket vom Vorgänger ziehen kann.

Frank: So wird erreicht, was auch in Little's Law beschrieben ist, der Durchsatz wird erhöht:

Little's Law: Durchlaufzeit = WiP/Durchsatz

Durchlaufzeit = Zeit, die eine Arbeit im System ist
WiP = Work in Progress
Durchsatz = Anzahl der abgeschlossenen Arbeiten in einem Zeitintervall

Die Limitierung der »Arbeit in Bearbeitung« fußt auf der Überlegung, dass eine fertiggestellte Arbeit einen Wert besitzt, während begonnene, aber nicht beendete Arbeit keinen wirtschaftlichen Wert aufweist. Es ist also sinnvoller, wenige Arbeiten zu Ende zu bringen, als an vielen Dingen endlos herumzuwursteln.

Stop starting, start finishing!

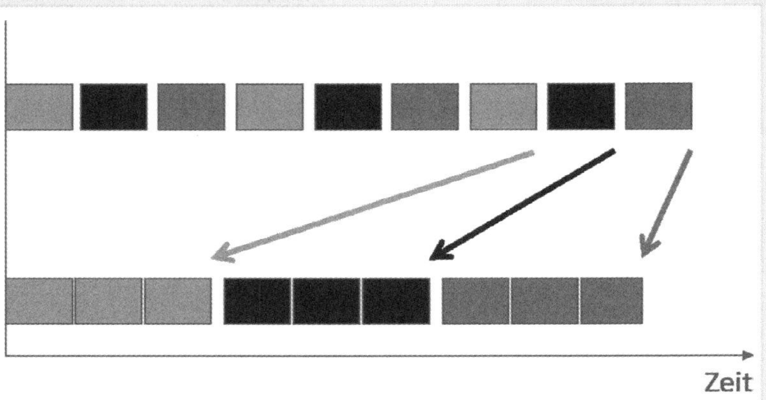

Abb. 18: Negatives Multitasking

Zu Abbildung 18: Werden Aufgaben parallel bearbeitet, resultiert viel Reibungsverlust durch ständigen Wechsel von Aufgaben und Projekten. Die Tasks werden spät fertiggestellt. Optimierte Nutzung von Ressourcen entsteht durch Fokussierung und sequenzielles Abarbeiten. Zusätzlich kommt es durch frühere Fertigstellung zu einer früheren Realisierung von Wert. Bei Produkten sinkt so die Time-to-Market.

Jucundi acti labores.
Marcus Tullius Cicero über Arbeit

Heiko: Wenn ich mich so umschaue, sollte diese Logik eine deutlich größere Verbreitung finden. Viel zu viele Unternehmen sind mit Arbeit zugemüllt und bekommen am Ende nur wenig PS auf die Straße. Das liegt oft daran, dass zu viele Dinge parallel passieren und die Fertigstellung keinen ausreichenden Stellenwert besitzt. Die Idee des »Manage den Flow« steht demgegenüber für den Versuch, einen Arbeitsfluss zu erzeugen. Arbeit soll so schnell wie möglich durch das Team fließen. Dabei wird es natürlich zu Blockaden und Abweichungen kommen und genau an diesen Stellen können die Verbesserungen ansetzen.

Frank: Weniger ist eindeutig mehr! In der Kette Input-Throughput-Output liegt klar der Fokus auf Output. Die Kunst besteht darin, die Menge an Arbeit, die in das System hineingelangt, mit der Menge an Arbeit, die vom System erledigt wird, in Balance zu bringen. Daraus resultiert ein stabiler Arbeitsdurchfluss mit einer gleichmäßigen Produktivität. Dann sind WiP und Durchlaufzeit stabil und können kontinuierlich verbessert werden.

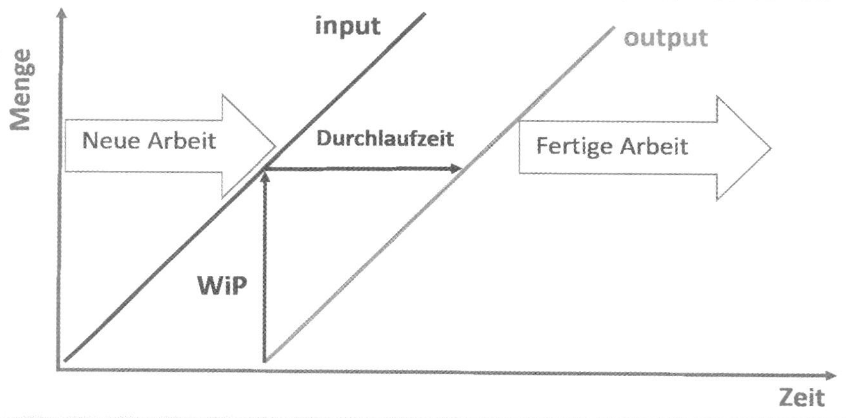

Abb. 19: Stabiles System der Arbeit. Input und Output sind gleich groß, sodass die Durchlaufzeit und der WiP stabil sind

Heiko: Du hast es jetzt nicht gesagt, aber selbstverständlich kann eine Verbesserung nur dann sinnvoll angegangen werden, wenn die vier Parameter Input, Output, WiP und Durchlaufzeit bekannt sind. Sonst beruht die Verbesserungsstrategie auf Spekulationen. Wenn dann der häufige Fall auftritt, dass zu viel Arbeit in das System gepumpt wird, verstopft es, der Output sinkt.

Frank: Genau, das ist der Fall, den wir in Zusammenhang mit Little's Law bereits diskutiert hatten. Mehr Input bedeutet meist weniger Output.

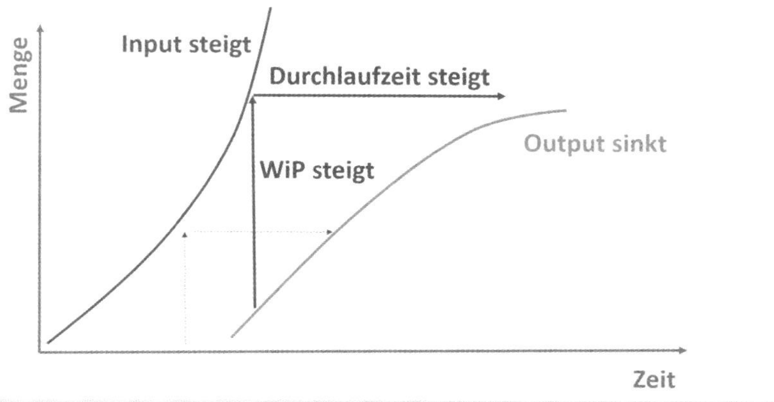

Abb. 20: Instabiles System, das immer weniger Output liefert, da immer mehr Input das System verstopft

Heiko: Es wird aber immer wieder Arbeiten geben, die zwar als abgeschlossen gemeldet wurden, aber nach der Testphase neu aufgenommen werden müssen. Oder es gibt Arbeiten, die einfach nicht sinnvoll in dem Agilen Team selbst bearbeitet werden können, weil externe Zuarbeit nötig ist, usw. Wie gehen wir damit um?

Frank: Zumeist wird dies dadurch berücksichtigt, dass unterschiedliche Klassen von Arbeit definiert werden. Unterschiedliche Arbeitstypen wie Featureentwicklung, Kundensupport, Beseitigung von Bugs, Change Requests usw. werden dann in sogenannten Schwimmbahnen (Swimlanes) dargestellt, d. h., das Board wird horizontal geteilt und in jeder Bahn werden nur Tickets eines Typs dargestellt. Alle Change Requests finden sich somit in einer Schwimmbahn, alle Arbeiten an Bugs in einer anderen usw. So kann das Team dann unterschiedliche Regeln für unterschiedliche Arbeitstypen festlegen. Außerdem fällt es auf diese Weise leichter, Ursachen für Verbesserungspotenziale zu finden. Eine einfachere Variante ist, allen Spalten einen »Wartebereich« zuzuordnen, in den alle Tasks kommen, die aktuell nicht bearbeitet werden können. Diese sind dann ebenfalls Grundlage für Verbesserungen, da durch die Zuordnung schnell ersichtlich ist, aus welchen Gründen und wie lange die Arbeit stockt.

Heiko: Was ja die Grundlogik von Kanban ist, nämlich kontinuierlich zu verbessern. Retrospektiven sind ein essenzieller Bestandteil von Kanban und sollten anfangs in hoher Taktung erfolgen. Mit zunehmender Erfahrung kann der Rhythmus verlängert werden. Um einen optimalen Service liefern zu können, werden zu den Retrospektiven auch Kundenvertreter eingeladen. Viele Teams sammeln im Vorfeld der Retrospektive die Karten, die mit Blockade belegt sind, um anschließend Problemcluster zu bilden und so schneller und präziser die Ursachen für Ineffizienzen finden zu können. So wird die permanente Suche nach Verbesserung zu einem Bestandteil der Teamarbeit.

Frank: In wirklich Agilen Teams findet das ohnehin täglich statt, denn Daily Standups werden in nahezu allen Kanban-Teams durchgeführt, um den Durchsatz möglichst optimal zu gestalten. Da stehen die Verbesserungen ebenso im Raum wie im Queue Replenishment Meeting. Die Idee dieses Meetings ist, dass ein Team sich darauf einigt, welche Aufgaben als nächste erledigt werden. Der Zufluss an Arbeit in das Team wird also durch das Team selbst gesteuert. In Diskussionen wird das Team ein gemeinsames Verständnis davon entwickeln, was eine sinnvolle Vorgehensweise ist. Erfahrungsgemäß wird sich der Fokus mit der Zeit Richtung Optimierung des Gesamtprozesses und des Unternehmens bewegen. Regeln halten die Teams penibel ein, bis erkannt wird, dass die Regeln nicht mehr sinnvoll sind, dann werden sie gemeinsam geändert.

Das Agile Team steuert seinen Arbeitsfluss selbstverantwortlich.

Heiko: Kanban ist somit eine Haltung, nicht wirklich eine Methode. Lass mich kurz zusammenfassen, was ich verstanden habe: Kanban sind drei Prinzipien und sechs Praktiken, mit denen Kanban komplett beschrieben ist. Es geht um ein Mindset und um die strikte Einhaltung der Regeln (Praktiken), damit Verbesserungspotenzial eindeutig identifizierbar ist. Die Einführung von Kanban bedeutet somit nicht, dass eine definierte Methode installiert wird. Kanban einzuführen bedeutet vielmehr, die Quellen von Unzufriedenheit, Problemen etc. zu identifizieren und dann Lösungen zu erarbeiten. Ein solches Identifizieren kann beispielsweise so starten, dass sich ein Team fragt: Womit sind wir unzufrieden? Verbesserungen werden nicht nur als permanenter Prozess angesehen, es wird auch alles dafür genutzt, was funktionieren könnte. So sind viele Ideen aus LEAN, der Theory of Constraints oder dem Lean Startup eingeflossen und prinzipiell kann Kanban mit jeder Methodik verknüpft werden.

VIDEOEMPFEHLUNG: KLAUS LEOPOLD – KANBAN IM SCHNELLDURCHLAUF

In seinem Vortrag im Rahmen des Vienna Agile Requirements Circle (http://v-arc.at) beschreibt Klaus Leopold die Grundlagen von Kanban. Leicht verständlich und auf das Wesentliche fokussiert ist es eine gute Einführung in das Thema.
Quelle: https://www.youtube.com/watch?v=6nOUa6E0250

Frank: Genau so kann man Kanban in Kürze erläutern. Die Praxis ist dann natürlich deutlich komplexer, aber wie schon ausgeführt geht es primär um die Haltung. Ach ja, wir haben gerade über Swimlanes im Kanban Board gesprochen. Der Begriff taucht auch an einer anderen Stelle im Agilen Arbeiten auf und wir müssen uns unbedingt noch mit der Skalierung von Agilität befassen.

2.6 Die Skalierung Agiler Arbeit

Heiko: Du meinst die Frage, wie ich agil arbeiten kann, wenn der Projektgegenstand so groß ist, dass wir nicht nur ein Team mit der Bearbeitung beauftragen, sondern mehrere? Wenn ich an Agile Skalierung denke, besteht diese für mich aus zwei Elementen bzw. Kernfragen:

- Wie kann eine Organisation aussehen, in der Agile Teams ein größeres Produkt/Projekt realisieren?
- Wie kann eine Organisation aussehen, in der möglichst alle Funktionen und Bereiche, die sinnvoll agil arbeiten können, dies auch tun?

Frank: Ja genau, es geht darum, auch große Projekte, die nur mit mehreren, parallel arbeitenden Teams realisiert werden können, zu organisieren oder eben darum, die

Organisation generell agil werden zu lassen. Zu beiden Themen gibt es bereits Ideen, Modelle und Erfahrungsberichte. Für uns beide sollte es reichen, wenn wir uns die geläufigsten Modelle ansehen. Das wären LeSS und SAFe als häufig genutzte Frameworks für die Bearbeitung großer Projekte und die Art, wie Spotify sich organisiert – als Beispiel für eine skalierte Organisation. Die Organisation von Spotify würde ich gerne etwas verschieben (vergl. Kap. 3), bis wir generell über die Aspekte eines Agilen Organisationsdesigns sprechen. LeSS und SAFe dagegen passen gut hierher. Was meinst du?

Heiko: Ja, die beiden reichen völlig aus. An SAFe gefällt mir, dass es sehr detailliert beschrieben ist und auch dem Anfänger erlaubt, sich schrittweise in das doch sehr komplexe Themenfeld einzuarbeiten. Gleichzeitig verführt es dazu, die Skalierung auf die leichte Schulter zu nehmen und sich zu sehr an das Vorgehen zu halten bzw. einzelne Schritte zu unterschätzen.

SAFE – SCALED AGILE FRAMEWORK

SAFe wurde 2011 von Dean Leffingwell als Anleitung zur Skalierung der Entwicklungsarbeit auf allen Ebenen eines Unternehmens vorgestellt und beruht auf drei Elementen:

- Agile Entwicklung
- LEAN-Produktentwicklung
- Systemdenken

SAFe versucht das Beste aus den Welten Scrum, LEAN und Kanban zu kombinieren. SAFe kann auf zwei, drei oder vier (vergl. Abb. 21) organisatorischen Ebenen konfiguriert werden. In der vierstufigen Ansicht erfolgt eine Unterscheidung der Ebenen Portfolio, große Lösung, Programm und Team.
Eines der Kernstücke für die Skalierung ist der Agile Release Train, eine langfristig angelegte Struktur mehrerer Teams, mit bis zu 100 bis 120 Personen. Hier wird wegen der Dunbar-Zahl die Grenze für Gruppengrößen gesehen.
SAFe stellt eine Art Arbeitsanleitung für Unternehmen mit wenig oder keiner Erfahrung im Agilen Arbeiten zur Verfügung. Rollen, Prozesse und Artefakte sind sehr detailliert beschrieben. SAFe wird permanent weiterentwickelt und liegt aktuell in der Version 4.6 vor.
Siehe auch: www.scaledagileframework.com
Auf der Website von Scaled Agile sind viele Informationen, Cases und Whitepaper zu finden, die eine vertiefte Einarbeitung ermöglichen.

Frank: Aber nicht nur die Schritte sind wichtig. Mir erscheint es hier wichtig, die Fußzeile mit den Elementen Core Values, Lean-Agile Mindset und SAFe Principles im Auge zu behalten. Die gehören essenziell dazu!

Heiko: Diese Elemente machen die Anwendung von SAFe komplizierter, als es vielen lieb sein wird. In Diskussionen erlebe ich oft die Tendenz, ein Framework wie SAFe als eine Art Bedienungsanleitung zu betrachten und den beschriebenen Prozess 1:1 umsetzen zu wollen. Dabei wird komplett übersehen, dass die Abbildung nur zeigt, was passiert, dass aber die unverzichtbare Grundlage das entsprechende Mindset ist.

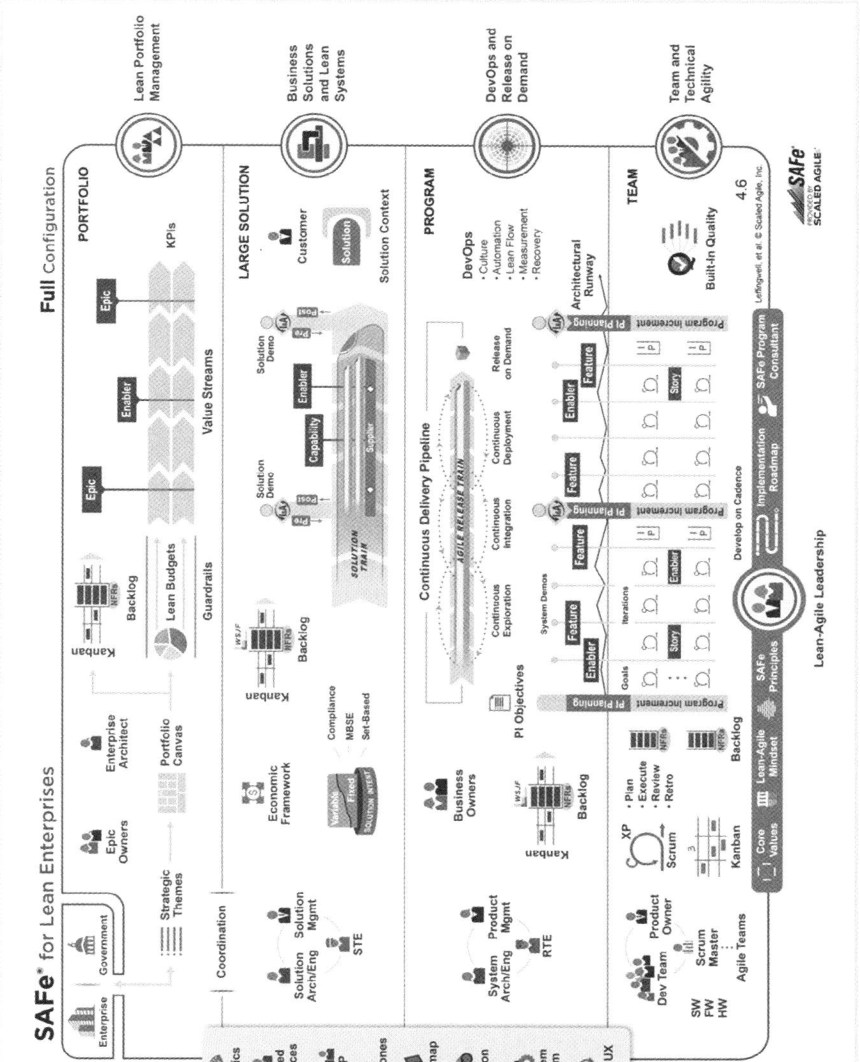

Abb. 21: Schematische Darstellung von SAFe (Version 4.6) in der vierstufigen Version; Quelle: www.scaledagileframework.com (abgerufen am 24.2.2019)

Frank: Stimmt, wenn ein mechanistisches Weltbild dominiert, d. h. das Framework als Arbeitsanleitung gesehen wird, dann wird es harte Arbeit auf dem Weg zu Agilität.

Heiko: Bei der Überlegung könnte der »Agile Release Train« in der Grafik helfen. Das finde ich eine sehr passende Bezeichnung dafür, worum es bei Agilität geht: kontinuierliche Lieferung von lauffähigen und damit wertschöpfenden Ergebnissen. Darin ist dann noch der Zyklus Exploration, Integration und Deployment. Alle drei Elemente passen die zu iterativem Arbeiten in einem komplexen Umfeld.

Frank: Dann lass uns mal sehen, wie LeSS vorgeht. LeSS ist das ältere Framework zur Skalierung von Agilem Arbeiten und genau wie bei SAFe gibt es hier eine schöne Übersicht im Web:

LESS – LARGE SCALE SCRUM

LeSS (Large Scale Scrum) basiert auf Scrum und ist darauf ausgerichtet, mehrere Teams, die gemeinsam an einem Produkt arbeiten, zu koordinieren. Die Begründer, Craig Larman und Bas Vodde, haben das Framework 2005 vorgestellt. Es basiert auf den Elementen Prinzipien, Regeln, Wegweiser und Experimente.
Die Regeln von LeSS bilden das Fundament und stellen das Produktergebnis und die Prozesskontrolle in den Vordergrund. Ein Spezifikum sind die Experimente, die hier ein wichtiges Element des Frameworks darstellen. Insgesamt geht es viel um die kontinuierliche Verbesserung und Lernen.
Unterschieden wird zwischen LeSS und Huge LeSS, die für zwei bis acht bzw. mehr als acht Teams gedacht sind. Die Anzahl acht als Grenze für beide Frameworks hat sich empirisch ergeben. Der wesentliche Unterschied ist, dass mehrere LeSS-Frameworks parallel angeordnet werden. Hier ergeben sich dann neue, zusätzliche Rollen und Artefakte, während der Backlog, die Rolle des Product Owner, die Definition of Done und andere Scrum-Elemente unverändert bleiben.
Quelle: https://less.works/
Auf der Website sind vielfältige Informationen zu LeSS/Huge LeSS zu finden.

Heiko: Ja, meine erste Auseinandersetzung mit LeSS hat über diesen Kanal stattgefunden, der Einstieg dort ist sehr empfehlenswert. Inzwischen sind so viele Detailfragen diskutiert und die Navigation auf der Website ist so einfach, dass man dort fast alle Fragen beantwortet bekommt.

Frank: Wie in Abbildung 22 gut zu erkennen, basiert LeSS fast vollständig auf Scrum und versucht die Arbeitsweise möglichst unverändert auf große Vorhaben und Gruppen zu übertragen. LeSS ordnet die Teams auf Schwimmbahnen (Swimlanes) nebeneinander an. Die Sprints werden koordiniert und Backlog Refinement, Reviews etc. finden gleichzeitig, teilweise auch miteinander statt. Es gibt keine zusätzlichen Rollen, Artefakte oder Prozesse, sodass dieser minimalistische Ansatz in agil-erfahrenen Organisationen leicht einführbar ist.

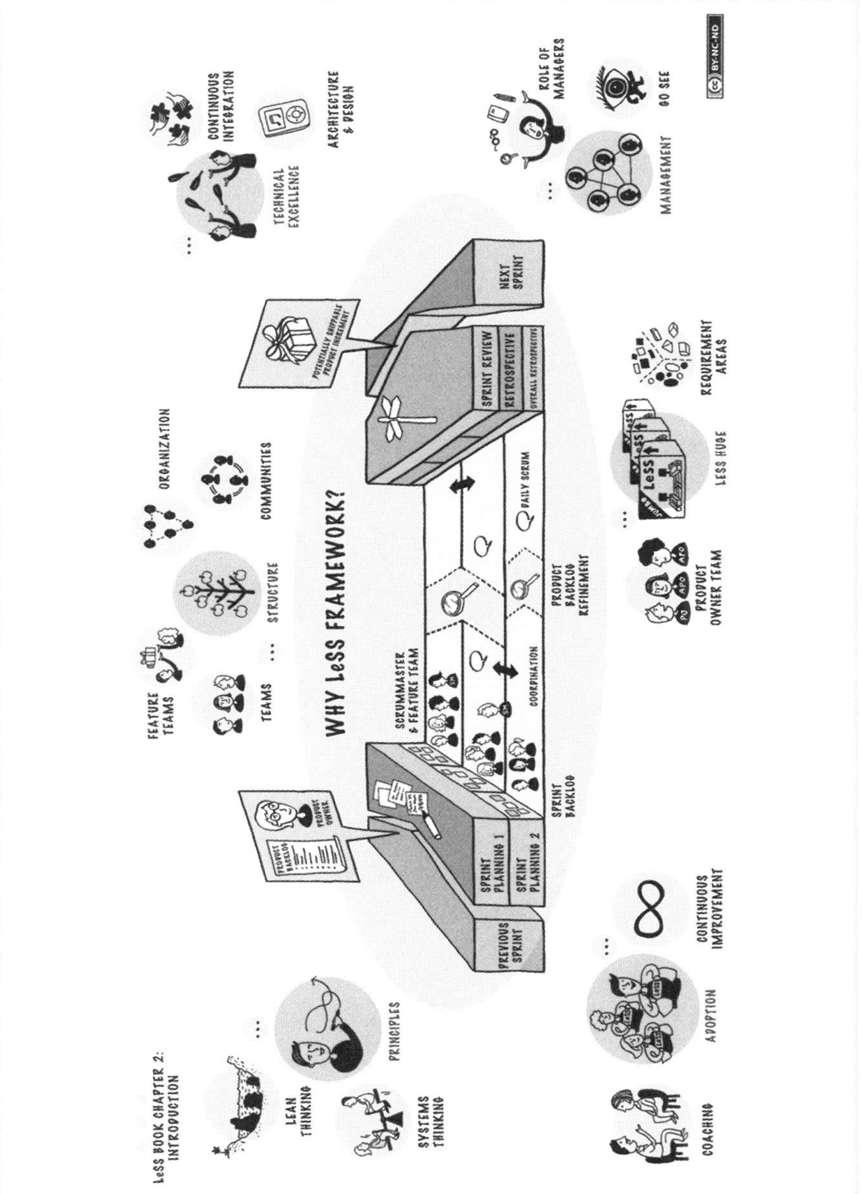

Abb. 22: Darstellung des LeSS-Frameworks; Quelle: https://less.works/ (abgerufen am 24.2.2019)

Heiko: Ja, das Prinzip ist einleuchtend. Was wir aber noch einmal kurz ansprechen sollten, sind die Gemeinsamkeiten und Unterschiede der beiden Ansätze. Aus meiner Sicht ist LeSS einfacher und kann daher gut für den Einstieg in die Skalierung und für kleinere Organisationen genutzt werden.

Frank: Das stimmt und SAFe ist eher für Großorganisationen geeignet, alleine schon wegen der größeren Anzahl an Rollen. Darüber hinaus sollte es ins Auge gefasst werden, wenn relativ viele Abhängigkeiten bestehen.

Heiko: Ein gemeinsames Charakteristikum aller Skalierungsansätze ist wiederum ein gemeinsamer Takt aller Teams. So können die Ergebnisse und Erkenntnisse aus den einzelnen Sprints zwischen den Teams koordiniert werden. Ich muss ehrlich sein, mich würde nun brennend interessieren, welche Konsequenzen sich aus der Nutzung Agiler Methoden und aus dem Agilen Arbeiten generell für die Organisation ergeben. Wir Personaler sehen in der bisherigen Diskussion bereits viele Punkte, die uns in unseren Kernaufgaben betreffen. Meine Leitfrage für die weitere Diskussion ist: Wie ist HR von Agilem Arbeiten betroffen und wo liegt unser größter Beitrag zum Erfolg?

3 Agiles Arbeiten und Organisation

Summary
Die Organisation von Agilität ist ein zentraler Baustein des Erfolgs. Damit Agil gearbeitet werden kann, sind eine Aufbau- und Ablauforganisation zu schaffen, die Agiles Arbeiten fördern, nicht behindern. Von den Agilen Vorreitern sind viele Experimente durchgeführt worden, um eine zum jeweiligen Kontext passende Organisation zu finden – mit mehr oder weniger Erfolg. Eines ist aber klar: Agile Organisationen müssen den Spagat zwischen bürokratischen Rahmenbedingungen einerseits und selbstorganisiertem Experimentieren andererseits hinbekommen. Am Ende geht es schließlich um effiziente Arbeitsflüsse und skalierbares Lernen. Wie erfolgreich ein Unternehmen dabei ist, zeigen Agile Metriken.

Frank: Deine Einschätzung zur Bedeutung der Organisation und von HR für den Erfolg Agiler Organisationsdesigns teile ich uneingeschränkt. Hier entscheidet sich, ob ein Unternehmen in der Anwendung Agilen Arbeitens erfolgreich ist oder nicht.

Heiko: Für uns Personaler ist es sinnvoll, im ersten Schritt das größere Bild zu verstehen und die generellen Veränderungen der Wirtschaftswelt, die strategischen Veränderungsprozesse und die methodischen Verschiebungen holistisch zu betrachten. Dann zeigt sich, dass »Agil« nur eines von mehreren Themen ist, die ähnlichen Mustern folgen, ähnliche Konsequenzen haben und geeignete Strategien für die zukunftsfähige Organisation des Unternehmens erfordern. Die alleinige Betrachtung einzelner Agiler Methoden und der Konsequenzen, die sich aus ihrer Anwendung auf die Organisation ergeben, wäre deutlich zu kurz gesprungen und würde wesentliche Aspekte außer Acht lassen.

Frank: Das sehe ich genauso. Daher zum Start das große Ganze nochmals im Schnelldurchlauf: Die moderne Wirtschaftswelt ist von Globalisierung, Digitalisierung, Agilen Methoden, Industrie 4.0 und ähnlichen Trends gekennzeichnet, die fast alle in eine Richtung wirken, die mit dem Akronym VUCA bezeichnet wird. VUCA steht für Volatile, Uncertain, Complex, Ambigious, d. h. für eine Wirtschaft, in der schnelle Veränderungen, die immer schlechter vorhersehbar sind, zu einer steigenden Komplexität in nahezu allen Bereichen führen. Somit steigen auch die Widersprüchlichkeiten, die solide Managemententscheidungen und ein durchstrukturiertes Management generell erschweren. Gemeinsamkeiten der Treiber dieser VUCA-Welt sind technische Fortschritte (Innovationen oder disruptive Geschäftsmodelle), eine zunehmende Vernetzung und Individualisierung. So ist ein zentrales Element der Industrie 4.0 die »Losgröße 1«, d. h. die Produktion von individualisierten statt vordefinierten Produkten.

Heiko: Für das Personalmanagement der Unternehmen ergeben sich hieraus einige Konsequenzen. So wird auch das Personalmanagement internationaler, digitaler und zunehmend durch die »Losgröße 1«, d. h. durch individuelle Lösungen für einzelne Mitarbeiter, aber auch spezifische Situationen, geprägt sein. Für einen Funktionsbereich, der bis heute vielfach mit kollektiven Systemen und verpflichtenden Standards (d. h. einer Command-and-Control-Kultur und dem Wunsch nach Konformität) arbeitet – dies insbesondere geprägt durch Tarifverträge und Mitbestimmung –, stellen einige Logiken der VUCA-Welt und des Agilen Arbeitens eine große Herausforderung dar.

Frank: Bei der Diskussion über Agile Methoden und Agiles Arbeiten werden bisher, neben den Methoden selbst, vor allem die Konsequenzen auf die Führung der Teams und des Unternehmens als Ganzes betrachtet. Viel zu selten diskutiert wird der nächste, bei genauer Betrachtung aber grundlegende Schritt: die Veränderungen der Aufbau- und Ablauforganisation. In diesem Zusammenhang möchte ich unseren Lesern folgenden Lesetipp geben: **Karl Weick, Kathleen Sutcliffe – Managing the unexpected**. Eine Rezension steht auf den Arbeitshilfen online zur Verfügung.

Heiko: Bevor wir unsere Gedanken zum Agilen Personalmanagement anstellen, möchte ich kurz den mahnenden Zeigefinger heben. Betrachte ich die allgemeine Diskussion um Agiles Arbeiten, sehe ich immer wieder, dass die vorhandenen Beispiele von (erfolgreicher) Agilisierung einer Organisation auf die gesamte Wirtschaft übertragen werden. Für das Agile Personalmanagement ist die Situation besonders prekär, da deutlich weniger Beispiele als für die allgemeine Einführung Agiler Methoden vorliegen. Diese Beispiele stammen meist aus kleineren, relativ jungen IT-Unternehmen mit hoch qualifizierten, eher homogenen Belegschaften. Diese Unternehmen sind relativ weit mit ihrer »organisatorischen Agilisierung«, da sie als erste konsequent auf Agile Methoden gesetzt haben und eine vergleichbar geringe organisatorische Komplexität aufweisen. Die Betrachtung der Konsequenzen Agilen Arbeitens auf das Personalmanagement darf sich nicht nur auf diese Vorreiter konzentrieren, sie sollte stattdessen vielmehr von der Mehrheit der Unternehmen ausgehen.

Frank: Die Mehrheit ist sicher im produzierenden Mittelstand zu suchen und auch dort kann Agilität eine wichtige, positive Rolle spielen. Wenn allerdings Großunternehmen und Mittelständler in klassischen Branchen Agile Methoden nutzen wollen und dies nicht nur in der IT-Abteilung, stellen sich die Konsequenzen Agilen Arbeitens ganz anders dar, als es bei den Agilen Vorreitern der Fall ist. Da sind HR-Systeme betroffen, die in den Vorreiterunternehmen nicht vorhanden oder weniger durchorganisiert sind. Hinzu kommt, dass die Mehrheit der Unternehmen sehr wahrscheinlich eine bimodale Organisation aufbauen wird, in der klassische und agile Strukturen parallel existieren.

Heiko: Das ist erheblich komplexer, als es eine rein Agile Organisation ist. Ich glaube, wir brauchen für die weitere Diskussion einen Referenzstandard oder Beispiele, um die Komplexität des Themas ein wenig sortieren zu können.

Frank: Höre ich da einen oft gemachten Fehler?

Heiko: Fehler?

Frank: Na ja, die Vergleiche bestehender Systeme mit der eigenen Situation haben ein großes Verführungspotenzial dahin gehend, dass Lösungen für scheinbar ähnliche Herausforderungen kopiert werden. Wir sollten uns dabei stets daran erinnern, dass in der Agilen Welt keine Best Practices oder Good Practices existieren, sondern nur Emerging Practices! Auf der anderen Seite machen konkrete Beispiele den Zugang zu einem Thema natürlich leichter. Wenn du mir also versprichst, die Beispiele isoliert zu sehen und nicht als Muster oder gar Empfehlung, dann können wir gerne die Dilts-Pyramide als Referenzmodell wählen und mit konkreten Beispielen hinterlegen.

Heiko: Du meinst die von Robert Dilts, eine der führenden Figuren in der NLP-Entwicklung, vorgestellte Pyramide der logischen Ebenen des Lernens bzw. der Veränderung? Ich verstehe zwar die Logik in Bezug auf menschliches Verhalten, aber ich frage mich: Was haben NLP und die Dilts-Pyramide mit Agilität zu tun?

Frank: Ich möchte nur eine Referenz haben, die uns hilft, unterschiedliche Beispiele zu sortieren. Wenn eine Agile Transformation begonnen werden soll, kann die Pyramide von unten nach oben betrachtet werden. Ausgehend vom heutigen Zustand wird eine umfassende Analyse vor allem auch der bestehenden Prinzipien und Werte vorgenommen, um dann zu sehen, wie das Agile Mindset und die zugehörigen Prinzipien und Werte zukünftig gefördert werden können. Ich erkenne keinen wesentlichen Unterschied zwischen der Dilts-Pyramide und der Agilen Zwiebel, die wir in Abbildung 10 gesehen haben.

Heiko: Ich verstehe den Ansatz so, dass die Ebenen Purpose, Identity und Values & Beliefs für das Mindset stehen können, Governance wird durch Capabilities und Behaviours repräsentiert und manche Behaviours und Environment stehen für Techniques.

Frank: Richtig. Es passt nicht zu 100 %, aber in einer komplexen Umwelt hilft jede Strukturierung weiter. Die Analyse des Ist-Zustands möchte ich jetzt so angehen, dass wir Beispiele aus der Agilen Community ansehen und feststellen, was bereits passiert ist und wie diese Ideen und Umsetzungen wirken. Diese Betrachtung kann auch helfen, manche der Diskussionen besser zu verstehen, die sich um Agiles Arbeiten drehen, ohne die Kenntnis der entsprechenden Beispiele aber schwer nachvollziehbar sind. Danach können wir schauen, was wir daraus für Unternehmen ableiten können, die sich auf die bimodale Zukunft vorbereiten wollen.

Frank: Okay, warum nicht. Welche Beispiele hast du mitgebracht?

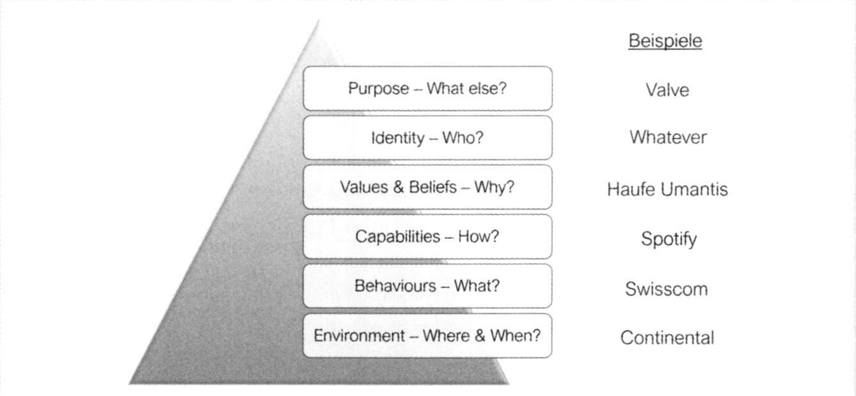

Abb. 23: Dilts-Pyramide und Beispiele für Agile Veränderung; Quelle: Fachgruppe Agile Management; Management 4.0, Release 2.0 (2018)

Frank: Beginnen wir mit der Umwelt, dem Umfeld Agilen Arbeitens. Im ersten Kapitel haben wir gesehen, dass eine der Herausforderungen, welche die moderne Wirtschaft bewältigen muss, in den exponentiellen Veränderungen liegt, die sich aber leider in unterschiedlicher Geschwindigkeit manifestieren. Ein schönes Beispiel für den notwendigen Spagat in der Personalwelt ist das Thema Mitbestimmung.

3.1 Rahmenbedingungen für Agiles Arbeiten schaffen

Heiko: Oh ja, das erlebe ich tagtäglich im eigenen Haus. Einerseits brauchen wir für das Agile Umfeld viel Freiheit, um Dinge auszuprobieren und neu zu gestalten, auf der anderen Seite steht ein Betriebsrat, der zwischen der Zustimmung zu den Notwendigkeiten und einem Mitbestimmungsrecht, das aus der Frühindustrialisierung stammt, gefangen ist. Wer hier keine Fehler machen will, wird automatisch vorsichtig agieren, und das alleine steht im Widerspruch zu den Notwendigkeiten, die durch die Exonomics bedingt sind, und den Prinzipien der Agilen Welt. Wie sieht der Ausweg aus?

Frank: **Den** Ausweg gibt es nach meiner Einschätzung nicht und, ganz ehrlich, bei diesem Thema ist noch wenig passiert. Die Deutsche Telekom AG und die SAP AG haben in der frühen Phase der eigenen Agilisierung mit den Betriebsräten Betriebsvereinbarungen geschlossen, diese waren jedoch eher allgemein formuliert. Da wurde das unpassende Format Betriebsvereinbarung auf eine Situation angewandt, die völlig andere, aber eben nicht juristisch haltbare Anforderungen stellt. Hier ist die Continental AG im Jahr 2017 einen Schritt weitergekommen. Für die Einführung von Office 365 wurde statt einer Betriebsvereinbarung eine Vertrauensvereinbarung geschlossen, in der die Grundlage der Zusammenarbeit von Betriebsrat und Arbeitgeber definiert wird. Dies ist ein wesentlicher Unterschied, da die Logik der Vereinbarung aus dem Agilen Denken kommt und nicht versucht, die alten Logiken anzupassen.

MANIFEST ZUR EINFÜHRUNG VON OFFICE 365 BEI DER CONTINENTAL AG

Im November 2017 haben Arbeitgeber und Betriebsrat der Continental AG einen neuen Weg der Mitbestimmung beschritten. Es wurde ein Manifest verfasst, in dem die Prinzipien für die Zusammenarbeit bei der mitbestimmungspflichtigen Einführung einer Software formuliert sind. Dieses Manifest ersetzt eine Betriebsvereinbarung, die nach üblicher Praxis und wohl auch nach gängigem Rechtsverständnis nötig gewesen wäre. Aus Sicht derjenigen, die Agiles Arbeiten fördern wollen, ist dies ein Wendepunkt in der Zusammenarbeit mit Betriebsräten, denn es wurde keine präzise Regelung getroffen, wie es in der Vergangenheit üblich war, stattdessen wurde eine Vertrauensvereinbarung geschlossen, in der man vereinbarte, wie die Zusammenarbeit zukünftig aussehen soll.

Mit einer Vertrauensvereinbarung haben beide Seiten den Spielraum, im laufenden Prozess Vereinbarungen zu den darin auftretenden (meist nicht vorhersehbaren und damit nicht regelbaren) Themen zu schließen. Sollte es noch zu einer Betriebsvereinbarung kommen, wird diese parallel zum Projektverlauf iterativ entwickelt. Dies ist ein sehr konstruktives und ermutigendes Beispiel dafür, dass auch die Mitbestimmung Agilen Prinzipien folgen kann, wenn alle Seiten es wollen.

Heiko: Das ist ein ermutigender Ansatz. So können wir trotz behindernder Rahmenbedingungen auf der Ebene der Unternehmen vorankommen. In 2018 ist ja dann noch mehr Bewegung in das Thema gekommen, als Bosch und die IG Metall einen Innovationstarifvertrag geschlossen haben. Aber im Arbeitsrecht stecken ja noch viel andere Fußangeln und Probleme. Wie sieht es damit aus?

Frank: Ich fürchte, das Thema müssen wir zurückstellen, da es in die Tiefen des Personalmanagements eindringt und einigen Raum braucht. Wollen wir später (vergl. Kap. 5) darauf zurückkommen und uns nun der nächsten Dilts-Ebene widmen?

Manifest zur Einführung von Office 365 bei der Continental AG

Grundprinzipien der Zusammenarbeit

Kommunikation und Vertrauen sind die Werkzeuge für informationelle Selbstbestimmung in einer zunehmend digitalen Welt. Auch Technologien und insbesondere digitale Tools werden ein immer wichtigerer Teil von Ausbildung, Kommunikation und Zusammenarbeit im Geschäftsleben. Microsoft Office 365 als zentrale Arbeits -und Kommunikationsplattform ist daher für uns ein wesentlicher Bestandteil einer modernen Organisation.

Um auch zukünftig nachhaltig erfolgreich zu sein und unseren Kunden eine hohe Qualität bieten zu können, gestalten wir als Continental unsere Transformation anhand von drei wesentli chen Erfolgsfaktoren:

- eine moderne und vertrauensbasierte Kultur
- konsequente und partizipative Führung
- Rahmenbedingungen, die es uns erlauben, unsere Werte zu leben.

Die Grundlage einer modernen Kultur besteht für uns darin, die eigene Arbeit transparent zu machen und Feedback und Wertschätzung gegenüber der Arbeit unserer Kollegen zu äußern. Durch diese offene Kommunikation entsteht das notwendige Vertrauen, das uns gemeinsam in die Lage versetzt,

- produktiver und effizienter zu arbeiten
- gezielter und effektiver zusammenzuarbeiten
- selbstbestimmter und nachhaltiger zu lernen.

Daher schaffen wir mit der Einführung von Microsoft Office 365 als Kommunikations- und Kollaborations -Plattform die Voraussetzung für agiles, flexibles und kollaboratives Arbeiten.

Zugleich fördern wir durch transparente, gemeinschaftsbasierte Prozesse Mitwirkung, Verantwortlichkeit, Vertrauen und Qualität. Die Sicherheit und der Schutz der Daten einer Person im betrieblichen Alltag sind dabei für uns von grundlegender Bedeutung und dürfen nicht als optional betrachtet werden.

So gelingt es uns heute und in Zukunft, die größtmögliche Wertschöpfung für unsere Kunden und Mitarbeiter und auch die zukünftige Entwicklung unseres Unternehmens sicherzustellen.

Abb. 24: Manifest zur Einführung von Office 365 bei der Continental AG; Quelle: https://www.slideshare.net/haraldschirmer/manifest-vertrauensvereinbarung-zur-softwareeinfhrung?from_action=save (abgerufen am 24.2.2019)

Heiko: Ja gerne: Verhalten auf der zweiten Ebene und Swisscom als Beispiel. Jetzt bin ich gespannt.

3.2 Individuen und Organisationen verändern – Erfahrungsräume schaffen

Frank: Das Beispiel der Swisscom ist eines meiner liebsten Erfolgsmodelle und passt sehr gut zu den Überlegungen, wie Agiles Arbeiten eingeführt werden kann und was getan werden kann, damit es sich schnell etabliert. Die Swisscom hat sich bereits vor einiger Zeit auf die Veränderungen im Telekommunikationsmarkt und bei den Rahmenbedingungen eingestellt. Die gesamte Branche ist ja durch massive Veränderungen und einen hohen Konkurrenzdruck gekennzeichnet. Dies hat bereits vor einiger Zeit die Notwendigkeit aufgezeigt, sich flexibler und agiler aufzustellen. Eine der Konsequenzen, die die Swisscom für sich gezogen hat, ist die Nutzung der Prinzipien des Design Thinking auf dem Weg zu einer Experience Driven Company (Haas 2015). Es geht darum, Innovationen zu fördern und für die Weiterentwicklung des Unternehmens zu nutzen.

Heiko: Und was ist da konkret passiert? Design Thinking ist streng genommen ja keine Agile Methode, obwohl dies öfter behauptet wird. Ich verorte Design Thinking eher im Bereich der Kreativmethoden bzw. betrachte es als Methode zur Lösung konkreter Probleme.

Lesern, die mit dieser Methode nicht vertraut sind, bieten wir auf den Arbeitshilfen online eine umfassende Definition des Design Thinking an.

Frank: Aber die Logik des Design Thinking ist eine sehr schöne Ergänzung zu Agilem Arbeiten, denn zuerst muss man ja gute Ideen entwickeln, die dann Agil ausgearbeitet werden können – und zwar in einer interdisziplinären Kollaboration und streng vom Kunden her denkend und handelnd. Das ist im Agilen Arbeiten identisch.

Heiko: Was hat Design Thinking jetzt mit dem Beispiel Swisscom zu tun?

Frank: Die Swisscom hat früh entschieden, dass die Zukunft wesentlich davon abhängt, schnell und häufig neue Produkte für eine immer anspruchsvollere Kundschaft zu entwickeln. Unter anderem wurde am Stammsitz in Bern ein Design-Thinking-Labor eingerichtet, um neue Produkte, Prozesse usw. nach dem Prinzip des User Centric Design zu entwickeln. Dieses Design-Thinking-Labor ist gleichzeitig ein Ausbildungszentrum, in dem alle Mitarbeiter und Führungskräfte in Agilem Arbeiten geschult werden können und das sie nutzen können, um eigene (agile) Produkte zu entwickeln, neue Ideen zu erproben usw. Der »geschützte« Raum des Labors nutzt somit die Grundprinzipien Agilen Arbeitens, qualifiziert die Mitarbeiter und bietet ihnen die Möglichkeit, praktische Erfahrung zu sammeln, indem es zum Standard erklärt wird, zu experimentieren, zu scheitern, zu lernen und wieder von vorne zu beginnen. So können Menschen schnell und nachhaltig lernen.

Heiko: Dir geht es bei diesem Beispiel also darum, wie Verhalten, die Ebene Behaviour in der Dilts-Pyramide, in einem Lernkontext stattfindet, der in sich agil ist oder im Fall des Design Thinking sehr nahe dran. Hinzu kommt ja sicher, dass im Design-Thinking-Labor in Bern an konkreten Fragen gearbeitet wird?

Frank: Ja, das Lab wird häufig dazu benutzt, Ideen, die Mitarbeiter in ihrem Alltag haben, in eine nutzbare Form zu bringen. Das ist im normalen Arbeitskontext ja oft nicht möglich.

Heiko: Wenn ich mich recht erinnere, betreibt die Swisscom ja inzwischen auch ein Digital Lab, d. h., die Lab-Idee war so erfolgreich, dass sie konsequent weiterentwickelt wird.

Frank: Ja, gemeinsam mit der Polytechnischen Hochschule Lausanne wird ein Digital Lab betrieben, in dem andere Unternehmen von den Erfahrungen der beiden Partner im Lab profitieren können. Zitat: »Unser Labor ist ein gemeinschaftlicher Raum, der Technologien, Kompetenzen und Methoden mit den Forschungskapazitäten der EPFL unter einem Dach vereint, um die digitale Transformation unserer Kunden voranzutreiben. Mit unseren skalierbaren und flexiblen Entwicklungen helfen wir unseren Kunden, eine Idee innerhalb von Wochen in eine konkrete Lösung umzuwandeln.« (Quelle: swisscom, https://www.swisscom.ch/de/)

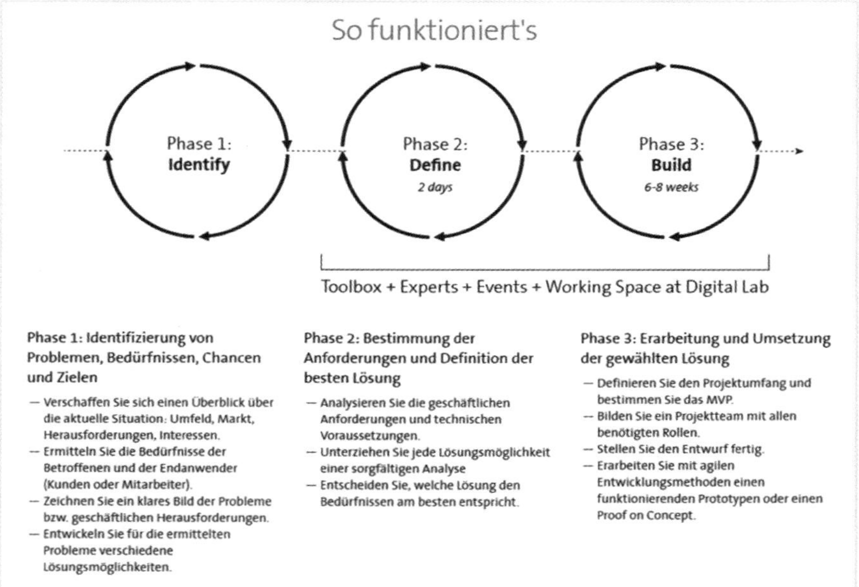

Abb. 25: Arbeitsprozess am Digital Lab der Swisscom und der Polytechnischen Hochschule Lausanne; Quelle: https://www.swisscom.ch/de/business/enterprise/aktuelles/digital-lab.html (abgerufen am 24.2.2019)

Heiko: Dieser Prozess ist dem im Design Thinking erkennbar ähnlich. Außerdem schießen solche Angebote zu Kooperationen in meiner Wahrnehmung ohnehin wie Pilze aus dem Boden. Wir haben bereits darüber nachgedacht, mit dem DI-Lab der Hamburg School of Business Administration (HSBA) in Hamburg (https://www.hsba.de/hsba/weitere-einrichtungen/di-lab-hsba/ueberblick/) zu kooperieren. Ein frischer Blick auf die eigenen Problemstellungen hat schließlich selten geschadet.

Frank: Das DI-Lab kann ich sehr empfehlen, wir haben mit der HSBA bereits an Digitalprojekten für Unternehmen gearbeitet und die Wirkung bei den Mitarbeitern ist sehr positiv. Aber zurück zu unserer Dilts-Pyramide. Auf der Ebene Behaviours haben wir gerade gesehen, dass Lernräume zum Ausprobieren und Erlernen von Fähigkeiten wichtig für die Qualifizierung, die Produktentwicklung oder eben die Entwicklung digitaler Geschäftsmodelle ist. Die nächste Ebene »Capabilities – How?« fragt nach den Details der Umsetzung, d. h. nach den genauen Prozessen. Hier nutze ich »How?« allerdings, um an einen ganz zentralen Punkt zu kommen, der meist sehr spät oder halbherzig angegangen wird: das Organisationsdesign. Um das zu beleuchten, können wir das wohl bekannteste Beispiel nutzen: Spotify.

3.3 Das Design Agiler Organisationen

Heiko: Moment, bevor wir über Spotify reden, würde ich gerne die Begriffe klären. Du sprichst von Organisationsdesign. Was verstehst du darunter? Wir hatten ja schon in Zusammenhang mit Führung über Organisationsdesign als Steuerungsfaktor für Verhalten gesprochen. Das ist hier ja nicht alleine gemeint, oder?

Frank: Stimmt. Die Stufe »Capabilities – How?« in der Dilts-Pyramide beschreibt primär Fähigkeiten, die dann wiederum Verhalten beeinflussen. Für ein Individuum sind hier vor allem die Kompetenzen relevant. Bei einer Organisation hingegen geht es eher um Details der Ablauforganisation, wenn die »Fähigkeiten« des Unternehmens betrachtet werden. Da die Ablauforganisation ganz wesentlich von der Aufbauorganisation abhängig ist, ist es aus Sicht einer Personalabteilung immer sinnvoll, beide Bereiche gemeinsam zu betrachten und unter dem Begriff Organisationsdesign zusammenzufassen. Ziel eines Organisationsdesigns ist, eine Organisation aufzubauen, in der

- die Strategie des Unternehmens unterstützt wird,
- alle Einheiten und Ressourcen effizient und überlappungsfrei zusammenarbeiten,
- alle relevanten Informationen leicht verfügbar sind.

In klassisch aufgebauten Unternehmen beruht die Aufbauorganisation, die in einem Organigramm dargestellt ist, auf funktionalen Abgrenzungen. In der Agilen Denkweise steht jedoch die kontinuierliche Lieferung nutzerorientierter Produkte im Fokus. Dies ist effizienter zu erreichen, wenn der Produktionsprozess und die hierzu nötigen Kompetenzen die Grundlage der Organisation bilden.

Agiles Organisationsdesign strebt nach einem effizienten Arbeitsfluss.

Heiko: Das bringt uns dann wieder zu dem bereits angesprochenen Beispiel von Spotify, das bereits sehr früh Agil wurde und sehr offen über die eigene Erfahrung berichtet. So gibt es entsprechend viele Informationen und eine wertvolle Diskussion dazu, welche Lehren aus dem Beispiel Spotify gezogen werden können. Lass mich doch einmal mit meinem Kenntnisstand beginnen. Wesentliche Grundelemente der Spotify-Organisation sind Squads, Tribes und Guilds.

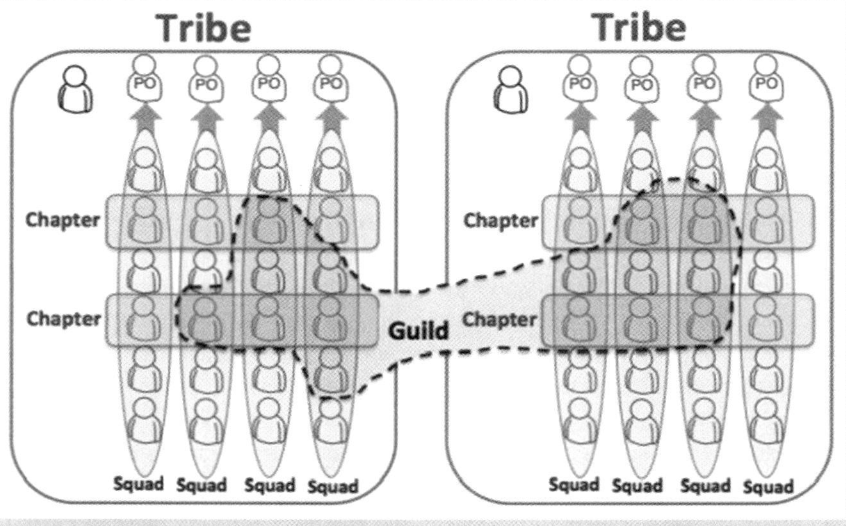

Abb. 26: Die Aufbauorganisation bei Spotify in 2012; Quelle: Kniberg & Ivarsson 2012

Frank: Genau. Bei Spotify ist die Aufbauorganisation ganz auf die Zusammenarbeit in Scrum-Teams (Squads) ausgerichtet und orientiert sich an Sozialstrukturen. Am Ende entsteht wieder eine Art Matrixorganisation, die allerdings die Bedürfnisse der einzelnen Mitarbeiter hinsichtlich Zusammenarbeit, Lernen und Weiterentwicklung in den Vordergrund stellt.

Heiko: Du willst mir nicht wirklich sagen, dass Spotify am Ende des Tages nichts anderes als eine Matrixorganisation ist, die wir auch aus der Linienorganisation kennen?

Frank: Nein, nicht ganz. Auf die grundlegenden Organisationsprinzipien – Projektorganisation, Prozessorganisation, Matrixorganisation – will ich hier nicht weiter eingehen, diese sind aber gut in dem Buch von Reinhard Nagel »Organisationsdesign: Modelle und Methoden für Berater und Entscheider« nachzulesen. Mit dem Spotify-Modell wird ein hohes Innovations- und Motivationspotenzial geschaffen und Agiles Arbeiten erleichtert. Ziel ist auch hier ein möglichst störungsfreier Arbeitsfluss. Das war der Grund, warum wir im vorherigen Kapitel die Spotify-Organisation in Zusammenhang mit der Agilen Skalierung angesprochen haben. Das Spotify-Modell verkörpert eine Möglichkeit, wie wir von einem Agilen Team auf viele Teams skalieren können. Lass uns das gleich noch einmal aufnehmen.

ORGANISATIONSEINHEITEN BEI SPOTIFY

Squad: Die zentrale Organisationseinheit und das Rückgrat der Organisation ist das Team (Squad), das wie ein Mini-Start-up agieren soll. Das Team ist mit allen Kompetenzen ausgestattet, die zur Erledigung der Aufgaben nötig sind, und sitzt räumlich zusammen. Die Squad kümmert sich um genau eine Aufgabe, die bis zur Fertigstellung bearbeitet wird. Alle Teams sind aufgefordert, rund 10 % ihrer Arbeitszeit für aktives Lernen einzusetzen. Was gelernt wird, ist den einzelnen Teammitgliedern und der Absprache im Team überlassen.
Tribe: Ein Stamm (Tribe) ist eine Gruppe von Squads, die an ähnlichen oder miteinander verbundenen Aufgaben arbeiten. Der Stamm wird als eine Art Mini-Inkubator für die Mini-Start-ups gesehen. Tribes werden von einem Tribe Leader geführt, der den Squads möglichst optimale Rahmenbedingungen für ihre Arbeit verschaffen soll.
Chapter und Guilds: Chapter und Gilden sind die Antwort von Spotify auf einen zentralen Nachteil, der sich daraus ergibt, dass mit selbstorganisierten Teams gearbeitet wird: den Verlust der Vorteile, die sich aus der Skalierung ergeben. So kann es gut sein, dass unterschiedliche Teams sehr ähnliche Themen bearbeiten oder Erfahrungen nutzen können, die andere Teams gemacht haben. Hierzu bedarf es eines übergeordneten Austausches. In den Chaptern sind innerhalb einer Tribe die Mitarbeiter zusammengefasst, die ähnliche Fähigkeiten besitzen und in prinzipiell gleichen Kompetenzbereichen arbeiten. Die Chapter treffen sich regelmäßig zum Erfahrungsaustausch und zur gemeinsamen Bearbeitung von Themen. Während die Chapter innerhalb einer Tribe agieren, organisieren sich Gilden über die gesamte Organisation, im Sinne einer »Community of Interest«. Jede Gilde besitzt einen »Guild Coordinator«, der sich um die Koordination der Arbeit und Themen kümmert.
Interessant zu wissen ist, dass es neben den genannten Organisationseinheiten noch Product Owner (Spotify arbeitet primär mit Scrum) und Coaches gibt.
Aktuelle Entwicklungen bei Spotify sind unter anderem in diesem Blog zu finden: https://labs.spotify.com/

Heiko: Solche Beispiele wie Spotify haben den Charme, dass sie stets sehr ansprechend vermittelt werden und man sofort überlegt, wie das entsprechende Modell auf das eigene Unternehmen anzuwenden wäre. Das fällt mir hier ehrlich gesagt sehr schwer. Eine Bank in der Organisationsform, wie sie Spotify gewählt hat? Wie soll das funktionieren?

Frank: Die entscheidende Frage ist doch: Wozu soll die Organisationsform vor allem dienen? Deine Frage zeigt sehr schön, was wir bereits bei der Diskussion des Cynefin-Frameworks festgestellt haben. In einer komplexen Wirtschaft sollte man nicht nach Best Practice oder Good Practice fragen und sie dann auf die eigene Organisation übertragen wollen. Für Spotify war die vorgestellte Struktur eine Zeit lang sinnvoll, da projektorientiert an Software gearbeitet wird. Cross-funktionale, selbstorganisierte Scrum-Teams sind hier eine gute Grundlage der Aufbauorganisation, da der allergrößte Teil der Arbeit auf diese Weise effizient organisiert werden kann. Bei einer Bank und in vielen anderen Branchen sehe ich wenig Sinn in einem ähnlichen Organisationsdesign. Ihr habt einen hohen Vertriebsanteil, andere haben einen hohen Produktionsanteil.

Heiko: Es stellen sich ja auch noch andere Fragen. Wie groß ist der Anteil an Menschen, die sich aus dem aktuellen Arbeitsumfeld heraus in ein völlig anders geartetes Arbeiten entwickeln können und auch wollen? Da sehe ich schon einige Herausforderungen, weniger bei den Fertigkeiten, die erlernbar sind, als vor allem bei der Haltung. Dann kommt hinzu, dass die Transformation bestehender Belegschaften in die zukünftig nötige Kompetenzmatrix einige Zeit benötigen wird. Menschliches Lernen erfolgt ja nicht auf Knopfdruck. Hier sehe ich vor allem für die Führungskräfte eine große Aufgabe, nämlich die Mitarbeiter viel relevanter und umfangreicher als bisher zu ermuntern, permanent Neues zu lernen, und sie dabei zu begleiten.

3.4 Der Mensch in der Agilen Organisation

Frank: Das ist richtig und im Kapitel 5 werden wir noch ausführlich über die Bedeutung des Lernens in der Agilen Welt reden. Mit dem vorherigen Hinweis auf die Haltung hast du gleichzeitig eine zentrale Frage der Agilen Transformation aufgeworfen, die uns automatisch zur nächsten Ebene in der Dilts-Pyramide, zur Ebene »Values & Beliefs – Why?«, führt. Als Beispiel habe ich die Haufe Umantis ausgewählt, die 2013 schlagartig bekannt wurde, als der damalige CEO Hermann Arnold von seinem Posten zurücktrat und seinen Nachfolger von den Mitarbeitern wählen ließ. Seit diesem Zeitpunkt werden die Führungskräfte im Unternehmen per demokratischer Wahl bestimmt. Die Logik dahinter beschreibt der CEO Marc Stoffel wie folgt: »Mitarbeiter wählen ihren Chef ohnehin jeden Tag. Wenn ich als Chef Dinge tue, die niemand versteht, dann werden meine Mitarbeiter Anweisungen nicht befolgen und im extremsten Fall mit den Füßen abstimmen und uns verlassen.« (Haufe Umantis 2015).

Heiko: Ich erinnere mich gut an die Diskussion, die damals in der HR-Community ausbrach. Da waren die ersten Reaktionen ganz typisch und durchgängig im Tenor, das geht bei uns gar nicht, das können die Mitarbeiter doch gar nicht beurteilen usw. Inzwischen wird es immer mehr zur Normalität und die Ersten denken daran, ebenfalls mehr Demokratie zu wagen. Bei Haufe Umantis wurde ja auch der Haufe-Quadrant entwickelt. Er soll aufzeigen, inwieweit das Organisationsdesign und das Selbstverständnis von Mitarbeitern zusammenpassen. Schließlich kann eine Organisation nur dann funktionieren, wenn beide Aspekte stimmig sind. Beim Organisationsdesign unterscheidet der Quadrant zwischen »gesteuert« und »selbstorganisierend« und bei der Rolle der Mitarbeiter zwischen »Umsetzer« und »Gestalter«.

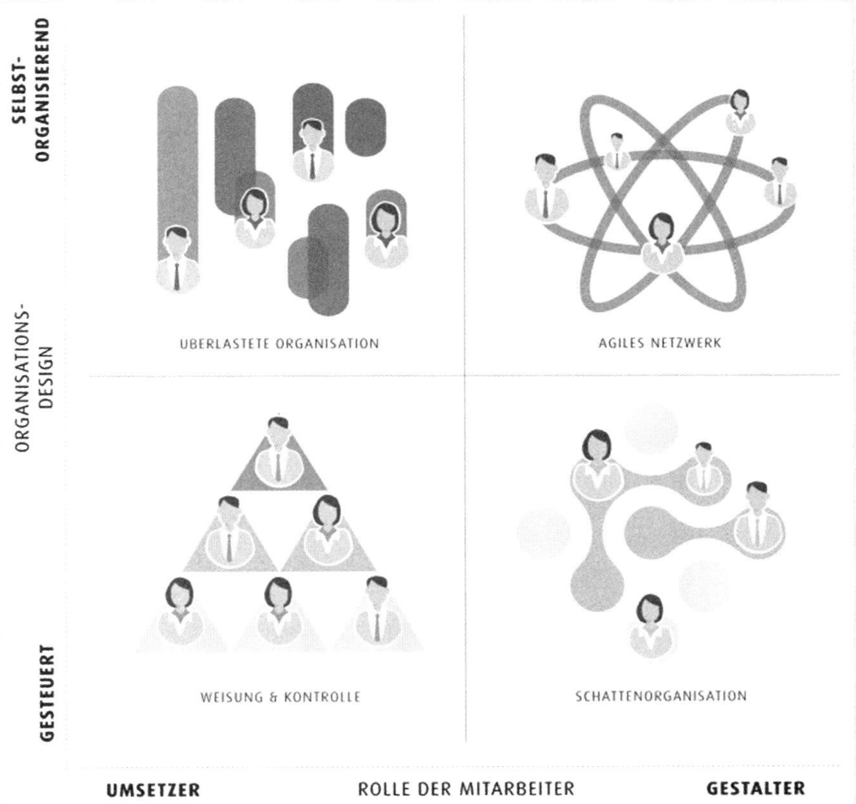

Abb. 27: Der Haufe-Quadrant (Quelle: Haufe 2015)

Frank: Diese Klassifizierung ist in meiner Wahrnehmung zwar etwas stark verkürzend, aber sie kann trotzdem sehr gut genutzt werden, um die Situation im eigenen Unternehmen zu reflektieren. Man kann sich die vier Felder ansehen und überlegen, welche Teile des Unternehmens, der Belegschaft usw. wo einzuordnen sind und warum man überhaupt zu dieser Einordnung kommt. Dann kann man überlegen, was für die Zukunft nötig und sinnvoll ist und welche Schritte helfen, dorthin zu kommen.

Heiko: Dann starten wir doch am Anfang und sehen uns die vier Felder an, die für unterschiedliche Formen des Zusammenspiels aus Organisationsdesign und Selbstverständnis der Mitarbeiter stehen:

- Weisung & Kontrolle – hier treffen Umsetzer auf ein gesteuertes Design, was der klassische und noch immer sehr weit verbreitete Organisationsrahmen ist. Mitarbeiter erwarten klare Anweisungen, die in einer geregelten Prozesslandschaft abgearbeitet werden. Der Fokus liegt in solchen Unternehmen meist auf Effizienz.
- Agiles Netzwerk – dies ist quasi der Gegenentwurf, in dem ein flexibles Organisationsdesign auf Mitarbeiter trifft, die selbstorganisiert und -verantwortlich arbeiten. Das Agile Netzwerk basiert auf Vertrauen und schnellem Agieren in flexiblen Märkten. Agile Netzwerke sind in der Lage, komplexe Sachverhalte zu erschließen, und können schnell auf Anforderungen oder Unvorhergesehenes reagieren.
- Schattenorganisation – hier treffen Mitarbeiter, die sich aktiv einbringen wollen, auf ein geregeltes, häufig starres Organisationsdesign. In der Folge kommt es zu bewussten Verstößen gegen Regeln und zu Umgehungen von Prozessen, um zu vernünftigeren oder schnelleren (als im Prozess vorgesehenen) Lösungen zu kommen.
- Überlastete Organisation – hier treffen Umsetzer auf ein offenes Organisationsdesign. Die Mitarbeiter fühlen sich vielfach alleine gelassen und überfordert, da sie mit dem offenen Ansatz nicht umgehen können.

Frank: Wie würdest du denn dein Unternehmen gemäß dem gerade beschriebenen Ansatz sehen?

Heiko: Es ist witzig, mir fallen zu allen vier Feldern sofort Beispiele aus dem Haus ein. In der IT hatten wir letztens eine Diskussion um »Organisationsrebellen« und die (gefühlte) Notwendigkeit, Grenzen zu überschreiten, um Fortschritt zu ermöglichen. Das ist ganz klar Schattenorganisation. Über Überlastung klagen einige Mitarbeiter und vor allem der Betriebsrat, während Weisung & Kontrolle permanent über allem schwebt. Daran ist nicht zuletzt die hohe Bedeutung der externen Regulierung im Bankenwesen schuld. Mut macht mir, dass bereits einige Bereiche und vor allem auch einige Führungskräfte Agiles Arbeiten ausprobieren und sich neue Netzwerke bilden. Zuletzt haben sich einige Working-out-Loud-(WOL)-Zirkel gebildet und die positiven Feedbacks lassen mich hoffen, dass wir uns kontinuierlich weiter in Richtung des Agilen Netzwerks bewegen. Bei dieser Betrachtung fällt mir übrigens auf, warum du gerade gesagt hast, der Quadrant verkürzt sehr stark. In einem der WOL-Zirkel hat sich ein Mitarbeiter im Bereich Compliance als hervorragender Netzwerker und Agiler Kopf erwiesen. Trotzdem sieht er in Compliance einen hohen Wert und verteidigt vehement viele unserer Regelungen, die aus der Ecke »Weisung & Kontrolle« kommen. Agil und compliant sind eben keine Gegenpole, sondern können beide berechtigt sein und parallel existieren. Die Kunst besteht darin festzustellen, was wo und warum richtig ist.

Frank: Ich halte es für wichtig, zu verstehen und sich permanent vor Augen zu halten, dass eindeutige Zustände in komplexen und veränderlichen Welten nicht existieren. Viele Menschen suchen nach einer Sicherheit, die uns Wissen, eindeutige Regeln und funktionierende Prozesse zu geben scheinen. Diese Haltung ist in der modernen Wirtschaft schwierig. Die permanente Veränderung zum Besseren und Neuen ist das, wonach wir möglichst alle streben sollten. Hinzu kommt, dass auch innerhalb eines Funktionsbereichs große Unterschiede hinsichtlich der Relevanz von Agilität und anderen Konzepten bestehen können. Nimm unsere eigene Profession, das Personalmanagement.

Heiko: Stimmt, wenn ich mir überlege, welche Aufgabenfelder im Personalwesen wie stark von Agilem Arbeiten betroffen sein könnten, sind Unterschiede offensichtlich. Die Abrechner werden anders agil arbeiten als Recruiter und die wiederum anders als die Personalentwickler. Dazu werden wir noch ein paar Gedanken austauschen müssen.

Frank: Ja, da die Personalabteilung bei der Agilen Transformation eine zentrale Rolle einnimmt, sollten wir dem Thema ein ganzes Kapitel widmen. Vorher möchte ich gerne zur Dilts-Pyramide zurückkommen. Wir haben ja noch die Ebenen Identity und Purpose. Die können wir wohl zusammenfassen.

3.5 Der Zweck von Agilität – Brauchen Agile Organisationen einen Purpose?

Heiko: Das finde ich an der ganzen Diskussion um das Thema Agilität fast den spannendsten Teil. Wir haben an so vielen Stellen über Mindset, Haltung, Werte und Prinzipien etc. gesprochen. Hier liegt ganz offensichtlich ein wichtiger Hebel, aber auch ein großes Risiko. In einer Organisation mit alten Werten oder einer Weisung-und-Kontrolle-Kultur kann sich Agilität nicht entwickeln. Wie wir gerade beim Haufe-Quadranten und an anderen Stellen gesehen haben, wird eine radikale Ausrichtung auf rein Agiles Arbeiten auch nicht funktionieren. Wie siehst du das?

Frank: Genau wie du. Vor allem halte ich dies für das absolut wichtigste Thema, wenn wir mit Entscheidern sprechen bzw. auf strategischer Ebene die Transformation eines Unternehmens vorbereiten. Einzelne Agile Teams an den Start zu schicken macht ein Unternehmen faktisch um kein bisschen agiler, denn diese Teams werden durch die weiter bestehende »alte« Organisation sofort wieder ausgebremst. Agilität ist ein Gesamtthema, da es eine End-to-end-Logik beinhaltet und die gesamte Wertschöpfungskette agil werden muss, damit Agilität wirken kann. Sind zur Organisation die wesentlichen Entscheidungen nicht getroffen, führt dies zu extrem viel Ärger beim Transformationsprozess und die neue Organisation wird einfach nur »Murks«. Die Frage nach einem Leitbild (Vision) für ein Unternehmen wird in der Agilen Welt somit immer wichtiger.

Abb. 28: Hurra, wir sind agil – Vereinzelte Agile Organisationseinheiten führen zu genau null Agilität; Quelle: Irmgard Barth

Heiko: Wobei das bestehende Leitbild sehr wahrscheinlich aus der Zeit stammt, in der sich das Unternehmen in den Bereichen »Simpel« bzw. »Kompliziert« des Cynefin Framework bewegt hat. Für Erfolg in komplexen Kontexten wird wahrscheinlich ein anderes Leitbild nötig sein.

Frank: Unbedingt. In einer Wirtschaft, die zunehmend exponentiell und VUCA ist, gehen Orientierung und Sicherheit immer mehr verloren oder gelten für immer kürzere Zeiträume. Viele der bestehenden Leitbilder können ihren Zweck immer weniger erfüllen. Unternehmensleitung und Personalabteilung sollten sich somit fragen, ob hinsichtlich der Leitbilder und der Unternehmenskultur Handlungsbedarf besteht. Na ja, das war jetzt nicht gut formuliert. Beide müssen sich darüber Gedanken machen, wie ein zukunftstaugliches Leitbild aussieht.

Heiko: Wenn ich über unsere bisherige Diskussion nachdenke, sind es mindestens drei Aspekte, die notwendigerweise in einem Leitbild enthalten sein müssen:

1. Der Wandel hin zu immer komplexeren Geschäftsfeldern muss sich im neuen Leitbild wiederfinden, indem beispielsweise die für komplexe Systeme ideale Vorgehensweise aufgenommen wird (vgl. im Cynefin-Framework »Probe – Sense – Respond«).
2. Die positive Grundhaltung selbstorganisierter Teams gegenüber permanenter Veränderung und stetiger Verbesserung erscheint mir wichtig.

3. Die starke Fokussierung auf den Kundennutzen, der Agiles Arbeiten auszeichnet, ist der dritte wichtige Aspekt.

Frank: Das finde ich passend formuliert. Alle drei Aspekte würde ich gerne in einem Leitbild wiederfinden. Es ist schließlich nicht sinnvoll, eine Organisation zu definieren, die nicht mit dem Verhalten der Mitarbeiter und den Bedürfnissen Agilen Arbeitens zusammenpasst. Wie das aussehen kann, können wir kurz an zwei Beispielen veranschaulichen. Beide zeigen, wie die Themen Identität und Leitbild in agil arbeitenden Organisationen Wirkung entfalten. Auf einer Konferenz hatte ich mit der Personalleiterin der whatever mobile GmbH gesprochen (Cortinovis 2015). Sie hat berichtet, wie sich das Unternehmen in den letzten Jahren verändert hat und welche Rolle die Personalabteilung dabei gespielt hat. Auslöser der Veränderung bei der whatever mobile GmbH war die IT-Abteilung, in der Software effizienter programmiert werden sollte. Die Einführung Agiler Methoden wirkte dann schnell auf alle anderen Bereiche und führte unter anderem dazu, dass die Teams nicht mehr nach Funktionen organisiert wurden, sondern entlang der Wertschöpfungskette. In der Folge wurden die Führungskräfte (im Sinne von Positionen) durch Führungsrollen ersetzt. So hatte ein scheinbar einfaches Methodenthema (Agiles Programmieren) weitreichende Konsequenzen, die bis in das Selbstverständnis innerhalb der Organisation wirkten. Es zeigte sich, dass Prozesse, Struktur und Kultur nicht voneinander getrennt werden können. Dieser Erkenntnis folgend basiert die Arbeit bei der whatever mobile (WM) heute auf einem gemeinsamen Verständnis darüber, wie gearbeitet wird (WM 3.0 Principles), und einem gemeinsamen Verständnis von Verhalten (WM Style: Respect, Fun at Work, Speak up and speak out, Openness, Excellence).

Die Prinzipien der Arbeit bei der whatever mobile GmbH sind:

- In team we trust
- Fever to deliver
- Freedom to act, duty to correct
- Thinking value
- Sharing leads to caring

Heiko: Das war bestimmt kein einfacher Prozess, wenn ich mir eine übliche Organisation vorstelle und dann die Prinzipien ansehe, die sich die whatever mobile GmbH gegeben hat.

Frank: Ja, das ist offensichtlich. Die Prinzipien stellen hohe Anforderungen an alle Beteiligten. Die Mitarbeiter müssen eigenverantwortlich und selbstkritisch agieren, Führungskräfte müssen den Mitarbeitern gegenüber großes Vertrauen zeigen und insgesamt müssen ein starkes Teamgefühl und eine gemeinsame Zielorientierung vorhanden sein. Nicht alle Beteiligten waren gewillt oder in der Lage, die Veränderung hin zur neuen Kultur und Grundhaltung mitzugehen. Für die Personalabteilung hatte die

Veränderung zur Agilen Organisation ebenfalls Konsequenzen. Der Fokus liegt heute auf der transformatorischen und strategischen Gestaltung des Prozesses. Administrative Tätigkeiten gingen deutlich zurück. Die Arbeit in der Personalabteilung orientiert sich stark an den Agilen Prinzipien und Agilen Instrumenten und folgt ebenfalls den oben beschriebenen Prinzipien. Nach den eigenen Erfahrungen befragt, nennt die Personalleiterin folgende Erkenntnisse, die sie aus der Agilen Transformation der whatever mobile GmbH gewonnen hat:

- Der Kommunikationsbedarf steigt enorm.
- Themen werden komplexer.
- Das Personalmanagement hat automatisch einen Fokus auf Organisationsentwicklung und auf kulturellen Themen.
- Es muss ein »Safe Harbour« geschaffen werden, d. h. die Grundhaltung, dass Fehler gemacht werden (sollen) und Dinge ausprobiert werden müssen.

Heiko: Dieses Beispiel ist spannend, jetzt möchte ich gerne das zweite kennenlernen.

Frank: Valve ist eines der Unternehmen, die sehr radikal an das Thema herangegangen sind. Dies zeigt sich zuerst daran, dass der Spieleproduzent in Washington vollständig auf Führungskräfte verzichtet. Das 1996 gegründete Unternehmen ist finanziell unabhängig und will für »Greatness« stehen. Dazu haben die Mitarbeiter die Freiheit, alles zu entscheiden. Im Kleinen entscheidet jeder, z. B. über den Platz seines Schreibtisches oder woran und in welchem Team er arbeitet. Auch im Großen entscheiden die Mitarbeiter über alle Belange: Das kann die Fehlerkultur bei Valve – bei der das aus Fehlern resultierende Lernpotenzial im Vordergrund steht – ebenso betreffen wie die Entscheidung, wann der richtige Zeitpunkt für ein Produkt-Rollout ist. Die Logik hinter der Art, wie bei Valve gearbeitet wird, ist in einem Handbuch (siehe folgenden Exkurs) beschrieben, in dem der neue Mitarbeiter alles erfährt, was nötig ist. Ebenso wenig wie Vorgesetzte gibt es bei Valve eine Personalabteilung. Alles Notwendige wird von den Mitarbeitern selbst erledigt.

WELCOME TO FLATLAND

Hierarchy is great for maintaining predictability and repeatability. It simplifies planning and makes it easier to control a large group of people from the top down, which is why military organizations rely on it so heavily. But when you're an entertainment company that's spent the last decade going out of its way to recruit the most intelligent, innovative, talented people on Earth, telling them to sit at a desk and do what they're told obliterates 99 percent of their value. We want innovators, and that means maintaining an environment where they'll flourish. That's why Valve is flat. It's our shorthand way of saying that we don't have any management, and nobody »reports to« anybody else. We do have a founder/president, but even he isn't your manager. This company is yours to steer—toward opportunities and away from risks. You have the power to green-light projects. You have the power to ship products. Auszug aus dem Valve Handbook for New Employees: http://www.valvesoftware.com/company/Valve_Handbook_LowRes.pdf

Abb. 29: Ausschnitt aus dem Valve Handbook zur Frage, wie ein Mitarbeiter ohne Vorgesetzten arbeiten kann; Quelle: http://www.valvesoftware.com/company/Valve_Handbook_LowRes.pdf

Heiko: Keine Führung, keine Personalabteilung – das ist wirklich radikal. Hier scheint mir der Bogen dann doch extrem gespannt zu sein. Für unser Unternehmen kann ich mir das ehrlich gesagt nicht vorstellen.

Frank: Ich tue mich mit solchen Modellen ebenfalls sehr schwer. Das kann ich mir nur für die schon mehrfach erwähnte Situation kleiner Unternehmen mit qualifizierten Mitarbeitern vorstellen. Eine Bank oder ein Produktionsunternehmen ist hierfür zu komplex. Vielleicht fehlt uns »alten Männern« aber auch einfach die Phantasie und die Entwicklung geht so konsequent in diese Richtung, dass in zehn Jahren eine Mehrheit der Unternehmen hierarchiefrei arbeitet. Mal sehen.

Heiko: Mal sehen. Das ist eine Formulierung, die irgendwie zu unserem Thema passt: komplexe Umfelder, schwer vorhersehbare Entwicklungen und neue Arbeitsweisen, in denen Experiment, Erkenntnis und Lernen in einen strukturierten Arbeitsfluss gebracht werden sollen. Nach den Beispielen würde ich gerne noch ein paar Gedanken zum Thema Organisation und Organisationsdesign anstellen. Mir reichen die Beispiele noch nicht, um zu erkennen, was wir in unserem Unternehmen tun sollten.

Frank: Das verstehe ich gut, zumal wir ja schon bei der Diskussion des Cynefin-Frameworks zu der Erkenntnis kamen, dass Best- oder Good-Practice-Denken nur für die Bereiche »Simpel« bzw. »Kompliziert« sinnvoll sind. Also noch einmal zurück auf Los und von vorne begonnen! Wir reden über die Frage, wie die Organisation eines Unternehmens aussehen sollte, wenn es sich auf eine agile oder viel wahrscheinlicher auf eine bimodale Zukunft vorbereiten will. Eigentlich ist das Vorgehen einfach. Es sind zwei Punkte, die eine Rolle spielen:

1. Die Organisation ist sehr komplex, da in den meisten Unternehmen agile und klassische Elemente nebeneinander bestehen werden und viele Einflussfaktoren, wie die Erwartungshaltung und die Kompetenzen seitens der Mitarbeiter oder die Arbeitsgesetzgebung, in direktem Widerspruch zueinander stehen. Daraus folgt, dass bereits die Organisationsentwicklung für eine bimodale Zukunft mittels einer Agilen Vorgehensweise erfolgen soll.
2. Mit Agilen Methoden zu arbeiten ist der beste Weg, um die Probleme auszuräumen, die durch den Einsatz Agiler Methoden entstehen. Insbesondere ein iteratives Vorgehen (Konzept, Simulation, Prototyp(en), Skalierung) unter aktiver Beteiligung der Betroffenen im Sinne von Probe – Sense – Respond ist angezeigt. Dabei hilft uns vor allem Kanban, da wir hier ja vom Bestehenden ausgehen und in einzelnen Verbesserungsschritten voranschreiten.

Das ist eigentlich alles, was man braucht.

Best Practice ist tot, es lebe Emergent Practice!

Heiko: Na, so billig kommst du mir nicht davon. Ich finde jedes dieser Beispiele hoch spannend und sie zeigen, auch durch den Bezug zur Dilts-Pyramide, wie komplex das Thema Agile Organisation ist. Mir fehlt momentan jedoch der Bezug zu unserer Organisation, d.h. zur Frage: Was kann ich in meinem Unternehmen tun, um Agilität adäquat zu fördern? Außerdem sind einige Aspekte nicht angesprochen worden, die in den Social Media und auf Konferenzen immer wieder als Agile Organisationskonzepte dargestellt werden. Was verstehen wir unter Holacracy, New Work oder Laloux's *Reinventing Organizations*? Was macht eine Agile Organisation jetzt wirklich aus?

Frank: Das sind viele Fragen auf einmal, aber alle sind berechtigt. Lass uns kurz sortieren und uns dann an die Antworten wagen. Zuerst einmal steht die Frage im Raum, was wir im Kern organisieren wollen. Das sind nach unserer bisherigen Diskussion:

1. die Komplexität und Geschwindigkeit moderner Wirtschaft,
2. die Arbeitsflüsse zur Herstellung von Kundennutzen.

Alles Weitere leitet sich dann aus diesen beiden Themen ab, auch die Organisation. Aber bereits an dieser Stelle wird es kompliziert, weil erste Entscheidungen hinsichtlich dessen nötig sind, welche Werte, Prinzipien und damit Prioritäten wir für unser Unternehmen definieren.

Heiko: Klar, nehmen wir nur das Beispiel Geschwindigkeit. Diese ist ja keine Ursache, sondern eine Folge. Wir müssen entscheiden, welche Geschwindigkeit wir erreichen wollen und wie dies passieren soll. Wenn wir als Führungsmannschaft schneller entscheiden, als dies in der Vergangenheit der Fall war, können wir die Geschwindigkeit des Gesamtsystems erhöhen. Wir könnten im Agilen Kontext beispielsweise entscheiden, unsere Steering-Committee-Sitzungen an die Sprintdauer und die Reviews der Teams anzupassen. So werden Entscheidungen häufiger und zeitlich direkt nach Entstehen des Entscheidungsbedarfs getroffen. Passiert dies nicht, bleibt die Geschwindigkeit des Gesamtsystems nahezu unverändert und das Agile Arbeiten verliert seinen Wert.

Frank: Das ist ein hervorragendes Beispiel dafür, wie Führungsroutinen Agilität bremsen können. Ich habe da noch ein anderes Beispiel aus unserer Praxis. Wir wurden von einem recht großen Mittelständler gebeten, ein Angebot für die Unterstützung bei der Einführung von Agil abzugeben. Der Vergabeprozess wurde durch ein cross-funktionales Team aus Einkauf, Personal und Projektmanagement gesteuert.

Heiko: Das klingt doch erst einmal vernünftig.

Frank: Na ja, cross-funktional ist ja nett, aber in der Rückschau muss ich sagen, dass alle Beteiligten sehr stark in ihren »Heimatabteilungen« und den dort geltenden Prinzipien verhaftet waren. Der Einkauf hat ein bürokratisches Monster mit entsprechendem Zeitbedarf aufgebaut, HR wollte alle Details der Mitarbeiterqualifizierung vorab definieren und festlegen und das Projektmanagement hat keine einzige Frage gestellt. Entscheidend ist aus meiner Sicht, dass keine Kunden, in diesem Fall also keine Vertreter der zu agilisierenden Teams, eingebunden waren. Denen wurde später ein fertiges Konzept vorgesetzt, Anpassungen waren nicht möglich bzw. unerwünscht.

Heiko: Du hättest das Ganze sicher viel schneller und iterativer organisiert?

Frank: Ja, warum nicht einfach mehrere Pilotteams auswählen, die sich nach zwei bis drei Beratungen einen Partner aussuchen, und nach parallel laufenden Prototypen entscheiden die Teams gemeinsam, mit wem sie arbeiten wollen! Wissen die Teams nicht besser, was sie lernen müssen, statt dies in einem von Stabsstellen definierten Curriculum vorgegeben zu bekommen? Können die Teams nicht direkt mit dem Berater klären, wie operativer Alltag und Agiler Lernprozess kombiniert werden können? In dem konkreten Fall wurde ein Berater engagiert, dessen Kollegen dann Standardprogramme in Workshop-Format umgesetzt haben. Wie bestellt, so geliefert – allerdings anti-agil.

Heiko: Das zeigt doch vor allem, dass die Unterstützungsfunktionen eigentlich noch vor den Fachabteilungen lernen müssen, worum es geht, damit sie wirklich adäquat und vor allem zielführend helfen können. Gleichzeitig zeigt diese Auswahl der Entscheider, dass leider nicht nur nach Agilen Prinzipien vorgegangen werden darf. Der Einkauf hat ja auch eine starke Compliance-Verantwortung. Das spielt eben auch eine Rolle.

Frank: Zu derartigen eher »un-agilen« Rahmenbedingungen habe ich ein anderes Beispiel. Einer unserer Partner produziert Bremssysteme für die Automobilindustrie. Da gibt es hinsichtlich der Produktsicherheit null Toleranz und die »technische Perfektion« wird in keinem Fall durch eine »Beta-Logik« und beispielsweise durch Minimum Viable Products (MVP) ersetzt werden, auch wenn dies deutlich schneller vonstatten ginge, aber hier eben auch lebensgefährlich wäre. Ähnliches gilt für Software im Auto. Da ist die »Beta-Denke« undenkbar.

Heiko: Okay, das sind deutliche Beispiele dafür, dass die selbstorganisierten Teams weiterhin Rahmenbedingungen unterliegen, die auch in der Agilen Welt nicht aufgeweicht werden dürfen. Bei uns dürfte dies der Bereich Compliance/Regulierung sein, der Agilität partiell verhindert, aber eben auch sinnvoll ist. Dann bleibt nur der dritte Bereich für die Beschleunigung von Arbeitsflüssen, die Transparenz der Abläufe. Auch hier gibt es hemmende Rahmenbedingungen, etwa wenn sich der Betriebsrat gegen Tools sperrt, die eine größere Transparenz und damit automatisch auch eine Leistungskontrolle einzelner Mitarbeiter ermöglichen. Die Erfahrung zeigt, dass die Transparenz den Durchsatz positiv beeinflusst und jede Gelegenheit genutzt werden sollte, diese zu erhöhen. Sehen Beteiligte diese Transparenz aber als Mittel zum Machtmissbrauch an, ist man von einem Agilen Denken und Handeln noch sehr weit weg.

Frank: Ja, das haben wir ja bei der Diskussion von Kanban sehr schön gesehen. Also zurück zur Frage nach dem Organisationsdesign. Es gibt nach meiner Auffassung kein Organisationsdesign, das als Blaupause für eine (teil-)agile Organisation dienen kann. Selbst das gut greifbare Beispiel der Spotify-Organisation ist nicht 1:1 übertragbar und Spotify selber hat das Organisationsdesign bereits mehrfach weiterentwickelt. Das ist eben agil, die permanente Anpassung der Organisation aufgrund von Erfahrung, Lernen und dem kontinuierlichen Streben nach Verbesserung.

Heiko: Der Hinweis auf die Weiterentwicklung bei Spotify erinnert mich an Kotters duales Organisationsdesign und seinen Schwenk in der Auffassung, ob dieses Modell richtig oder falsch ist. In seinem Buch »Accelerate« (XLR8) hatte er ja das inzwischen berühmte Bild einer zweigeteilten Organisation vorgeschlagen. Kurz gesagt war der Grundgedanke: Eine große Organisation kann aus sich heraus nicht innovativ und agil sein, da die bestehenden Denkmuster und Prozesse dies verhindern. Für Innovation und schnelles Agieren am Markt sollte eine Organisation daher eine Netzwerkorganisation ausgründen und von der Mutterorganisation trennen.

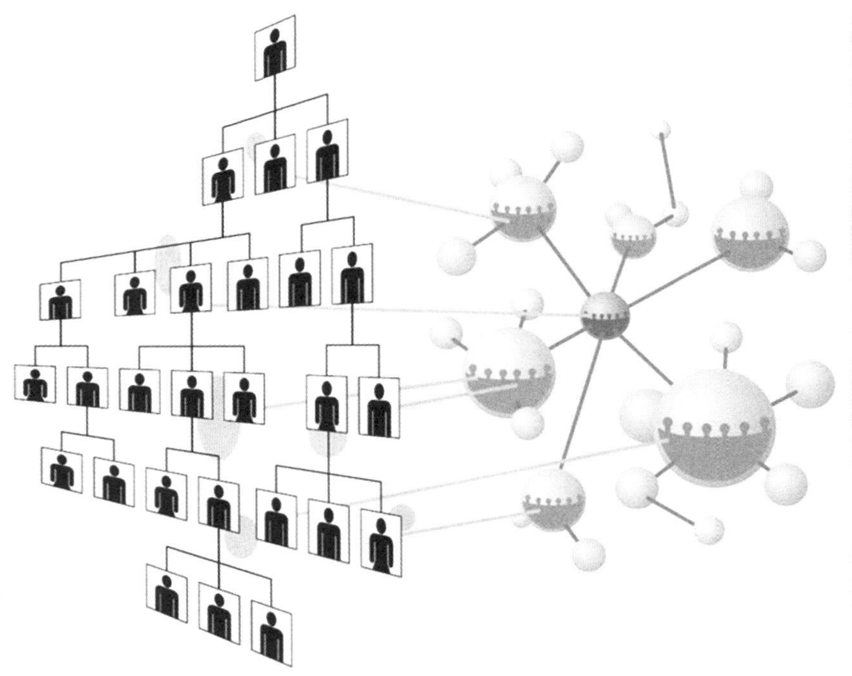

Abb. 30: Duale Organisation aus klassischer Hierarchie und Netzwerkorganisation; Quelle: Kotter 2014

Frank: Was mir an dem Konzept von Kotter gut gefällt ist die Begründung, die er mitliefert. Er fragt zwei Dinge:

- Warum müssen wir beschleunigen (accelerate)?
- Was behindert uns dabei?

Seine Antworten sind:

- Innovation, Produktivitätssteigerung, Integration von Akquisitionen oder globalem Geschäft, jede Form von strategischen Veränderungen, Kulturwandel und profitables Wachstum sind Faktoren, die Beschleunigung erfordern.
- Eine begrenzte Anzahl an Change Leaders, Silodenken, Regeln und Prozesse, Druck, die Quartalszahlen zu erreichen, Selbstzufriedenheit oder unzureichende Motivation sind die Hemmschuhe, die immer wieder zu beobachten sind.

Nach vielen Jahren in unterschiedlichen Unternehmen und Führungspositionen kann ich dieser Liste gut zustimmen. Nun wird in der Diskussion um Agilität immer wieder ein Fehler gemacht, auf den wir hier kurz hinweisen sollten. Die Hemmnisse werden als Teil der klassischen, bürokratischen Organisation gesehen und Agilität ist das Heilmittel. Das sehe ich anders. Die Hemmnisse sind darin zu sehen, dass Organisationen zu lange bestehen und ihren Zweck aus dem Auge verloren haben. Jedes System versucht sich selbst zu stabilisieren und Bürokratie ist nur ein Zeichen davon. Agile Organisationen sind nicht deshalb weniger bürokratisch, weil dort agil gearbeitet wird, sondern weil erst vor kurzem eine neue, durchdachte Organisation aufgebaut wurde. Die Bürokratie ist einfach zu jung, um bereits massiv Einfluss zu haben. Aber wer genau hinschaut, sieht auch in agilen Organisationen Ansätze zur »Bürokratie«, d.h. zur Selbststabilisierung des Systems und zum Widerstand gegen die Weiterentwicklung. Der Vorteil Agilen Arbeitens ist allerdings, dass die permanente Verbesserung und Weiterentwicklung Teil des Agilen Mindsets ist.

Heiko: Diese Argumentation spräche doch auch dafür, die Agilen Teile einer Organisation im Mutterhaus zu halten und nicht auszugliedern, wie es Kotter ursprünglich vorgeschlagen hat. So könnte die agile Struktur die Hauptstruktur positiv beeinflussen. In der Praxis sind in meiner Wahrnehmung jedoch viele Organisationen auf dem »Kotter-Trip« und gründen Labs, Garagen, Inkubatoren oder wie sie es auch immer nennen (im Moment am liebsten in Berlin – siehe die X-Now Unternehmen von Daimler und BMW), meist weit weg vom Stammhaus.

Frank: Oh ja, das Vorgehen kenne ich und ich habe ehrlich gesagt bis heute nicht verstanden, warum ein paar hippe Bartträger die Innovation für die Zukunft entwickeln können sollten. Auf welcher Grundlage? Vielleicht bin ich zu alt, aber echte Innovation setzt neben einem echten (Kunden-)Nutzen, an dem ich arbeite, auch eine Vorstellung vom potenziellen Markt und dem Marktzugang voraus. Ohne echte Erfahrung wird das schwierig.

Heiko: Leider habe ich auch schon viel Schaumschlägerei und Selbstbetrug gesehen, aber zu wenig konsequentes Handeln. Dann steckt in der Ausgründung ein potenzieller Problempunkt: Wenn so ein ausgelagertes »Baby« etwas Neues entwickelt, wie bekomme ich dieses Ergebnis in die Mutterorganisation hinein, damit es dort zur Wertschöpfung beiträgt? Aus genau dem Grund hat Kotter selbst ja später einen Rückzieher gemacht und die Idee als nicht ganz richtig deklariert. Trotzdem sehe ich das Ganze ambivalent. Der erste Teil der Überlegung, die Unvereinbarkeit großer Organisationen mit Innovation und Agilität, stimmt ja.

Frank: Das ist richtig und spricht für eine Abtrennung. Wichtig ist aber, wie immer im Agilen Arbeiten, vom Ende her zu denken und die Organisation meines Spin-outs so zu gestalten, dass die Reintegration von Ideen, Menschen und Produkten funktioniert.

> Auch Spin-offs vom Ende her denken: Wie bekommen wir die Ergebnisse ins Stammhaus?

Heiko: Hast du ein Beispiel, wo dies funktioniert hat?

Frank: Ich mag das Beispiel der Garage bei Dräger in Lübeck (Dräger 2018). Die Grundüberlegungen waren exakt die, die wir gerade schon angesprochen haben. Dräger hat jedoch zwei wichtige Dinge getan. Die Garage wurde auf dem Firmengelände angesiedelt, sodass jeder sie sehen konnte. Sie blieb Bestandteil der Dräger-Organisation, obwohl viel Rebellentum und Andersartigkeit zelebriert wurde. Der wirklich entscheidende Teil aber war, dass in der Hauptorganisation Platz geschaffen wurde, um neue Ideen und Produkte aufzunehmen und an den Markt zu bringen. Erst durch die »Entrümpelung« der Organisation war diese fähig, sich mit den Ideen aus der Garage zu befassen und diese einzugliedern.

Heiko: Womit wir wieder bei einem Erfolgsprinzip Agilen Arbeitens wären: der Limitierung der Arbeit im System und der Fokussierung auf zügigen Durchsatz der Arbeit. Wenn diese Prinzipien auch in der »klassischen« Organisation gelten, ist ein Übergang aus der einen in die andere Welt möglich.

Frank: »Prinzipien« scheint mir beim Thema Organisation ein wichtiges Wort zu sein. Die Frage nach einer guten Organisation ist immer auch die Frage danach, was wir denn eigentlich organisieren wollen. Vordergründig organisieren wir Arbeit, aber was ist die Leitfrage einer Organisation? Nehmen wir die beiden Seiten im Bild von Kotter. Die auf der linken Seite abgebildete bürokratische Organisation fragt: »Wie stellen wir sicher, dass sich alle an die Regeln und Prozesse halten?« Die rechts dargestellte Netzwerkorganisation wiederum fragt: »Wie stellen wir sicher, dass unsere

Organisation zum Umfeld passt?« Die eine Organisation sucht also Stabilität und Vorhersehbarkeit, die andere Anpassungsfähigkeit bzw. die Möglichkeit, den Markt vor sich herzutreiben.

> Die bürokratische Organisation fragt: »Wie stellen wir sicher, dass sich alle an die Regeln und Prozesse halten?«
> Die Netzwerkorganisation fragt: »Wie stellen wir sicher, dass unsere Organisation zum Umfeld passt?«

Heiko: Ein interessanter Gedanke, der mich gleichzeitig neugierig auf andere Denkmodelle über Organisationen macht. Ich denke hier an Laloux's Evolutionäre Organisation und die Holacracy von Robertson. Wonach fragen die beiden?

3.6 Organisationen neu gedacht

Frank: Im Fokus von Laloux's Gedanken zur Organisation steht die Frage, wie transparente und partizipative Entscheidungen getroffen werden können. Er sieht dies als Grundlage dafür an, dass die Menschen in der Organisation produktiver und erfüllender arbeiten können. Der Kern ist die Idee, dass häufige kleine Entscheidungen bürokratischen Entscheidungsprozessen überlegen sind. Die aktuelle Handlungsfähigkeit wird gegenüber der strategischen Entwicklung bevorzugt. Die Folge ist, dass die Arbeitsabläufe transparenter und klarer sind. Dazu werden Entscheidungen sehr dezentral getroffen und es wird großer Wert auf die Motivation und Weiterentwicklung der Mitarbeiter gelegt. Klingt bis hierher ein wenig abstrakt, aber auf der Website http://www.reinventingorganizations.com/ sind etliche Videos, Blogs usw. zu finden, um sich intensiv einzuarbeiten (https://www.youtube.com/watch?v=CzD2gpd_txc).

Heiko: Es geht also um kurze iterative Schleifen in selbstorganisierten Teams mit einer End-to-end-Verantwortung, um ein paar Agile Buzzwords einzusetzen. Wenn ich mich nicht täusche, ist eines der Musterbeispiele für Laloux's Logik der Pflegedienst Buurtzorg in den Niederlanden. Im Kern stehen dort die selbstführenden Teams, die nicht arbeitsteilig arbeiten, sondern den gesamten Pflegefall inklusive der administrativen Aufgaben, des Kontakts zu Ärzten und Krankenhäusern usw. betreuen. Das Team organisiert die Arbeit, überwacht die Leistung und sorgt dafür, dass die Patienten im Fokus stehen. Nach dieser Logik braucht es weder Teamleiter noch andere Führungskräfte.

Frank: Das ist eine Organisationsform, die Agilen Strukturen relativ nahesteht. Der entscheidende Punkt ist hier wie gesagt die Frage, wie Entscheidungen getroffen werden. Der Grundgedanke ist, dass prinzipiell jeder Mitarbeiter jede Entscheidung treffen kann. Dazu muss er sich jedoch mit den anderen Betroffenen abstimmen. Das bedeutet wiederum, dass große Entscheidungen auch eine entsprechend umfangreiche Abstimmung nach sich ziehen.

Heiko: Wenn ich mir diese Art der Entscheidungsfindung ansehe, scheint die Fähigkeit, konstruktiv mit unterschiedlichen Sichtweisen und Konflikten umzugehen, von zentraler Bedeutung zu sein. Ich bin mir nicht ganz sicher, ob dies jedem zuzutrauen oder zuzumuten ist, auch wenn sich manche Mitarbeiter wahrscheinlich befreit fühlen würden. Die soziale Interaktion zwischen den Mitarbeitern wird somit ein absoluter Schlüsselfaktor. Wenn die Mitarbeiter sich nicht gegenseitig vertrauen und sich nicht jeder permanent dieses Vertrauen verdient, fällt so eine Struktur doch recht schnell in sich zusammen.

Die Leitfrage der Holacracy ist also: Wie stellen wir eine durchgängig transparente und partizipative Entscheidungsfindung sicher?

Frank: Stimmt genau. Holacracy sieht die Antwort auf die Frage in einem strengen Regelwerk und klar vorgeschriebenen Prozessen. Diese regeln, wie Macht verteilt und genutzt werden kann. Im Prinzip geht es um fünf Leitprinzipien:

- Organisation und Zweck – eine Organisation muss einem Zweck folgen und dieser ist immer wieder neu zu bestimmen.
- Sensoren und Spannung – die Mitarbeiter nehmen Spannungen war und sind so der Auslöser für eine Weiterentwicklung.
- Dynamische Steuerung – die permanente Anpassung an Veränderungen durch Aufmerksamkeit, die Definition sinnvoller nächster Schritte und eine pragmatische Umsetzung.
- Lebendige Struktur – die Organisation verändert sich kontinuierlich und passt sich an das Umfeld und die Entwicklung des Zwecks an.
- Verteilte Autorität – die Betroffenen und Experten vor Ort sind Treiber der Veränderung.

Kern der Organisation sind sogenannte Zirkel, denen alle Personen angehören, die an einem bestimmten Projekt arbeiten. Die Mitglieder des Zirkels sind entscheidungsbefugt, wodurch Entscheidungen schneller möglich sind. Die Gesamtorganisation besteht somit aus vielen Zirkeln, die sich permanent neu definieren. Die Menschen nehmen darin Rollen wahr. Ein Mensch kann verschiedene Rollen in verschiedenen Zirkeln haben. Am besten finde ich dies in einem Whitepaper auf der Website https://www.holacracy.org/ beschrieben (Holocracy.org 2018). Auch hier gilt: Man muss sich schon tiefer einlesen, um die Logik vollständig zu verstehen.

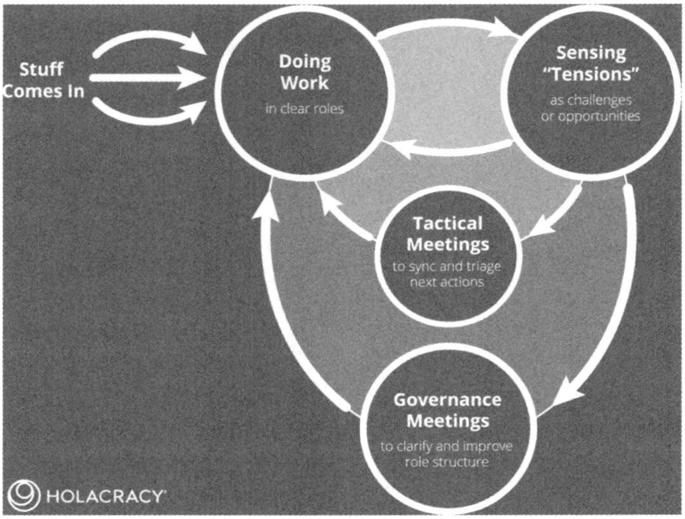

Abb. 31: Wie Holacracy funktioniert; Quelle: https://www.holacracy.org/what-is-holacracy (abgerufen am 24.2.2019)

Heiko: Gerade der Vergleich der beiden Ansätze ist wirklich spannend. Das Ziel ist quasi das Gleiche, der eine will es über ein strenges Regelwerk erreichen, der andere über soziale Prozesse. Hast du Erfahrung, was besser funktioniert?

Frank: Nicht wirklich. Die reine Form aller Organisationsmodelle wird in der operativen Realität sehr schnell »verschmiert« und ich habe die Umsetzung der Organisationsmodelle nur in der Literatur oder den wenigen jeweiligen »Leuchtturmbeispielen« gesehen. Am Ende scheinen alle Modelle eine Fokussierung zu haben, die fast automatisch zu einer Vernachlässigung anderer relevanter Faktoren führt. Schließlich ist jede Organisation ein Gemenge aus Organisationsdesign, Regeln und Prozessen und den sozialen Prozessen. Da ist eine »reine Lehre« fast unmöglich umzusetzen.

Heiko: Was ist denn dein persönlicher Favorit bei den Organisationsdesigns?

Frank: Über den haben wir noch gar nicht gesprochen. Ich persönlich frage mich in letzter Zeit, ob Team of Teams das größte Potenzial für eine bimodale Organisation hat.

Heiko: Stimmt, wir wollten uns ja auf die Mehrheit der Unternehmen konzentrieren und die werden Lösungen finden müssen, in denen klassische und agile Organisationsbestandteile funktionieren können. Team of Teams ist der Ansatz, der von Stanley McChrystal beschrieben wurde, richtig?

Frank: Genau, und den sollten wir uns noch einmal näher ansehen. Vorher aber noch kurz ein Blick auf die Abbildung 32. Hier sind prinzipiell die Organisationsformen gezeigt, die wir bisher diskutiert haben. Neben der hierarchischen Organisation sind dies Agile Teams und Netzwerke aus Agilen Teams.

Heiko: Das betrifft einerseits die Skalierungsansätze, die wir im vorherigen Kapitel diskutiert haben, aber auch den Ansatz von Laloux, oder? Unsicher bin ich mir, wo Holacracy einzuordnen ist. Steht dies für ein Agiles Netzwerk oder eine Mischung aus Bürokratie und Agilen Teams?

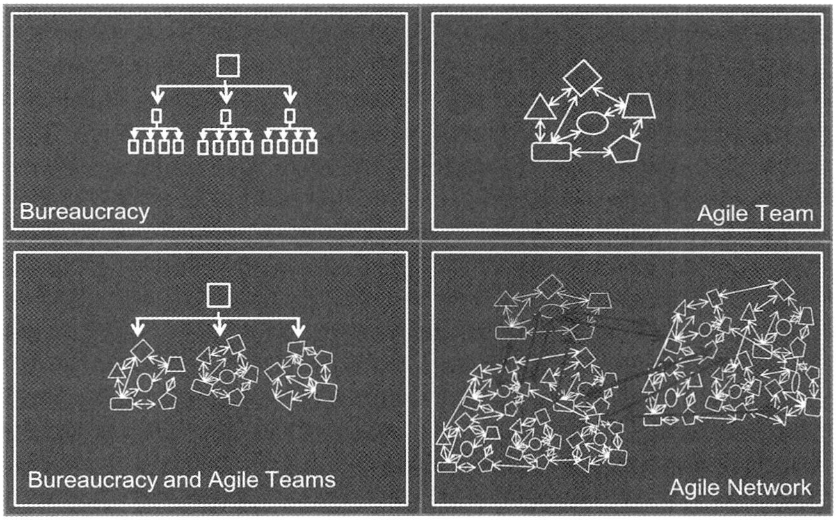

Abb. 32: Verschiedene Organisationsdesigns; Quelle: GPM Fachgruppe Agile Management (2018)

Frank: Da das Regelwerk in der Holacracy sehr konsequent angewandt wird, sehe ich dieses eher als bürokratischen Überbau über den selbstorganisierten Zirkeln. Ich kann mir vorstellen, dass einige Anhänger der Holacracy dies vehement bestreiten würden, denn schließlich soll ja Bürokratie abgebaut werden. Ich sehe es aber so, dass eine Bürokratie durch eine andere ersetzt wird. Egal, kommen wir zu Team of Teams.

Heiko: In dem Fall sollten wir vielleicht erst etwas zum Autor sagen, denn oft spielt ja der Kontext, in dem etwas entsteht, eine besondere Rolle. In seinem Fall ist der Kontext neu, denn er ist weder Unternehmer wie Robertson noch Berater wie Laloux.

Frank: Inzwischen ist auch er Berater, aber das Buch und das Team-of-Team-Konzept basieren auf seiner Zeit als Oberkommandierender der internationalen Task Force im Kampf gegen Al-Qaida im Irak. Dort waren viele unterschiedliche Teilstreitkräfte, teilweise aus unterschiedlichen Nationen, im Einsatz – eine sehr heterogene Organisation. Er beschreibt in seinem Buch die Entwicklung der Task Force von einer klassisch organisierten Einsatzarmee hin zu einem »Netzwerk aus Netzen«. Die vielen Bezüge zur Wirtschaft und die Parallelität der Herausforderungen machen das Buch zu einer sehr spannenden Lektüre.

Heiko: Besonders gefällt mir, dass sehr viele Bezüge zum Agilen Arbeiten bestehen, beginnend mit einem Kontext, der mindestens als komplex, oft aber auch als chaotisch einzustufen ist. Damit stellt sich schon die Frage, wie eine Militärorganisation aussehen muss, damit ein meist unsichtbarer, seine Führungsstruktur und Taktik oft ändernder Gegner bekämpft werden kann – und dies mit einer Kommandostruktur, die traditionell eher bürokratisch und langsam agiert.

Frank: Genau und die Lösung hier war am Ende, alle Spezialeinheiten Spezialisten bleiben zu lassen und die Zusammenarbeit über ein Delegiertensystem zu organisieren. Es gab zwar eine Kommandozentrale, die alle notwendigen Ressourcen bereitstellte und als Informationsverteiler und -organisator agierte, aber alleine schon der Umgang mit dem Thema Information zeigt die Besonderheit: Jeder, der glaubt, eine brauchbare Information zu haben, ist aufgefordert, diese zu teilen, unabhängig von Rang oder Organisationszugehörigkeit. Die operative Zusammenarbeit wird also dadurch erleichtert, dass Handlungsfreiheit der Offiziere vor Ort besteht und alle möglichst gut mit Informationen versorgt werden.

Heiko: Handlungsfreiheit, wie sie sich der Prinz von Homburg genommen hat. Genaueres dazu finden unsere Leser auf den Arbeitshilfen online.

Frank: Genau. Der hatte aber den Vorteil, einen sichtbaren Gegner zu haben und nur seine Kavallerie zu brauchen. Im Irak mussten die Einsatzkräfte unterschiedlicher Spezialisierung kooperieren und von der Air Force oder anderen Teilstreitkräften unterstützt werden. Die Schwierigkeit beginnt schon damit, dass unterschiedliche Zielsysteme und Haltungen nicht immer miteinander kompatibel sind oder zumindest das gegenseitige Verständnis erschwert wird. Ein Navy Seal ist anders trainiert und hat einen anderen Auftrag als ein Army Ranger oder ein Marine.

Heiko: Was aber dadurch verbessert wurde, dass in den Teams Vertreter der anderen Gruppe präsent waren, die »Übersetzungsarbeit« leisten sowie dem Team helfen konnten, die Ressourcen der eigenen Einheit besser zu nutzen.

Frank: Und da eine klare Regel war, nur die Besten zu den anderen zu schicken, wurde schnell Vertrauen untereinander aufgebaut. Wie gesagt, die Darstellung des Lernprozesses, den McChrystal durchlaufen hat, ist extrem hilfreich für jede Führungskraft.

Am Ende sind die Herausforderungen sehr ähnlich, auch wenn Wirtschaft und Militär sonst eher verschiedenen Welten zugeordnet werden.

Heiko: Uns interessiert ja momentan nur die Frage nach einer kontextbezogenen und erfolgreichen Organisation. In der Abbildung 32 würde Team of Teams zu den Agilen Netzwerken gehören.

Frank: Ja, die schematische Darstellung ist sehr ähnlich. Wie gesagt, der wesentliche Punkt ist, dass sich auch das Oberkommando agil organisiert hat und sein ganzes Handeln auf die Einsatzkräfte vor Ort ausgerichtet hat. Die Bildung gemischter Teams hat dann wiederum geholfen, die Koordination der vielen Teams deutlich zu erleichtern.

> Die Koordination Agiler Teams erfolgt durch das Management – sofern es selbst Agil arbeitet.

Heiko: Wenn wir diese Situation mit dem vergleichen, was eine bimodale Organisation ausmacht, klingt das sehr ähnlich. Unterschiedliche Spezialisten mit sehr unterschiedlichen Kulturen müssen für den übergeordneten Kundennutzen kooperieren und Ergebnisse in voller Gesamtverantwortung erbringen. Vielleicht werden die erfolgreichsten Unternehmen eine Team-of-Teams-Struktur etablieren.

Frank: Das glaube ich auch und das bedeutet wiederum für das Management einen massiven Umbruch. Die Teams sind ja schon lange eigenverantwortliches, cross-funktionales Arbeiten gewohnt. Aber die Mehrheit der Führungskräfte ist noch immer in Strukturen tätig, die eher dem Bild der Kombination aus Bürokratie und Agilen Teams in Abbildung 32 entsprechen. Wir sollten uns daher unbedingt auch noch dem Thema Führung in agilen bzw. bimodalen Organisationen widmen, bevor wir über das Agile Personalmanagement sprechen. Die Führungskräfte bei ihrer Entwicklung hin zu Team-of-Team-Strukturen zu unterstützen, halte ich für eine Kernaufgabe der Personalabteilungen.

> Die Unterstützung der Führungskräfte hin zu Agilen Team-of-Team-Strukturen ist eine Kernaufgabe der Personalabteilung.

Heiko: Das klingt sinnvoll. Aber lass uns doch bitte noch einmal auf die Themen Organisation und Personalarbeit zurückkommen. Wir haben nun einige Modelle der Organisation angesehen und überlegt, wie diese zu agilen oder bimodalen Strukturen passen. Klar ist, dass die Organisation eine zentrale Rolle in der Agilen Transformation spielt, denn sie bestimmt das Denken und Handeln wesentlich mit. Wie kann ich als Personaler nun den Schritt von den bisher eher abstrakten Überlegungen hin zu einer konkreten Organisation gehen? Wir müssen neben dem Organisationsdesign schließlich auch die Aufbau- und Ablauforganisation definieren, d. h. Prozesse etc. an die Agilität anpassen.

Frank: An dieser Stelle wird die Diskussion schwierig. Wir hatten am Beispiel Spotify bereits gesehen, dass es in der Agilen Welt keine Musterorganisation geben kann, d. h., keines der genannten Beispiele ist für meine Organisation hundertprozentig passend. Daher zunächst noch einmal die ersten Überlegungen: Für den individuellen Kontext meiner Organisation habe ich identifiziert, welcher Grad und welcher Umfang an Agilität wahrscheinlich sinnvoll ist. Daraus entwickle ich das Leitprinzip, an dem ich mich grob orientiere. Egal, ob Evolutionary Organization, Holacracy oder Team of Teams, der unter den gegebenen Umständen vielversprechendste Zielzustand sollte relativ leicht zu definieren sein. Unter dem Strich ist damit auch die Grundlage für das strategische Personalmanagement gelegt, d. h. für die Frage, was am Ende an Mitarbeitern, Kompetenzen, Prozessen und Methoden usw. gebraucht wird. Nun wird es kniffelig, denn nun gilt es, einen Agilen Transformationsprozess einzuleiten, der vom bestehenden Zustand ausgeht und sich nach und nach zu einem aktuell unbekannten Zielzustand entwickelt.

Heiko: Zielzustand? Ist das nicht alte Denkwelt?

Frank: Da hast du mich erwischt. Der Begriff passt nicht im Sinne eines klar definierten und beschreibbaren Zustands. Im Agilen Kontext werde ich immer den zu erarbeitenden Nutzen definieren und dann iterativ vorgehen – auch in der Organisationsentwicklung.

GESETZ VON CONWAY

Das Gesetz von Conway (1968) ist nach dem Informatiker Melvin Edward Conway benannt und besagt, dass die Strukturen von Systemen durch die Kommunikationsstrukturen der sie umsetzenden Organisationen vorbestimmt sind. Zitat:
»Organizations which design systems […] are constrained to produce designs which are copies of the communication structures of these organizations.«
»Organisationen, die Systeme entwerfen, […] sind darauf beschränkt, Entwürfe zu erstellen, die die Kommunikationsstrukturen dieser Organisationen abbilden.«
Mehr Informationen: https://de.wikipedia.org/wiki/Gesetz_von_Conway

Heiko: Das heißt unter dem Strich, dass du keine Idee hast, wie die Aufbau- und Ablauforganisation genau aussehen und dass wir hier also im Dunkeln tappen. Das heißt, ich muss Berater einsetzen. Richtig?

Ein Produkt spiegelt immer die Kommunikationsstruktur und das Organisationdesign des Unternehmens wider.

Frank: Ja und nein. Der freie Blick von außen und die Erfahrungen aus anderen Organisationen sind sicher wichtig und hilfreich, ich denke aber, dass die Arbeit weitestgehend intern erledigt werden sollte. Das alleine schafft ja bereits mehr Aufmerksamkeit und wir können Mitarbeiter auf spätere Rollen als Change Agent vorbereiten. Daher empfehle ich, im ersten Schritt die bestehende Organisation transparent zu machen. Nun lassen sich die »Schmerzpunkte« identifizieren. An den gravierendsten kann man dann ganz im Sinne von Kanban ansetzen und die Organisation in iterativ skalierenden Schleifen transformieren.

3.7 Agile Metriken

Heiko: Was dann zu der Frage führen sollte, wie ein Controlling in der neuen Organisation aussehen wird. Schließlich brauche ich auch in Agilen Strukturen eine Form übergeordneter Steuerung.

Frank: Richtig, denn am Ende zeigt mir das Controlling einer Organisation, wie diese in der Vorstellung der Entscheider funktionieren soll.

Heiko: Du willst also versuchen, über die Metriken eines Systems herauszuarbeiten, worauf es in der Agilen Transformation ankommt? Das ist nicht einfach, denn bei Agilität wird ja vor allem die Sichtbarmachung von Kopfarbeit angestrebt.

Frank: Das ist nur ein möglicher Ansatz, aber mir ist er wichtig, weil dem Punkt des Controllings und den passenden Metriken zu wenig Beachtung geschenkt wird. Gerade in bimodalen Organisationen sind aber die alten Strukturen und Metriken oft echte Hemmnisse für die Agile Transformation.

Heiko: Dieser Ansatz setzt voraus, dass wir uns noch einmal klar machen, was Agilität im Kern ist und welche Agilen Metriken wir am Ende einer Transformation wohl nutzen werden. Zunächst möchte ich die bisherige Diskussion zu Agilität noch einmal im folgenden Zwischenfazit zusammenfassen und die wichtigsten Elemente der Agilität auflisten. Danach können wir überlegen, wie diese messbar gemacht werden können.

KERNELEMENTE DER AGILITÄT – EIN ZWISCHENFAZIT

Kunde

- Es geht darum, Probleme des Kunden zu lösen und einen Nutzen für ihn zu schaffen. Vom Problem bzw. Nutzen ausgehend ist ein Wertstrom zu realisieren, der zu Lösungen (Outcome) führt.
- Nur verwertbare Ergebnisse (Output) haben einen Wert. WiP erzeugt nur Kosten.

Agile Aufbauorganisation

- In komplexen Umgebungen bzw. bei komplexen Themen folgt die Arbeit der Logik: Probe – Sense – Respond (Ausprobieren/Experimentieren – Verstehen – Reagieren)
- Agilität ist immer end to end zu organisieren. Dies gilt für die einzelnen Teams, aber auch für die gesamte Organisation. Punktuelle »Agilisierung« bringt nichts.
- Agil arbeitet von oben rechts nach unten links! Ausgangspunkte der Arbeitsflusssteuerung sind der Fokus auf Output/Outcome (rechts) und die Prioritäten (von oben nach unten).
- Der Wertstrom folgt dem Pull-Prinzip, um optimalen Fluss am Engpass zu erreichen. Ressourcen (außer dem Engpass) warten auf Arbeit!
- Agiles Arbeiten erfordert Informationstransparenz.
- Entscheidungen werden dort getroffen, wo die größte Expertise sitzt – und dies möglichst nah am Kunden.
- Schnittstellen und Abhängigkeiten sind zu minimieren.
- Es gibt keine »Agilen Standards«. Jede Organisation muss innerhalb ihres individuellen Kontextes ein passendes Vorgehen und ein Framework erarbeiten. Diese werden sich kontinuierlich verändern (Lernen). In der Agilen Welt geht es um Emerging Practice statt Best Practice (was für simple Systeme passend ist).

Arbeitsorganisation

- Das Ziel Agiler Arbeit und Agiler Organisation ist die Erzeugung von Flow Efficiency.
- Oft und regelmäßig liefern: Das Verhältnis Wait-Time zu Touch-Time ist zu minimieren (Durchlaufzeiten minimieren). Die Optimierung erfolgt primär bei der Wait-Time.
- Arbeit wird in zeitlich definierten (Timeboxing) Iterationsschleifen erbracht.
- Die Arbeit wird von cross-funktionalen Teams selbst organisiert.

Team

- Das Team wird so zusammengestellt, dass eine End-to-end-Verantwortung möglich ist.

- Teams (oder zumindest das Kernteam) bleiben für die Projektdauer möglichst konstant. Eine Verteilung von Ressourcen auf mehrere Projekte ist zu vermeiden (100 % Zuordnung, 100 % Arbeit am Projekt).

Lernen

- Agiles Arbeiten ist ein kontinuierlicher Lern- und Verbesserungsprozess. Hierzu werden zumindest Reviews und Retrospektiven durchgeführt.
- Die Lernergebnisse in den Teams sind in die gesamte Organisation zu transferieren. Agile Organisationen sind skalierende Lernsysteme!

Frank: In diesem Zwischenfazit und in der allgemeinen Diskussion geht es vorrangig um die Organisation der Arbeit, wenn wir über Agilität sprechen. Am besten gefällt mir am Fazit das Ausrufezeichen ganz zum Schluss. Aus meiner Sicht ist die entscheidende Veränderung von »klassischem« zu agilem Arbeiten, dass die bisherigen Organisationen versucht haben, Effizienz zu skalieren. Für die VUCA-Zukunft müssen Organisationen das Lernen skalieren. Nur schnell lernende Organisationen werden erfolgreich sein können.

Früher ging es um die Skalierung von Effizienz, heute um die Skalierung von Lernen.

Heiko: Du denkst also evolutionär.

Frank: Evolutionär?

Heiko: Die Kernaussage gerade erinnert mich sehr an den Satz von Charles Darwin: »... it is not the most intellectual of the species that survives; it is not the strongest that survives; but the species that survives is the one that is able best to adapt and adjust to the changing environment in which it finds itself.« Eine Organisation ist durchaus in der Situation, die Darwin beschreibt, und die schnellen Veränderungen in der VUCA-Welt stellen einen erheblichen evolutionären Druck dar. Wer lernt, überlebt.

Frank: »Wer lernt überlebt.« Das gefällt mir! Für die Organisation bedeutet diese Erkenntnis, dass Lernen als überlebenswichtiger Faktor mess- und steuerbar gemacht werden muss. Damit sind wir dann auch bei der Frage nach sinnvollen Metriken.

Heiko: Sinnvoll scheint mir hier das entscheidende Wort zu sein! Metriken sind gefährlich, denn eine Aussage wie »Wir messen Kosten« bedeutet immer auch »Wir finden Kosten sehr wichtig«. So werden Denken und Handeln danach ausgerichtet, was eine hohe Wirkung in der Organisation hat. Die Auswahl von Metriken muss daher sehr vorsichtig erfolgen.

Tell me how you will measure me and I will tell you how I will behave. If you measure me in an illogical way, do not complain about illogical behaviour.
Eli Goldratt (Erfinder der Theory of Constraints)

Frank: Mir gefällt an der Herausforderung, wirksame Metriken für eine (teil-)agile Organisation zu definieren, dass dies genau wie bei Agilem Arbeiten vom Ende her gedacht werden muss. Welches Ergebnis ich durch die Nutzung einer Metrik erhalten will, ist eine entscheidende Frage. Die Wirkung von Metriken beruht auf einer Wirkkette: Messung → Einsicht → Entscheidung → Ergebnis. Je nachdem, was ich wie messe, werden unterschiedliche Einsichten und Entscheidungen folgen.

Heiko: Hast du dazu ein griffiges Beispiel?

Frank: Na ja, das nach meiner Wahrnehmung wichtigste Beispiel haben wir bereits in Kapitel 2 diskutiert. Dort hatten wir die Durchlaufzeit und den limit WiP dargestellt. Wenn man sich die Nutzung dieser Metrik ansieht, zeigt sich in sehr vielen Fällen, dass der Wahrnehmungsfokus von der Produktivitätssteigerung bei einzelnen Arbeitsschritten zur Wartezeit zwischen den Arbeitsschritten wandert. Es geht hier um das Messen von Touch-Time und Wait-Time. Dann folgt schnell die Erkenntnis, dass die Gesamtproduktivität in der Wertschöpfungskette nicht davon abhängt, dass einzelne Spezialisten oder Teams besonders produktiv sind, sondern davon, dass die gesamte Kette schnell durchlaufen wird. Wenn es nur an einer Stelle zu Verzögerungen kommt – die Gründe dafür sind übrigens sehr oft Managemententscheidungen in Steering-Committees, Quartalsgedöns, Budgetrunden usw. – wird die Durchlaufzeit an genau dieser Stelle durch die Decke gehen. Somit ist es meist viel sinnvoller, auf die »arbeitsfreien« Wartezeiten zu schauen und diese zu minimieren. Dafür ist klassisches Controlling oft völlig blind, weil es keine Metriken dafür gibt. Dann laufen natürlich auch alle Maßnahmen zur Produktivitätssteigerung ins Leere und können sogar negativ wirken.

Heiko: Damit haben wir ja bereits die ersten Agilen Metriken genannt. Wenn wir die Kernelemente der Agilität insgesamt betrachten, dann sind es doch vier Gruppen von Themen, die im Zwischenfazit genannt wurden und die messbar gemacht werden sollten. Die beiden Felder Aufbau- und Ablauforganisation ziehe ich einfach einmal zusammen. Ist diese Aufteilung für dich sinnvoll?

Frank: Lass mich kurz nachdenken. Wenn ich die geläufigen Agilen Metriken in die vier Felder übertrage, komme ich auf folgende Tabelle:

Kernelemente (Cluster)	Metriken
Kunde/Nutzen/Outcome	• Cost of Delay • First-time pass Rate • Escaped Defects
Arbeitsorganisation/Output	• Sprint Burndown • Velocity/Durchlaufzeit • Flow/Durchfluss/Durchsatz
Team	• Happiness • Planned-to-Done Ratio
Lernen/Verbesserung	?

Tab. 1: Mögliche Metriken für agil arbeitende Organisationen

Heiko: Das ist jetzt aber nur eine kleine Auswahl und eine Metrik für das Lernen fehlt sogar ganz. Unabhängig davon, dass mir da gerade auch nichts einfällt, kann es doch nicht sein, dass für einen zentralen Bereich der Agilität keine Messgrößen existieren. Andererseits ist die Diskussion um die Messung von Personalentwicklungsmaßnahmen auch in der etablierten Welt eher mühsam und nicht wirklich durch klare Messgrößen unterfüttert.

Frank: Stimmt, ich tue mich ebenfalls schwer, etwas zu benennen, und in der Agilen Community findet aus meiner Sicht bisher keine echte Diskussion zu dem Thema statt. Da ist definitiv eine offene Flanke, die bald geschlossen werden muss. Du hast ja völlig zu Recht gesagt, dass Lernen ein zentrales Element der Agilität ist. Indirekte Messungen über die Veränderung der Produktqualität, Fehlerhäufigkeit etc., die heute meist genannt werden, reichen mir nicht aus.

Heiko: Na gut, schauen wir uns die anderen Messgrößen an. Wenn du einverstanden bist, würde ich Durchsatz, Durchflusszeit und Cost of Delay weglassen, die haben wir ja bereits in Kapitel 2 diskutiert.

Lediglich zur Erinnerung:

- **Durchsatz**: die Anzahl der Arbeiten, die in einem Zeitraum fertiggestellt werden (Tasks pro Sprint, Projekte pro Quartal usw.).
- **Durchlaufzeit**: Zeit, in der eine Arbeit erledigt wird. Durchlaufzeit wird oft als Quotient aus WiP (Anzahl der Arbeiten im System) und Durchsatz gemessen.
- **Cost of Delay**: Ermittlung, was es bringt bzw. kostet, wenn ein Produkt früher oder später auf den Markt kommt. Eng damit verbunden ist die Time-to-Market, also die Zeit, die es braucht, bis das Produkt nach Arbeitsstart an den Markt geht.

Frank: Dass wir diese drei Messgrößen weglassen, passt, denn sie sind zwar wichtig, gleichzeitig aber auch leicht zu erfassen. Lass uns doch mit den Messgrößen zu Qualität und Nutzen beginnen. Dann bleiben First-time pass rate und Escaped Defects. Das sind typische technische Kennzahlen für die Kundenakzeptanz.

Heiko: First-time pass rate, d. h. die Rate der vom Kunden bereits bei erster Auslieferung akzeptierten Ergebnisse, ist selbsterklärend. Escaped Defects finde ich wiederum spannend. Es geht ja um die Anzahl der Fehler in einem Produkt, die erst nach Auslieferung und damit auch erst nach den Tests gefunden werden. In meiner Zeit in der IT-Industrie war das immer ein spannendes Merkmal, da diese Fehler für den Kunden besonders unangenehm sind. Bei uns hing die Anzahl dieser spät auftretenden Fehler einerseits von der Qualität der Tests und andererseits von der Kompliziertheit des Produkts ab. Je komplizierter es war, desto eher traten späte Fehler auf, die vorher nicht zu identifizieren waren.

Frank: Das sind zwei häufige Einflussfaktoren. Ein dritter ist interessanterweise die Zusammensetzung des Teams. Nach meiner Erfahrung treten dann, wenn crossfunktionale, stabile Teams im Rennen sind, deutlich weniger späte Fehler auf. Die eigentliche Ursache ist nach meinem Wissen nicht eindeutig, aber die intensivere Zusammenarbeit und die gegenseitige Unterstützung und Herausforderung scheinen die Produkte einfach besser werden zu lassen. Vielleicht auch deswegen, weil die Produkte einfacher werden als diejenigen, die durch reine Spezialistenteams entwickelt werden. Wie gesagt, das ist Spekulation.

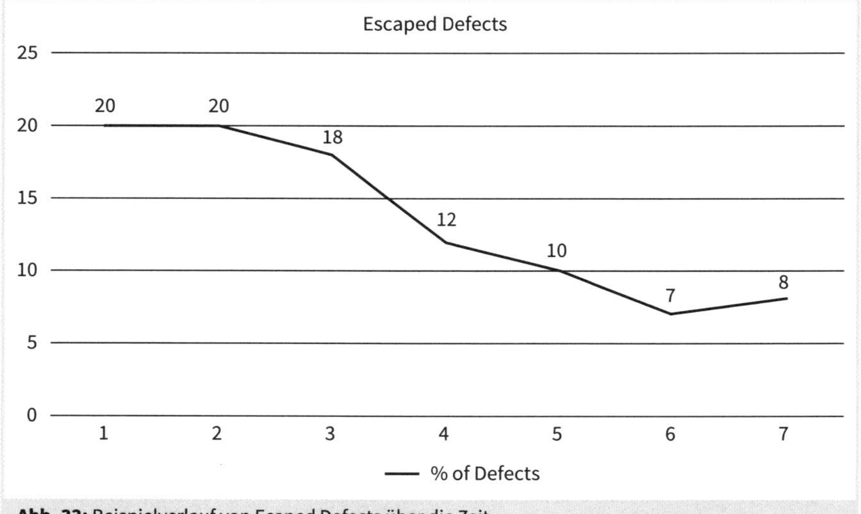

Abb. 33: Beispielverlauf von Ecaped Defects über die Zeit

Abbildung 33 zeigt: Das Team steigert seine Qualität, sodass mit der Zeit die Anzahl der Escaped Defects zurückgeht.

Heiko: Wenn wir schon über Teams sprechen, können wir ja direkt auf die eine verbleibende Kennzahl in diesem Bereich schauen. Was zeigt uns der Sprint Burndown?

Frank: Der Sprint Burndown trägt die verbleibende Arbeit gegen die Zeit, repräsentiert durch die Sprints, ab. In der Regel werden als Maß der Arbeit die Story Points benutzt, die für das Produkt zu realisieren sind. Wenn ich nun die erarbeiteten Points mit den verbleibenden Points vergleiche, ergibt sich eine gegen Null laufende Kurve. Der Nullpunkt ist der Zeitpunkt, zu dem die Arbeit erledigt ist. Der Sprint Burndown zeigt somit auf einen Blick, welchen Wert das Projekt bereits geliefert hat und wie lange es noch bis zur Fertigstellung dauert.

In Abbildung 34 ist zu erkennen, wie viel Arbeit im Verlauf noch zu leisten ist, und damit auch, wie viel Arbeit bereits erledigt wurde.

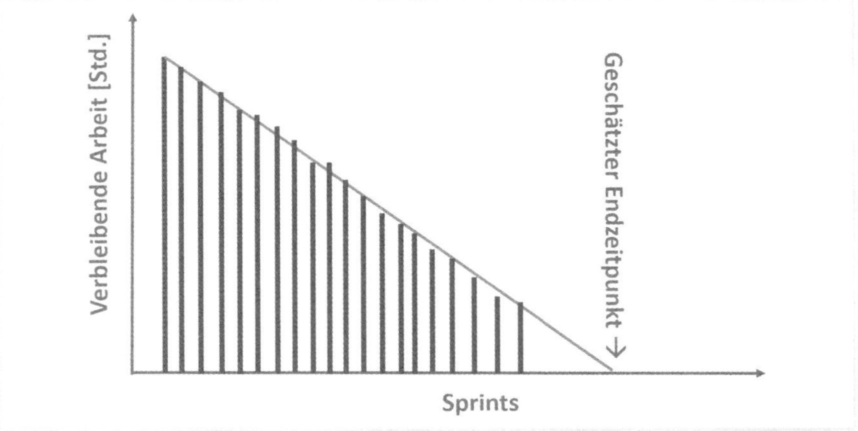

Abb. 34: Sprint Burndown Chart

Heiko: Eine einfache und leicht nachvollziehbare Metrik. Dazu passt irgendwie das Verhältnis geplanter und realisierter Termine (Planned-to-Done Ratio). Hier will man die 100 % erreichen, d. h., das Ziel ist, dass die geplanten und realisierten Termine übereinstimmen. In der Praxis werden Verzögerungen nicht zu vermeiden sein, sodass der reale Wert eher darunter liegt. Am Ende geht es somit um Lieferzuverlässigkeit.

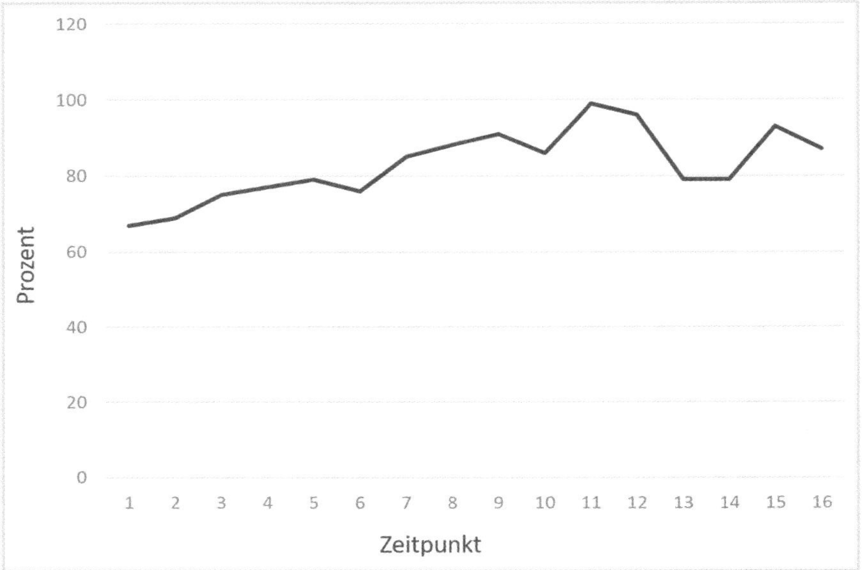

Abb. 35: Darstellung der Planned-to-Done Ratio

Die in Abbildung 35 dargestellte Planned-to-Done Ratio zeigt das Verhältnis der Plan- und Lieferzeitpunkte. Wenn diese übereinstimmen, sind 100 % erreicht. Geringere Prozentzahlen zeigen Verzögerungen an.

Frank: Die Zuverlässigkeit des Teams finde ich aus Sicht der Kunden und Führungskräfte eine besonders wichtige Kennzahl, denn ich habe relativ wenig Einblick in die selbstorganisierten Teams und werde von deren Ergebnissen »überrascht«. Wenn das Team die vorhergesagten Ergebnisse jedoch regelmäßig einhält bzw. früh zu erkennen ist, wenn Abweichungen zunehmen, dann kann entsprechend agiert werden. Im ersten Fall lässt man einfach machen, im zweiten Fall ist ein Unterstützungsangebot angesagt.

!

Praxistipp: Aufteilung der Aufgaben eines Agilen Teams

Die Erfahrung zeigt, dass ein Scrum-Team folgende Aufteilung für Aufgaben wählen sollte, die mit der Problembeseitigung zu tun haben: 15-10-5. Dies bedeutet:

- 15 % der Arbeitszeit des Teams werden für technische »Schulden« (Debts) eingesetzt,
- 10 % der Teamkapazität für Fehlerbeseitigung,
- 5 % der Teamkapazität für die Ausreißeranalyse.

Die verbleibenden 70 % der Teamkapazität werden in die eigentlichen Sprints investiert. Übertragen auf Personalentwicklung bedeutet ein solches Verhältnis:

- 15 % werden für Fehlerbeseitigung und Neuorganisation laufender Formate eingesetzt,
- 10 % für die Neukonzeption von Formaten,
- 5 % für die Evaluation der Maßnahmen und die Analyse von Abweichungen (Spikes).

Heiko: Damit sind wir ja auch schon bei den Teammetriken und es fehlt nur noch Happiness. Ich muss ehrlich gestehen, als ich das erste Mal von einem Messfaktor »Happiness« gehört habe, habe ich mich schon gefragt, was das bringen soll. Über die Zeit ist mir dann klar geworden, dass es hier um Nachhaltigkeit in der Arbeit geht. Wenn ich mir die Zufriedenheit im Team über die Zeit ansehe, dann erkenne ich auch, wie sich die Leistung mutmaßlich entwickeln wird. Für uns Personaler ist dann auch noch interessant, ob alle Teammitglieder im Team bleiben wollen oder ob wir mit der Notwendigkeit von Neubesetzungen rechnen müssen ...

Frank: ... oder mit Konflikten. Es ist in Agilen Teams leider nicht immer so schön, wie in den einschlägigen Publikationen behauptet. Der menschliche Faktor bleibt sehr wichtig und auch in Agilen Teams kommt es gerne mal zu Konflikten. Da ist das regelmäßige Erfassen der Zufriedenheit durchaus ein Frühindikator für Entwicklungen, die später unangenehm werden können.

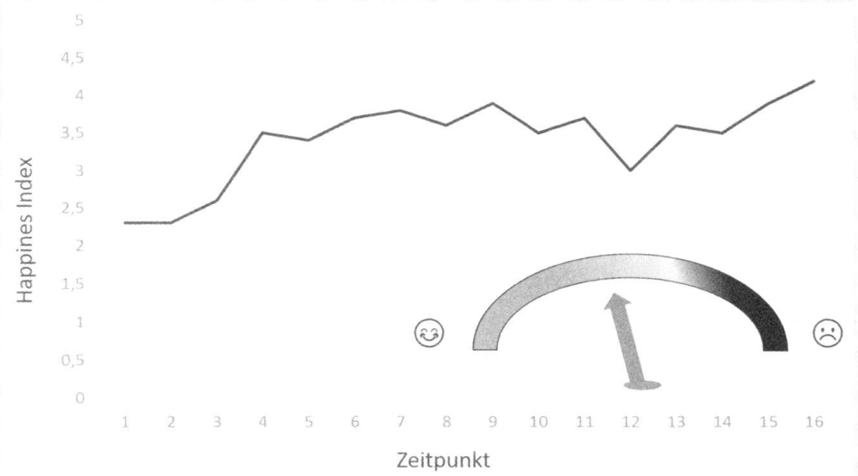

Abb. 36: Der Happiness-Index

Für den in Abbildung 36 abgebildeten Happiness-Index werden Teams regelmäßig, meist in einem Review, nach ihrer Zufriedenheit befragt. Der Mittelwert fürs Team wird gegen die Zeit abgetragen.

Heiko: Wobei die Gründe für Unzufriedenheit ja nicht unbedingt innerhalb des Teams liegen müssen. Das kann dann gerne einmal von außen kommen.

Frank: Stimmt, aber da haben wir mit anderen Metriken, z. B. der Durchlaufzeit, Indikatoren, die uns helfen können, die wahren Ursachen zu identifizieren. Ich finde die Impediments auf dem Kanban Board als Indikator sehr wertvoll. Darin stecken viele

Hinweise, die in einer Root-Cause-Analyse recht schnell auf das eigentliche Problem heruntergebrochen werden können.

3.8 Agile Meetings

Heiko: Da zeigt sich wieder, dass die Transparenz, die unbedingt zu Agilem Arbeiten gehört, sehr wertvoll ist. Damit sind wir wieder bei der Erkenntnis, dass nicht Prozesse wichtig sind, sondern Interaktion und Kommunikation (Transparenz). Vor allem ist zu definieren, welche Meetings eingesetzt werden sollen. Auch wenn viele Mitarbeiter und Führungskräfte in Unternehmen nur stöhnen, wenn der Begriff Meeting fällt, sind diese für Agiles Arbeiten extrem wichtig, oder?

Frank: Unbedingt! Meetings sind für alle Organisationen elementar. Nur weil viele nicht strukturiert und diszipliniert abgehalten werden, geht der grundsätzliche Nutzen ja nicht verloren. In Agilen Kontexten funktionieren die Meetings meist auch deutlich besser, weil eben Struktur und Disziplin eine große Rolle spielen. Das zeigt sich bereits an **dem** Agilen Meeting überhaupt, dem Daily Standup im Scrum. Es dauert maximal 15 Minuten, wird im Stehen abgehalten, jeder sagt nur ein paar kurze Sätze und anschließend sprechen diejenigen, für die weiterer Klärungsbedarf besteht, in der betroffenen Gruppe.

Heiko: Disziplin. Es ist schon komisch, dass selbst die offensichtlichen Dinge im Alltag so gerne unter die Räder kommen. Aber gut, welche Meetings sind dir neben dem Daily Standup für Agiles Arbeiten besonders wichtig?

Frank: Einfach aus der Erfahrung heraus, dass der Arbeitsfluss der Dreh- und Angelpunkt Agilen Arbeitens ist, würde ich das Backlog Refinement nennen, daneben natürlich die Portfolio-Meetings zum Füllen des strategischen Backlogs. Dann hatten wir schon Reviews und Retrospektiven als Grundlage des Lernens und der kontinuierlichen Verbesserung diskutiert. Schließlich bleibt aus meiner Sicht nur noch ein Meeting, in dem alle Mitarbeiter über den Status der Organisation und die strategischen Überlegungen und Entscheidungen informiert werden, also darüber, wohin die Reise gehen soll.

Heiko: Damit hast du die gesamte Wertschöpfungskette abgedeckt: die Gesamtorganisation ausrichten, mithilfe des Portfolio-Managements das strategische Backlog füllen, die Backlogs der einzelnen Produkte aktuell halten, den Arbeitsfluss auf Tagesbasis diskutieren und am Ende Lernen. Mehr braucht man eigentlich nicht.

Frank: Stimmt, und trotzdem beobachten wir in immer mehr Organisationen, dass die Zahl der eingesetzten Metriken zunimmt. Als letzten Schritt bei der Definition Agiler Metriken empfehle ich daher, diese noch einmal äußerst kritisch anzusehen und sich folgende Fragen zu stellen:

- Hilft diese Metrik, den Kundennutzen zu steigern?
- Werden meine Entscheidungen und/oder Aktivitäten dadurch besser?
- Welche Effekte werden sich einstellen und welche unerwarteten Nebeneffekte könnten auftreten?

Dies sollte erfahrungsgemäß zu mehreren Runden der Nachschärfung und idealerweise auch zum sofortigen Abschaffen mancher Metriken führen. Aus der Gewohnheit heraus wird wahrscheinlich, wie gerade erwähnt, zu viel Messung vorgesehen. Wir dürfen eben nie die Agile Arbeitsweise aus dem Blick verlieren ...

Heiko: ... nämlich Ausprobieren – Analysieren – Reagieren. Klar, wenn man sich dies vor Augen führt, bleibt sehr viel Unwägbarkeit in der Arbeit an komplexen Themen, die nicht mit permanenten Messgrößen zu verbinden ist. Also konzentriere ich mich auf die wesentlichen Metriken und setze darüber hinaus auf Aufmerksamkeit, kritisches Denken und Diskutieren sowie auf die Dokumentation der Erkenntnisse. Weniger ist mehr!

Frank: Genau, und dies ist ein schönes Schlusswort für dieses Kapitel. Wie wäre es mit einem Zwischenfazit? Wir haben jetzt über grundlegende Organisationsfaktoren für Agiles Arbeiten gesprochen, über die dazu passenden Organisationsdesigns und darüber, wie eine passende Aufbauorganisation aussehen könnte. Dann sind wir auf Metriken als Instrument der Transparenzherstellung eingegangen und haben abschließend über die Meetings gesprochen, die diese Transparenz ermöglichen. Aus meiner Sicht reicht das für eine Einführung in die Agile Organisation.

Heiko: Man könnte natürlich noch einige Dinge vertiefen, aber uns ging es ja nur um eine Einführung. Mir wäre jetzt viel wichtiger, über Führung in Agilen Strukturen zu sprechen. Während unseres Gesprächs sind mir bei manchen Punkten ungewollt einige unserer Führungskräfte in den Sinn gekommen und ich habe mich gefragt, wie diese wohl auf einzelne Diskussionspunkte reagieren würden. Für Führungskräfte ist Agilität definitiv eine deutliche Umstellung und hier sind auch wir Personaler gefragt in unserer Rolle als Unterstützer. Lass uns bitte mit dem Thema Führung weitermachen.

4 Agile Leadership

Summary

Was macht Führung in agil arbeitenden Organisationen aus? Wie verändern sich die Haltung und auch die Rolle? Warum sind gerade Mittelmanager für Agile Unternehmen so wichtig? Diese Fragen treiben Führungskräfte und Personaler aktuell um. Klar ist, dass Agile Führung anders ist und eine deutliche Umstellung bedeutet. Dies wiederum wird mit einem entsprechenden Lernprozess verknüpft sein. Die Agile Führungskraft ist Katalysator von Experimenten und einer kontinuierlichen Weiterentwicklung von Mitarbeitern und dem System. Sie rückt näher an und in die Teams hinein, um die Teams dort zu unterstützen, wo Problemlösungen und Entscheidungen benötigt werden. Agile Führung wird – auch deswegen – ein permanenter Verhandlungsprozess.

Frank: Du hattest gerade gesagt, dass Agilität für viele Führungskräfte eine deutliche Umstellung bedeutet. Das sehe ich genauso. So wie Agilität die Art der Arbeit und die Organisation deutlich verändert, muss sich auch Führung verändern. Das Kniffelige daran ist, dass wir beim Thema Agilität eine neuartige Führungslogik benötigen, die erst einmal verstanden und erlernt werden muss. Im Gegensatz zu vielen früheren Veränderungen ist es deutlich schwerer, auf vorhandener Kompetenz aufzubauen.

Heiko: Stimmt. Wenn ich auf meinen eigenen Weg in Richtung Agilität schaue, habe ich bei null anfangen müssen und mich zuerst an der einen oder anderen Stelle auch ziemlich schwergetan. Ich bin mir nicht sicher, ob dieses »Anfängertum« allen bestehenden Führungskräften schmeckt. Da gibt es bestimmt einige, die sich dem verweigern. Froh bin ich allerdings, dass du scheinbar keine Intention hast, Führungskräfte abzuschaffen.

Frank: Warum sollte ich das tun?

Heiko: Na ja, wenn man sich so in den Social Media und der Literatur umschaut, kann man den Eindruck gewinnen, dass die Meinung vorherrscht, alle Führungskräfte seien unfähig und hinderlich und müssten für das Gelingen von Agilität beseitigt werden.

Frank: Diese Meinung wird wirklich oft vertreten, das stimmt. Gleichzeitig muss ich aber sagen, dass die lautesten Vertreter dieser Meinung entweder sehr jung und unerfahren sind, nie ernsthaft mit der Führungsrolle in Verbindung gekommen sind oder eine sehr spezifische Interessenlage vertreten. Die ersten beiden Gruppen sind mir einfach egal, das verbuche ich unter Frühpubertät. Für die dritte Gruppe ist Manager-Bashing nur ein Mittel, um die eigenen Interessen zu verkaufen – zum Beispiel Beratung, Publikationen oder Glaubenssätze.

Heiko: Das Thema Führung lässt sich wunderbar emotional aufladen und entsprechend gut verkaufen. Das stimmt und selbst der Business-Vordenker Gary Hamel hat schon vor Jahren in dieses Horn getutet und die Abschaffung aller Manager gefordert.

First, let's fire all the managers.
Gary Hamel

Frank: Das war zwar unabhängig von Agilität, hat aber den gleichen Hintergrund. Er hat, ebenso wie einige Teilnehmer des letzten Drucker Forums (vergl. den folgenden Exkurs), darauf verwiesen, dass sich die Rolle und die Aufgaben der Manager in den letzten 100 Jahren eigentlich kaum verändert haben. Es ging im Kern doch stets um die fünf Aufgaben: Planung, Organisation, Staffing, Anleitung und Controlling. Das reicht schon lange nicht mehr und die Manager haben leider zu oft vergessen, sich auf moderne Führung umzustellen. Da ist Agilität jetzt ein Katalysator, der den Veränderungsbedarf klarer werden lässt und beschleunigt.

THE ROLE OF A MANAGER HAS TO CHANGE IN 5 KEY WAYS
(AUS DEM ENGLISCHEN, GEKÜRZT)

Von direktiv nach instruktiv – die Anleitung von Menschen dergestalt, dass man ihnen sagt, wie sie die Arbeit zu erledigen haben, wird zunehmend weniger wichtig. Solche Arbeit ist durch Automatisierung und künstliche Intelligenz besser zu erledigen bzw. besser anzuleiten. Die Führungskraft wird eher damit beschäftigt sein, die Mitarbeiter anzuleiten, was wo zu lernen ist, und experimentelles Arbeiten zu begleiten.
Von restriktiv nach expansiv – viele Führungskräfte neigen zu Mikromanagement. Dies wird von den Mitarbeitern als restriktiv erlebt. Heutzutage geht es mehr darum, den Mitarbeitern zu helfen, neue Perspektiven zum eigenen Wettbewerb und Markt und neue Vorgehensweisen zu entwickeln.
Von exklusiv zu inklusiv – viele Führungskräfte glauben, dass sie erfahren und schlau genug sind, die Dinge beurteilen zu können. Die Schwierigkeiten enden quasi vor ihrem Schreibtisch. Erfolgreiche Führungskräfte nutzen diverse Teams und Peergroups, um unterschiedliche Ansätze zu berücksichtigen, wenn es um Entscheidungen geht. Sie haben verstanden, dass der Einzelne in einer komplexen Welt nicht genügend Information und Erfahrung für gute Lösungen besitzt.
Von repetitiv zu innovativ – Führungskräfte wollen Vorhersehbarkeit. Sie wollen Details, funktionierende Prozesse und hohe Leistung (auf Basis der

bestehenden Messkriterien). So wird der Status quo zementiert, Weiterentwicklung behindert. Wichtiger ist, einen konstanten Verbesserungs- und Innovationsmodus zu etablieren und die Veränderung zum Normalzustand werden zu lassen.
Vom Problemlöser zum Herausforderer – viele Führungskräfte geben an, dass ihre Hauptaufgabe darin besteht, Feuer zu löschen oder Probleme zu lösen. Der Hauptfokus sollte jedoch darauf liegen, die Mitarbeiter permanent herauszufordern, damit sie neue, bessere Wege finden und die Probleme selbst lösen. Dies setzt mehr Reflexion und Verständnis für die Abläufe voraus.
Von Mitarbeitern zu Unternehmern – viele Funktionen sind so gestaltet, dass die Vorgaben der Führung erfüllt werden. Wichtiger wäre, Unternehmertum in der Organisation zu fördern. Dazu gilt es, Dinge zu entdecken, die wir sonst übersehen, und Dinge zu tun, die wir gerne vermeiden.
Abschlusszitat: »We want managers to become truly human again: to be people who love to learn and love to teach, who liberate and innovate, who include others in the process of thinking imaginatively, and who challenge everyone around them to create a better business and a better world. This will ensure that organizations do more than simply update old ways of doing things with new technology, and find ways to do entirely new things going forward.«
Quelle: Pistrui und Dimov 2018

Heiko: Und wie definierst du Agile Führung? Wie sieht ein Agiler Führungsstil genau aus? Wie verändern sich die betroffenen Personen in eine Agile Führungskraft? Ein Problem der laufenden Diskussion ist, dass sehr viel leeres Gerede und Esoterik zu vernehmen ist, aber es gibt nur sehr wenige konkrete Hinweise. Wichtig ist schließlich die Operationalisierung der eingeforderten Veränderung.

Frank: Daher will ich die Diskussion um diese oder jene Eigenschaften, Verhaltensweisen usw. gar nicht führen und vor allem keinen Glaubenskrieg um New Work, Augenhöhe usw. In meiner schlichten Art interessiert mich vielmehr, wie wir Führungskräfte dabei unterstützen können, die eigene Führungsrolle zu reflektieren und nötige Schritte zu deren Weiterentwicklung zu gehen.

Heiko: Der erste Schritt dürfte sein, ein Verständnis dafür zu entwickeln, was Agile Führung ausmacht. So wie wir in Kapitel 2 Agilität anhand der Grafik »Agile in a Nutshell« vorgestellt haben, könnten wir dies doch auch für Agile Führung tun. Dazu gibt es aus gleicher Quelle die Übersicht »Agile Leadership«.

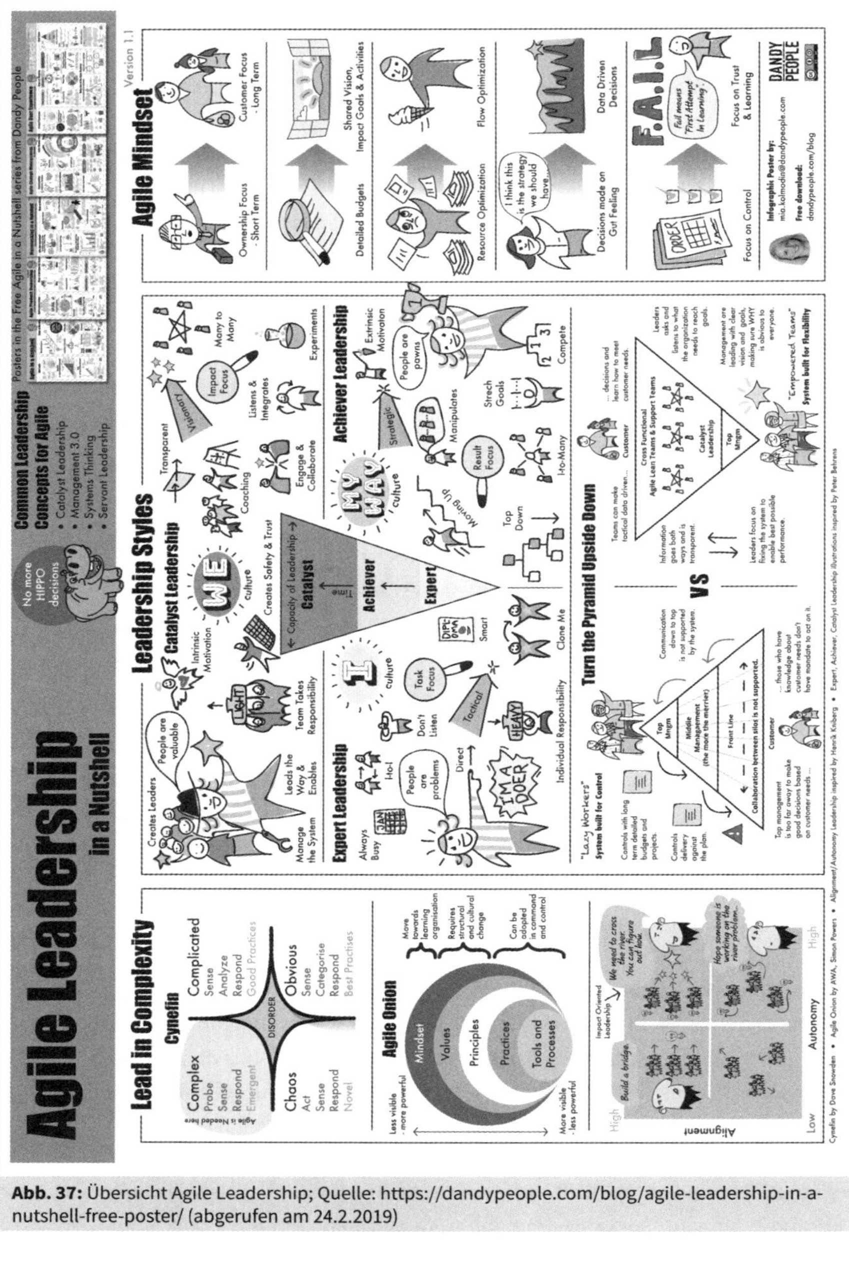

Abb. 37: Übersicht Agile Leadership; Quelle: https://dandypeople.com/blog/agile-leadership-in-a-nutshell-free-poster/ (abgerufen am 24.2.2019)

4.1 Agiles Mindset für Führungskräfte

Frank: Wenn ich mir ansehe, was auf dem Bild zum Agilen Mindset für Führungskräfte steht, ist dort von mehreren Veränderungen die Rede. Die erste, die Veränderung des Fokus von kurzfristig orientiertem Eigentümerfokus hin zu langfristiger Kundenorientierung, ist nicht neu. Diese Diskussion ist ja in den meisten Unternehmen bereits erledigt und auch die »Management-Gurus« predigen ausnahmslos schon seit längerer Zeit das Ende des Shareholder Value.

Heiko: Prinzipiell gebe ich dir Recht, erlebe es aber in vielen Unternehmen anders. Da sind die Lippenbekenntnisse eindeutig und klar, die Realität des Controlling und andere am Shareholder Value orientierte Organisationselemente sind dagegen unverändert und senden weiter das Signal: Shareholder Value first. Solange das System nicht auf die neue Logik umgestellt ist, wird sich nichts ändern.

Frank: Stimmt, das war schon ein Diskussionspunkt. Hier müsste also nicht nur verbal der Kundenfokus gepredigt werden, sondern es müssten konkrete Maßnahmen ergriffen werden. Ich denke hier daran, dass sich Managementverhalten und Führungsstrukturen dem End-to-end-Gedanken unterordnen und entsprechend umgebaut werden. Darüber, wie das konkret aussehen kann, müssen wir später noch einmal sprechen.

Heiko: Der folgende Punkt in der Grafik macht mir ein wenig Bauchschmerzen. Da wird eine Verschiebung von detaillierten Budgets zu einer geteilten Vision und zu wirkungsvollen Zielsystemen gefordert. So eine Grafik kann man schnell als »weg von« vs. »hin zu« verstehen und das teile ich nicht. Dass Jahresbudgets und detaillierte Zahlenwerke in der Agilen Welt wenig bringen, ist wohl seit dem letzten Kapitel klar, aber auf Zielsysteme verzichten können wir nicht. Schließlich haben wir Metriken gefunden, die in Agilen Systemen sinnvoll sind, und auf Budgetierung und Buchhaltung kann man nicht verzichten, sie müssen nur anders gestaltet werden.

Frank: Das sehe ich genauso. Über Budgets hast du bereits gesprochen. Lass uns daher einen kurzen Abstecher zum Thema Inspiration machen. Diesbezüglich sehe ich gar keine Veränderung durch Agilität, denn Inspiration durch die Führung ist für jede Organisation wichtig. Leider zeigen Praxis und Forschung, dass Inspirationsfähigkeit die weltweit am schwächsten ausgeprägte Kompetenz von Führungskräften ist (Folkman 2016). Wir beobachten also ein Defizit, das weit verbreitet ist, in der Agilen Welt jedoch wird seine negative Wirkung verstärkt. Die Unwägbarkeiten der VUCA-Welt und der vergleichsweise kurze Planungshorizont bei komplexen Vorgehensweisen erfordern einfach ein besseres Verständnis davon, wohin die Reise gehen soll. Dieses Verständnis ist zu wecken und emotional positiv aufzuladen, da unbekannte Ziele und Wege viele Menschen eher abschrecken.

OKR – OBJECTIVES AND KEY RESULTS

In jeder schnell veränderlichen Organisation stellt sich die Frage, wie eine einheitliche Ausrichtung auf die Organisationsziele erreicht werden kann und wie die Mitarbeiter gesteuert werden können. Dies wurde in der Vergangenheit durch Balanced Scorecards, SMARTe Zielsysteme usw. versucht. In der komplexen Welt digitaler und agiler Organisationen, die sich mit großer Geschwindigkeit verändern, sind diese Top-down-Ansätze untauglich.
Auch Google stand vor der Herausforderung, zu entdecken, wie eine sinnvolle Ziellogik aussehen kann, und führte OKR ein. OKR steht für »Objectives and Key Results«. Es handelt sich um eine Methode, die von Intel-Mitgründer Andy Grove erfunden und von Investor John Doerr (Manager für Risikokapital bei Kleiner Perkins Caufield & Byers) 1999 bei Google eingeführt wurde. Heute nutzen Unternehmen wie Oracle, Twitter oder LinkedIn OKR, um unternehmensweit Ziele zu definieren, auf Unternehmens-, Team- oder Mitarbeiterebene abzustimmen, den Fortschritt im Auge zu behalten und Ziele messbar zu machen.
Wie bei so viele effektiven Methoden ist die Grundidee der OKR ganz einfach: Jedem Ziel (Objective) werden messbare Schlüsselergebnisse (Key Results) zugeordnet. In regelmäßigen Abständen werden die Erfolge gemessen und neue OKR definiert. So wird eine vage, schwer zu greifende Vision konkret umsetzbar. Objectives beantworten die Frage nach dem »Was«, also nach dem »Was will ich erreichen?«. Key Results beschreiben das »Wie«, also das »Wie will ich mein Objective erreichen?«. Einem Objective sollten maximal vier Key Results zugeordnet werden. Erfahrungsgemäß werden rund 40 % der OKR top-down vorgegeben und rund 60 % der OKR bottom-up erarbeitet.
Die Überprüfung der Ziele erfolgt alle zwei bis fünf Monate (oft quartalsweise). OKR passt daher gut zur Agilen Arbeitswelt, die ebenfalls in kurzen Zyklen denkt und arbeitet. Dazu passt ebenfalls die absolute Transparenz. Alle »Objectives« und »Key Results« sind jederzeit für jeden einsehbar, unabhängig davon, welche Funktion er bekleidet und welcher Hierarchieebene er angehört. Wie bei Agilen Methoden kommt es auch bei OKR darauf an, eine Aufgabe möglichst schnell zu sichtbaren Ergebnissen zu bringen.
OKR-Ziele sind jedoch so ambitioniert formuliert, dass 100 % kaum zu erreichen sind. Bei Google haben sich 60 bis 70 % Zielerreichung als ideal erwiesen. Ziel ist, die Komfortzone zu verlassen und eher ambitioniert zu arbeiten. Entsprechend sollten OKR nicht mit Bonussystemen verbunden werden, dies würde der Logik widersprechen.
In Unternehmen, die OKR nutzen, weiß jeder Mitarbeiter, woran die Kollegen arbeiten, wie weit sie mit ihrer Arbeit sind und wie die eigene Leistung zu den Unternehmenszielen beiträgt. OKR fördern den Teamspirit und ermöglichen koordiniertes Arbeiten auch in größeren Strukturen. Schließlich sind auch die OKR des CEO bekannt.

Wie empfehlen Ihnen das folgende Video, in dem die OKR erläutert werden:
Startup Lab workshop: How Google sets goals: OKRs:
https://www.youtube.com/watch/?v=mJB83EZtAjc
Und dann empfehlen wir noch den umfassenden Guide zu OKR von der Seite re:Work, in dem die Nutzung der OKR Schritt für Schritt erläutert wird:
https://rework.withgoogle.com/guides/set-goals-with-okrs/steps/introduction/

Heiko: Inspiration ist somit eine wesentliche Grundlage für die positive Sicht auf die Vorgehensweise Probe – Sense – Respond.

Inspiration ist ein Schlüsselelement moderner Führung.

Frank: Genau! Die zunehmende Unsicherheit und Orientierungslosigkeit bei den Mitarbeitern kann ich nur noch durch inspirierende Führung und gute Koordination der Unternehmensaktivität kompensieren. Der nächste Punkt aus der Abbildung 37 ist ebenfalls wichtig.

Heiko: Du meinst die Verschiebung von Ressourcenoptimierung zu Durchflussoptimierung. Das haben wir doch als ein Kernelement Agilen Arbeitens und einen wesentlichen Erfolgsfaktor diskutiert. Ich fand es in meinen ersten Agil-Versuchen unheimlich erhellend, wie ein guter Fluss zu erheblich mehr und besserem Output führt. Das dürfte in der Praxis doch allen Führungskräften klar sein.

Frank: Leider nicht. Auch hier gilt ja, dass gute Flusssteuerung nichts Neues und allen Führungskräften geläufig ist. In der Praxis ist es aber oft das Führungsverhalten, direkt oder über das Organisationsdesign, das zu Verstopfungen der Arbeitssysteme führt. In unserer Beratungspraxis zeigt sich dann ein Faktor, den man nie vernachlässigen darf: Gewohnheit. Viele Führungskräfte denken zu selten über die Optimierung ihres eigenen Verhaltens nach und werfen munter viel zu viel Arbeit ins System. Das tun sie oft in der Annahme, dass die Mitarbeiter möglichst ausgelastet sein sollten.

Mitarbeiter auslasten zu wollen behindert Agilität.

Heiko: Das ist ja das Gegenteil von dem, was wir in einer Agilen Arbeitsorganisation wollen. Der Durchfluss steht im Fokus und das bedeutet ja automatisch, dass nur der Engpass ausgelastet sein darf. Alle anderen Ressourcen warten auf Arbeit und holen sich diese vom Vorgänger (pull). Wenn dies nicht im Mindset der Führungskraft verankert ist, sollte sie sich noch einmal die Theory of Constraints (Goldratt 2002) ansehen.

Frank: Ja, das wäre einer der Ansätze, den man unbedingt kennen muss. Wir wollen zum nächsten Punkt gehen: von Bauchentscheidungen zu datengetriebenen Entscheidungen. Das sollte ein Selbstläufer sein, zumindest nach unserer Diskussion zu Metriken. Heute sind viele Controlling-Systeme blind für den Fluss und fokussieren sich auf Auslastung der Menschen und die Optimierung der Bearbeitungszeiten (Touch-Time). Sobald wir auf Flussoptimierung und transparentes Arbeiten umgestellt haben, stehen auf einmal Daten zur Verfügung, die uns sehr klar zeigen, wo unsere Potenziale stecken. Kombiniert mit Reviews und Retrospektiven als Datenquellen für die Root-Cause-Analyse haben wir beste Grundlagen für gute Entscheidungen.

Heiko: Moment, du sprichst hier von Aufgaben, die in der Selbstverantwortung der Teams und nicht der Führungskräfte liegen. Wo stecken die in dem Spiel?

Frank: Na ja, die Teams können die Hemmnisse (Impediments) zwar aufzeigen, aber nur einen Teil davon bearbeiten und lösen. Viele Impediments resultieren aus Abhängigkeiten von anderen Organisationsteilen und Externen – oder aus Widersprüchen, die sich aus inkompatiblen Systemen ergeben. Hier sind es die Führungskräfte, die sich um die Impediments kümmern müssen.

Heiko: Dann können wir jetzt noch den letzten Punkt aus dem Themenfeld Agiles Mindset für Führungskräfte angehen. Hier wird eine Verschiebung von Kontrolle hin zu Vertrauen und Lernen angemahnt. Dies verstehe ich so, dass System- und Plankonformität durch eine Fehlerkultur ersetzt wird. Fehler sind dabei die unerwünschten Ergebnisse aus dem Ausprobieren, die dann aber als Lernanlass und nicht als persönliches Versagen gesehen werden.

Frank: Genau so ist es hier auch gemeint. Das ist wieder ein Punkt, der erfahrenen Führungskräften schwer klarzumachen ist. Kognitiv verstehen es alle und solche Aussagen wie deine erhalten auch sehr viel Zustimmung. Im operativen Alltag dominiert dann aber allzu oft noch die alte Erwartungshaltung, dass die Dinge plangemäß passieren müssen und es möglichst wenig Abweichungen von der Zielstellung geben darf. Das sind einfach über viele Jahre verinnerlichte Denk- und Verhaltensmuster, die in der Agilen Welt hochgradig unpassend sind. Da den Führungskräften oft gar nicht bewusst ist, was sie da gerade tun, kommt es immer wieder zu Konflikten, meist verdeckt, da sich keiner traut, die »Silberrücken« zu korrigieren.

Heiko: Das ist doch deine Rolle, so wie ich dich einschätze.

Frank: Sehr oft ist es so. Als Externer habe ich einen anderen Stand als die angestellten Mitarbeiter und bin kein Teil des politischen Systems. Das bringt automatisch Freiheitsgrade mit sich. Trotzdem ist es schwer, denn zwischen dem Verstehen von Dingen und dem adäquaten Handeln steht ein längerer Lernprozess, der oft auch unbequem ist.

Heiko: Das kann ich nur bestätigen. In allen Organisationen, in denen ich mich um Personal- und Führungskräfteentwicklung gekümmert habe, war es ein schweres und aufwendiges Geschäft, tief verinnerlichte Haltungen und Verhaltensweisen zu verändern – selbst wenn die Notwendigkeit der persönlichen Veränderung erkannt und akzeptiert war.

Auch Top-Manager müssen immer öfter ganz neu lernen.

Frank: Dahinter steckt wohl auch die Erwartung, dass in der Organisation alles so vorbereitet und aufbereitet wird, dass ich als Entscheider nur noch die relevante Essenz erhalte und gar kein tiefes Wissen mehr benötige.

4.2 Die Rolle der Agilen Führungskraft

Heiko: Dann ist der Weg in die Agilität für diese Unternehmen eben besonders lang. Je größer das Delta zwischen Eigen- und Kundenwahrnehmung ist, desto schwerer werden es die Agilen Teams haben, eine vernünftige End-to-end-Verantwortung zu realisieren. Umso wichtiger ist es, sich die Elemente der angestrebten Organisation anzusehen. Wo siehst Du die wesentlichen Punkte?

Frank: Prinzipiell sind alle genannten Faktoren wichtig, sie sind bereits die Essenz. Dann haben wir auch schon kurz über Inspiration gesprochen, daher würde ich jetzt den Punkt »Leaders focus on fixing the system to enable best possible performance« betrachten. Letztlich ist der größte Hebel der Führung, eine agile, sich stetig verbessernde Organisation zu entwickeln.

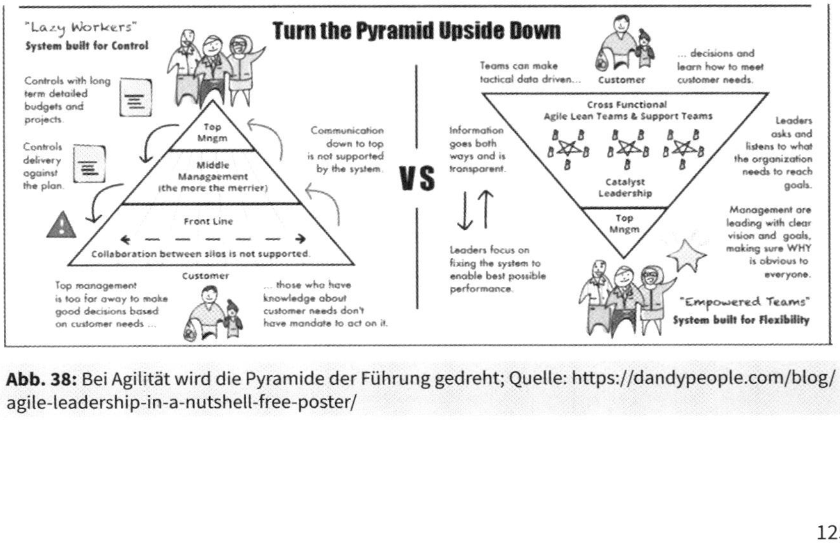

Abb. 38: Bei Agilität wird die Pyramide der Führung gedreht; Quelle: https://dandypeople.com/blog/agile-leadership-in-a-nutshell-free-poster/

Heiko: Es geht also um Impediment-Beseitigung und permanente Organisationsentwicklung. Das führt zu einem Element, das mir aufgrund meiner Erfahrung besonders wichtig ist: die Rolle der Mittelmanager in einer Organisation und vor allem in Transformationsprozessen.

Frank: Darüber müssen wir unbedingt sprechen, denn dies ist die zentrale Gruppe in der Organisation. Wollen wir vorher die Grafik (Abb. 37) zu Ende bearbeiten? Es fehlen nur noch zwei Elemente, die sich aber beide mit der Art der Führung befassen.

Heiko: Stimmt, unten links geht es um die Abhängigkeit von Autonomie und Ausrichtung auf das System. In dieser 2x2-Matrix agieren Führungskräfte unterschiedlich und die Beispiele zeigen schön, wie Sprache wirkt. Es ist ein riesiger Unterschied, ob ich eine Anweisung gebe oder nur einen Nutzen bzw. ein Ergebnis darstelle.

Abb. 39: Vier Führungsstile in einer 2x2-Matrix; Quelle: https://dandypeople.com/blog/agile-leadership-in-a-nutshell-free-poster/

Frank: Was uns sofort zur Darstellung der drei Managementtypen Expert (Experte), Achiever (Aufsteiger) und Catalyst (Katalysator) führt (Abb. 40). Die Autoren der Übersicht gehen davon aus, dass eine Entwicklung vom Experten über den Achiever zum Catalyst erfolgt und erst der Catalyst die ideale Führungskraft für Agiles Arbeiten darstellt.

Heiko: Wobei interessant ist, dass der Experte ja nicht als Fachexperte verstanden wird, sondern als Führungskraft, die aus einer Expertenrolle in die Führungsrolle gelangt ist und aus der mitgebrachten Fachexpertise heraus agiert. Da oft der beste Experte befördert wird, ist die Versuchung extrem groß, über Anweisung and Anleitung zu führen, was genau zu den beschriebenen Verhaltensweisen führt.

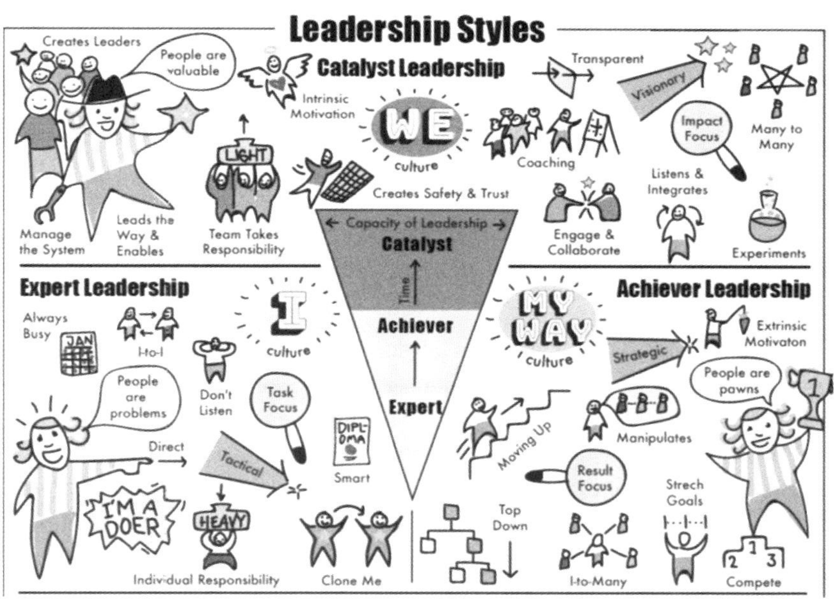

Abb. 40: Vergleich der Führungsstile Experte, Aufsteiger und Katalysator; Quelle: https://dandypeople.com/blog/agile-leadership-in-a-nutshell-free-poster/

Frank: Das geschieht inzwischen aber nur noch ganz selten, denn diese Diskussion wird schon so lange geführt, dass es in der Praxis so gut wie nicht mehr vorkommt.

Heiko: Ja nee klaar …

Frank: Wir sollten uns ohnehin mehr mit den beiden anderen Rollen befassen. Ein Unternehmen, das die Spezialisten mit Führung beauftragt, wird sich mit der Einführung von Agilität noch schwerer tun als die anderen. Der Schritt vom Achiever zum

Catalyst ist ein wirklich kritischer, denn Achiever sind in der simplen und komplizierten Domäne meist sehr erfolgreich und Erfolg zementiert Haltungen und Verhalten. Daher fällt es gerade den erfolgreichen Führungskräften sehr schwer, loszulassen und sich auf die neue Welt einzulassen.

Heiko: Erlebt ihr, wenn ihr Unternehmen unterstützt, hier echte Blockaden? Ist das wirklich die Lähmschicht, als die diese Führungskräfte so oft dargestellt werden?

Frank: Ein überzeugtes Jein. Faktisch sind die Achiever, die sich sehr oft im Mittelmanagement sammeln, in vielen Unternehmen der Engpass. Dies liegt in meiner Wahrnehmung aber vor allem an der Organisation und am operativen Alltag, weniger an den Personen selbst. Wir wollen ja gleich noch über Mittelmanager sprechen, da gehe ich dann näher darauf ein. An dieser Stelle ist mir noch wichtig, einen kurzen Blick auf den Catalyst zu werfen. Sein Stil ist klar darauf ausgerichtet, die Experimente und deren Resultate zum Erfolg zu bringen und die selbstverantwortlichen Teams zu fördern. Wenn eine Führungskraft dies zu ihrem persönlichen Ziel macht, entsteht der Catalyst-Stil fast automatisch.

> Die Agile Führungskraft ist Katalysator von Experimenten und kontinuierlicher Weiterentwicklung von Mitarbeitern und dem System.

Heiko: So sehr mir der Begriff Catalyst gefällt, so sehr fehlt mir noch eine etwas konkretere Ausführung zur Rolle des Managers in einem Agilen Kontext. Ich würde gerne noch eine zweite Beschreibung der Rolle ansehen. Was meinst du?

Frank: Ja gerne, denn 100 % konsistent sind die Vorstellungen über Management in Agilen Organisationen nicht. Aktuell habe ich eher das Gefühl, dass jeder etwas zum Thema zu sagen hat, egal, ob es sinnvoll und richtig ist oder ob die Äußerungen überhaupt etwas mit Agilität zu tun haben.

Heiko: Ich ahne, was du meinst. Dann lass uns doch einfach einmal schauen, wie die Rolle der Führungskräfte im LeSS-Framework aussieht. Das ist schließlich einer der etablierten Agilitätsstandards und dort wird die Rolle explizit diskutiert.

Frank: Im LeSS-Framework findet sich folgende Idee zu Führung in Agilen Organisationen: »LeSS has a big impact on the management style in organizations. It requires a different type of management than the traditional management by controlling subordinates. It is much more aligned to the ›Managers as Teachers‹ principle promoted in Lean Thinking

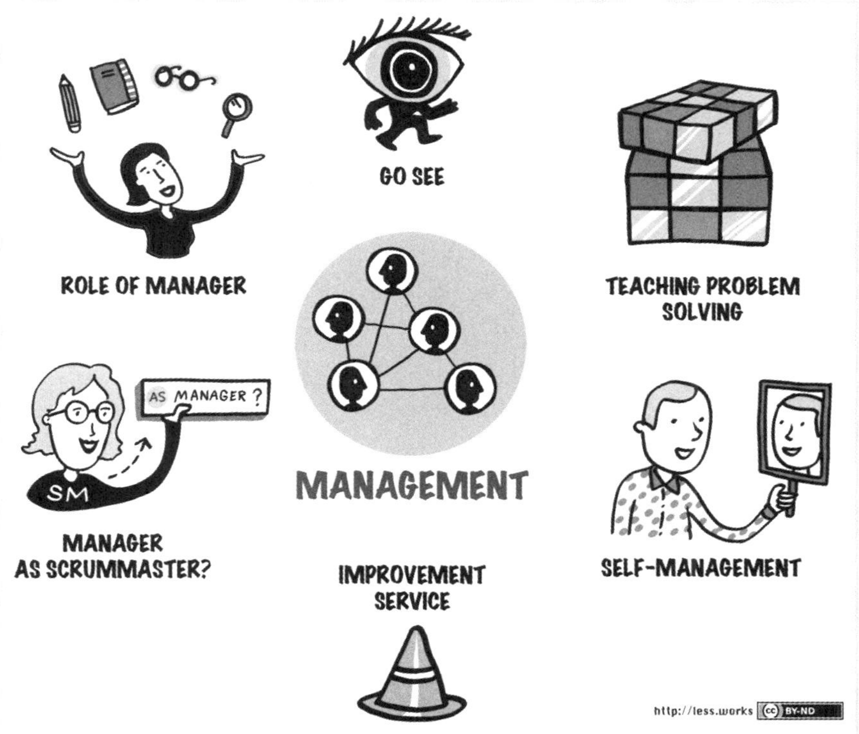

Abb. 41: Die Rolle des Management im LeSS-Framework; Quelle: https://less.works/less/management/index.html

Two big impacts on the role of management:

- Self-managing teams delegates a lot of responsibilities to the team.
- Product Owners decide on what the work is that the team works on.

Both these dramatically change the role of managers in a LeSS organization.«

Heiko: Wie wird die Rolle des Managers dann beschrieben?

Frank: Die LeSS-Verantwortlichen betrachten die Frage aus der Sicht der anderen Rollen, d.h. des Product Owners und des Teams. Es wird darauf verwiesen, dass Führungskräfte in einer klassischen Umgebung in die Aufgabenverteilung und -organisation involviert sind. In Agilen Kontexten wird jedoch vom Product Owner entschieden, was zu tun ist, und das Team entscheidet selbst, wie etwas erledigt wird.

Heiko: Der Manager ist also doch arbeitslos

Frank: Nicht ganz. Die Mittelmanager gewährleisten den Überblick über das Ganze sowie die Fähigkeit der Organisation, auch große Produkte mit mehreren Agilen Teams zu bauen. Er soll Team und Scrum Master helfen, Hindernisse zu beseitigen und Verbesserungen durchzuführen.

Heiko: Und wie soll das konkret aussehen?

Frank: Der erste Rat ist: Die Führungskraft soll zu den Teams gehen und dort beobachten, wie gearbeitet wird. Sie tauscht sich so intensiv mit den Mitarbeitern aus, dass sie wirklich versteht, wie die Wertschöpfung erfolgt. So entsteht das Verständnis für die Probleme der Teammitglieder und die Entscheidungen können auf fundierterer Basis getroffen werden.

Die Agile Führungskraft arbeitet in den Teams mit den Teams.

Heiko: Das ist doch eine sehr gute Grundlage dafür, den Mitarbeitern zu helfen, ihre Probleme zu lösen. Mit einem entsprechenden Werkzeugkasten zur Problemlösung ist das ja auch nicht schwierig. Ich erinnere mich, dass du gerne 5W einsetzt.

Frank: Stimmt, diese Methode ist einfach – sofern man etwas Erfahrung hat – und kann alleine oder gemeinsam mit anderen schnell zu Ergebnissen führen. Ich setze 5W für die Root-Cause-Analyse und auch für die Vorbereitung von Organisationsentscheidungen ein. 5W geht von der Idee aus, dass kein Problem so komplex ist, dass es nicht durch die fünfmalige Frage »Warum?« detailliert beschreibbar wäre. Manchmal reichen dafür auch weniger Fragen.

Heiko: Wenn wir hier über die Identifikation und die Analyse von Lösungen sowie über die Entscheidung für eine Lösung sprechen, ist das ja alles Aufgabe der selbstgesteuerten Teams. Die Manager werden also in den meisten Unternehmen umlernen müssen und sich aus der direkten Führung von Aufgaben und Prozessen zurückziehen. Es bleibt nur noch Beobachtung, Hilfe und Koordination auf übergeordneter Ebene übrig.

Frank: Stimmt. Es geht eigentlich nur darum, Rahmenbedingungen zu schaffen und dann das Vertrauen zu haben, dass die Teams funktionieren. Leider erleben wir in der Praxis sehr oft, dass dies nicht wirklich funktioniert. Beide Seiten, Manager und Teams, müssen sehr diszipliniert sein und sich in einem mühsamen Lernprozess zu diesem angestrebten Zustand hinbewegen.

Heiko: Und bei der Disziplin dürfte es schon hapern, oder?

Frank: Auch das. Was mir meist mehr Sorgen macht, ist die Heterogenität in den Teams. Selbstverantwortung zu lernen und dann vor allem auch zu tragen, ist nicht für jeden erstrebenswert, und die Teams funktionieren eben nicht so, wie es in der reinen Agilen Theorie propagiert wird. Am Ende ist die Entwicklung eine Art kontinuierlicher Verhandlungsprozess, in dem sich Manager und Teams die neuen Regeln und die neuen Arbeitsstandards erarbeiten.

Teams funktionieren nicht so, wie in Agilen Theorien vorgesehen.

Heiko: Das klingt so, als wäre es auch keine gute Idee, die bisherigen Führungskräfte zu Scrum Mastern oder Product Ownern zu machen. Da ist das Risiko, in alte Verhaltensmuster zu fallen, zu groß.

Frank: Sehr wahrscheinlich ja, aber das eigentliche Risiko sehe ich eher an anderer Stelle. Wir haben ohnehin zu wenige gute Führungskräfte und die Führungsrolle ist in Agilen Organisationen eher herausfordernder als einfacher. Die guten Führungskräfte sollten sich nur auf die Führung konzentrieren und nicht der »Downscaling-Logik« der Agilisten folgen.

Heiko: Damit meinst du, dass die Beschreibung von Führung davon ausgeht, dass die Führung der Teams abgeschafft wird und die darüberliegenden Führungsebenen näher an die Teams rücken und diese unterstützen.

Frank: Genau, das ist nämlich der Effekt, der sich einstellt, wenn man die Rollenbeschreibungen in LeSS und anderen Lösungsansätzen genau liest. Das halte ich nicht für ideal. Teams mehr zu befähigen und damit auch mehr zu fordern, ist gut und richtig, aber die Führungsebene muss ebenfalls gestärkt werden, um die größere Komplexität in der Organisation meistern zu können. Führung ist nicht mehr nur das Sicherstellen von Systemkompatibilität.

In Agilen Organisationen muss die Rolle der Führungskraft gestärkt werden.

Heiko: Gut, dann haben wir die Perspektive, mit der Agil-Berater und das LeSS-Framework auf Führungskräfte schauen, kennengelernt. Darf ich ehrlich sein? Das ist ja alles schön und gut, aber unsere Diskussion hat mir schon gezeigt, dass die reale Welt deutlich komplexer ist als in der Theorie. Haben wir ein konkretes Beispiel, bei dem die Rolle der Führungskraft in modernen, agilen Strukturen nicht verklärt wird, sondern aus der Praxis abgeleitet ist?

Frank: Wenn wir alle Beispiele, die diskutiert werden, nebeneinanderstellen, ist die Vielfalt enorm groß, und zumindest ich kann nicht genau erkennen, was eine Agile Führungskraft genau ausmacht und wie wir als Agile Führungskräfte genau agieren sollten. Das finde ich wiederum gut, denn es zeigt, dass in der komplexen Welt mit Probe – Sense – Respond eben kein genau beschreibbares Führungsbild entsteht.

Die Zeiten von Führungsmodellen sind vorbei. Führung unterliegt in der Agilität einem permanenten Verhandlungsprozess.

Heiko: Aber irgendetwas Praktikables muss es doch geben.

Frank: Es gibt ein Beispiel, das man guten Gewissens empfehlen kann. Kennst du Oxygen und Aristle?

Heiko: Ja klar, das waren doch die Projekte bei Google, in denen gefragt wurde, ob Google überhaupt Führungskräfte braucht. Da ist herausgekommen: Ja, sie brauchen welche!

Frank: Stimmt, und inzwischen ist aus diesen Projekten und den weiteren Diskussionen bei Google eine kleine Führungstheorie entstanden, die Google auf der Plattform re:Work teilt. Dort ist auch die überarbeitete Liste der Faktoren aufgeführt, die eine gute Führungskraft ausmacht.

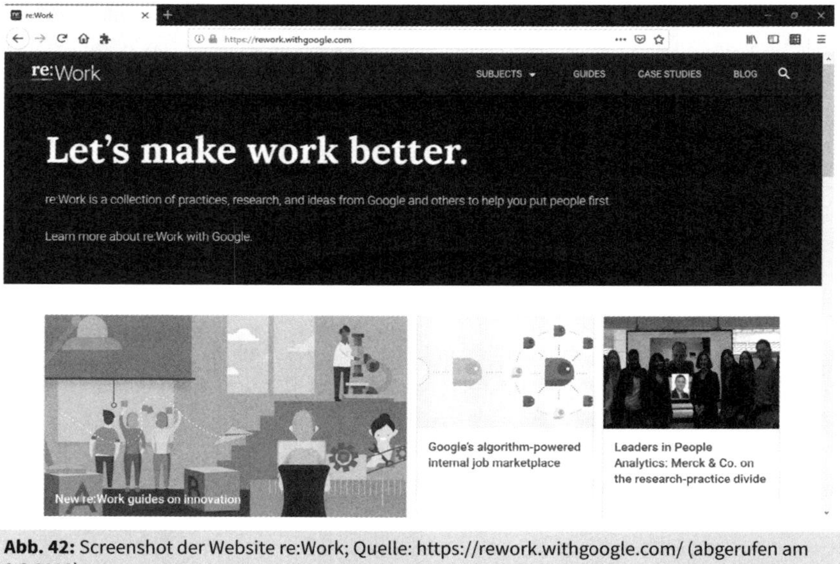

Abb. 42: Screenshot der Website re:Work; Quelle: https://rework.withgoogle.com/ (abgerufen am 2.2.2019)

Auf der in Abbildung 42 gezeigten re:Work-Website teilen Google und andere Inputgeber ihre Erfahrungen mit neuen Arbeitsformen und veränderter Führung.

Heiko: Das waren ursprünglich acht Faktoren. Inzwischen sind daraus aufgrund weiterer Erfahrungen zehn Faktoren für eine gute Führung geworden. Die erste Untersuchung dazu war immerhin schon 2008.

10 OXYGEN BEHAVIORS OF GOOGLE'S BEST MANAGERS

The 10 Oxygen behaviors of Google's best managers (behaviors 3 and 6 have been updated and behaviors 9 and 10 are new):

1. Is a good coach
2. Empowers team and does not micromanage
3. Creates an inclusive team environment, showing concern for success and well-being
4. Is productive and results-oriented
5. Is a good communicator — listens and shares information
6. Supports career development and discusses performance
7. Has a clear vision/strategy for the team
8. Has key technical skills to help advise the team
9. Collaborates across Google
10. Is a strong decision maker

Quelle: https://rework.withgoogle.com/blog/the-evolution-of-project-oxygen/

Frank: Ja, zehn Jahre sind eine lange Zeit und wenn ein Unternehmen wie Google Zugriff auf große Datenmengen hat und weiß, wie man damit umgeht, dann kommen zunehmend bessere Ergebnisse heraus. Erneut zeigt dieses Beispiel, dass Dinge nicht statisch sind, sondern sich permanent weiterentwickeln. Aber zurück zum Thema. Die beiden neuen Faktoren »Kollaboration innerhalb der Organisation« und »Starker Entscheider« sind wenig überraschend. In einer zunehmend komplexen Welt ist intelligentes Netzwerken und Interagieren einfach unverzichtbar. Beim Faktor »Starker Entscheider« kann ich mir vorstellen, dass der eine oder andere ziemlich geschluckt hat.

Heiko: Na ja, diese Erkenntnis passt auf den ersten Blick nicht unbedingt zu der oft geäußerten Haltung, dass die Teams alles entscheiden sollten. Dabei wird zu oft vergessen, dass die Teams gar nicht alles entscheiden können, weil ihnen viele Informationen fehlen und es auch extrem unproduktiv wäre, wenn alle mit allen reden. Dann kommt hinzu, dass Entscheiden ein Vollkontaktsport ist, den man mögen muss.

Frank: Da hast du wohl recht. Wenn wir die Darstellungen der Führungsrolle vergleichen, dann sind mehrere Faktoren besonders relevant, und meine Zusammenfassung aus den Rollenbeschreibungen und unserer vorherigen Diskussion würde so aussehen, wie im Folgenden aufgeführt:

FAKTOREN WIRKSAMER FÜHRUNG IN AGILEN KONTEXTEN

Agilität erfordert von den Führungskräften ein Bewusstsein darüber, was Agilität fördert. Die folgende Liste von Führungsaspekten soll helfen, sich darüber klar zu werden, wie Agile Führung ausgerichtet ist und wie sich eine Führungskraft agilitätsfördernd verhält.

1. Sinn (Purpose) – die Ausrichtung einer Organisation erfolgt in der Agilen Wirtschaft über eine klar kommunizierte (Transparenz) Vorstellung davon, wozu die Geschäftstätigkeit dient und welchen Wert die Organisation kreieren will. Der Sinn erlaubt es den Kunden und Mitarbeitern, sich mit der Organisation und ihrer Tätigkeit zu identifizieren. Eine positive Sinnformulierung inspiriert → Inspiration.
2. Kunden – die Kunden bzw. der Nutzen, den das Unternehmen für seine Kunden (vergl. Sinn) schafft, sind der Ausgangspunkt und das Maß der unternehmerischen Tätigkeit → Nutzen- und Ergebnisorientierung, Fokus.
3. Werte und Haltung – während der Sinn die Richtung des unternehmerischen Handelns vorgibt, definieren Werte und die Haltung den Rahmen, innerhalb dessen sich die Beteiligten verhalten. Zudem formulieren sie die Erwartungen, die gegenseitig bestehen → Mindset.
4. Organisation – Grundlage Agilen Arbeitens sind selbstorganisierte Teams, die möglichst große Teile der Wertschöpfungskette abbilden. Die Aufbau- und Ablauforganisation sind so zu gestalten, dass die Wertschöpfung möglichst frei von Abhängigkeiten erfolgt und die Teams in ihrer Arbeit gefördert werden → Empowerment und Koordination der Teams untereinander.
5. Ressourcen – die Ressourcen und das Personal sind so zu organisieren, dass keine Engpässe entstehen, bzw. die Engpässe der Ausgangspunkt der Arbeitsorganisation sind → Auslastungssteuerung im Sinne eines limit WiP.
6. Lernen – Agile Teams und Organisationen sind »Lernmaschinen« bzw. Lern-Ökosysteme. Aus Experimenten entsteht neues Wissen → Weiterentwicklung und Verbesserung.

Heiko: Diese Zusammenfassung zeigt erneut, wie wichtig die Rolle der Führungskraft in agil arbeitenden Organisationen ist und dass sie sogar anspruchsvoller wird als in bürokratisch durchorganisierten Unternehmen. Dort übernimmt das System sehr viel der Führungsarbeit, die im Agilen Kontext durch die Führungskraft alleine geleistet werden muss. Umso wichtiger ist es dann, die Teams und jeden einzelnen Mitarbeiter so zu befähigen, dass sie weitgehend alleine »laufen«. Das wiederum erhöht die Menge an Information, die ich als Manager benötige, weswegen die Transparenz so eine große Rolle spielt.

Frank: Genau, und schon haben wir wieder mehrere Grundprinzipien Agilen Arbeitens genannt. Was uns wieder zu den zurückgestellten Themen führt, also zur End-to-end-Verantwortung des Managements, zur Beseitigung von Impediments und zur Rolle der Mittelmanager in Agilen Organisationen.

4.3 Mittelmanager in Agilen Organisationen – Vom Hindernis zum Förderer

Heiko: Seit unserem Workshop mit einigen Mittelmanagern hat mich das Thema nicht mehr losgelassen. Ich fand es faszinierend zu sehen, wie ähnlich Mittelmanager unterschiedlicher Unternehmen ihre Aufgaben und Herausforderungen beschreiben. Alleine bei der Analyse der tagtäglichen Arbeiten und der Kalender wurde offensichtlich, dass alle mit ähnlichen Problemen zu kämpfen haben: adäquate Beschaffung und Verteilung von Informationen, Umsetzung und Überwachung von Prozessen, Umsatz-/Margenverantwortung, individuelle Führung der Direct Reports, Vertretung des Unternehmens nach außen usw. Alle waren zeitlich extrem eng getaktet und in einem Zielkorsett gefangen, das komplett aus der alten Welt stammte.

Frank: Ja, ich erinnere mich gut. Der Witz war ja, dass alleine in dieser kleinen Gruppe exakt dieselbe Verteilung an Themen herauskam, die auch Accenture in einer Studie zum Zeiteinsatz von Managern gefunden hat. Irgendwie herrscht weltweit auf allen Ebenen die gleiche Situation.

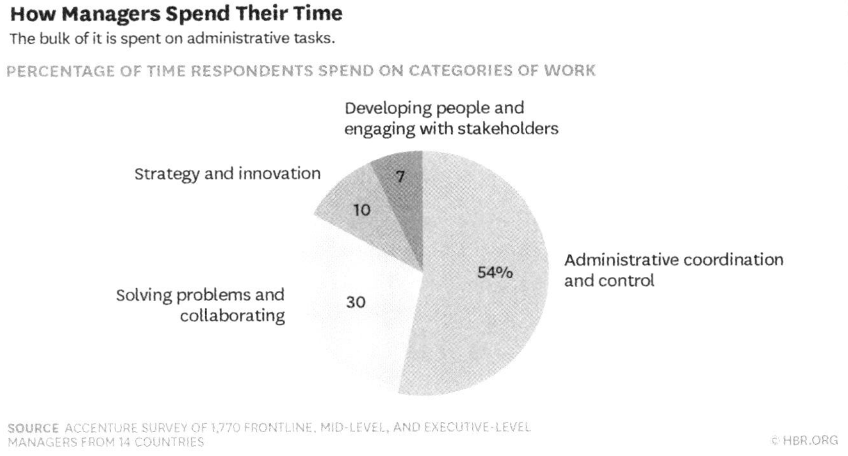

Abb. 43: Wie Führungskräfte ihre Zeit verbringen; Quelle: Kolbjørnsrud et al. 2016

Heiko: Und dann hatten sich zumindest die Kollegen im Workshop bereits alle mit dem Thema Agilität befasst, aus eigenem Antrieb und ohne nennenswerte Unterstützung, weil es für sie keine geeigneten Formate gab. Die Personalabteilungen hatten das Thema Agilität selbst noch gar nicht oder nur sehr zögerlich in ihre Agenda aufgenommen und konnten nicht helfen. Auf jeden Fall war allen klar, dass hier ein relevantes Thema läuft und die öffentliche Diskussion zur Rolle der Manager nicht ganz fair ist.

Frank: Aber sie war auch nicht falsch, denn als wir darum gebeten hatten, sich selbst und die Kollegen aus dem Management der eigenen Organisation einmal in die Kurve der »Diffusion of Innovation« (Abb. 44) einzutragen, kam einhellig heraus, dass dort zunächst die Agilen Teams sind, die als Vorreiter das Thema engagiert treiben. Aufgrund der Teamerfolge hat dann auch das Top-Management irgendwann mitbekommen, dass Agilität ein Thema ist, mit dem man sich auseinandersetzen muss. Nur die Stabsabteilungen und das Mittelmanagement hinken hinterher und werden so zum Bremser.

Heiko: Wobei die Stabsabteilungen und hier auch unser Heimathafen, der Personalbereich, oft ignoriert werden, weil sie gefühlt keinen Mehrwert leisten, aber auch nicht stören. Die Mittelmanager sind für die Agilen Vorreiter ein echtes Problem, eines, das diese aber gar nicht sein wollen.

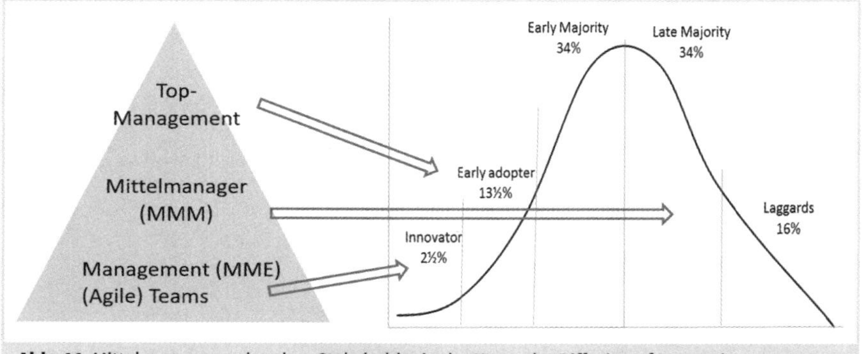

Abb. 44: Mittelmanager und andere Stakeholder in der Kurve der Diffusion of Innovation

Frank: Dieser Widerspruch wurde umso größer, je tiefer wir in die Agile Welt eintauchten und je mehr wir überlegt hatten, welchen Beitrag die Mittelmanager zu einer Agilen Organisation beisteuern könnten. Die Mittelmanager selbst sehen diverse eigene Aufgaben in einer Agilen Organisation. Es geht darum, das Mindset der Organisation zu entwickeln, die Mitarbeiter zu qualifizieren und Lernprozesse zu fördern, die strategische Steuerung der Maßnahmen zu gewährleisten – und ganz wesentlich um das Organisationsdesign.

Heiko: Und damit hatten wir den Dreh- und Angelpunkt gefunden. Solange die Mittelmanager im alten System festhängen und explizit dafür verantwortlich gemacht werden, dass es stabil läuft, sind Experimente mit Agilem Arbeiten und die Einführung Agiler Strukturen extrem schwierig und meist auch negativ für die damit in Verbindung stehende eigene Leistungsbewertung und den Bonus. Da überlegt man sich ganz genau, welche Risiken man als Mittelmanager eingeht.

Frank: Zumal hinzukommt, dass viele agilitätshemmende Rahmenbedingungen, wie Gesetze oder bei euch die Bankenaufsicht, intern von den Mittelmanagern verantwortet werden. Hier ist insgesamt der Spagat zwischen dem alten, sich selbst stabilisierenden System und dem Bedarf, agiler zu werden, besonders groß.

Heiko: Eine Erkenntnis war mir bis zu diesem Punkt in der Diskussion gar nicht so klar: dass die Art, wie das Mittelmanagement in den meisten Unternehmen organisiert ist, wesentlich zum Problem beiträgt. Während die Teams selbstorganisierte Netzwerke aus Teams etablieren und sich auch immer mehr Top-Manager als Teil von Netzwerken verstehen, agieren Mittelmanager allzu oft in Silos. Ihre Rolle ist so geschnitten, dass sie je für ein Silo verantwortlich sind, und die Peers in den anderen Silos sind aufgrund dieser Organisation eher ein Problem, anstatt ein Netzwerkpartner zu sein, mit dem man kollaboriert.

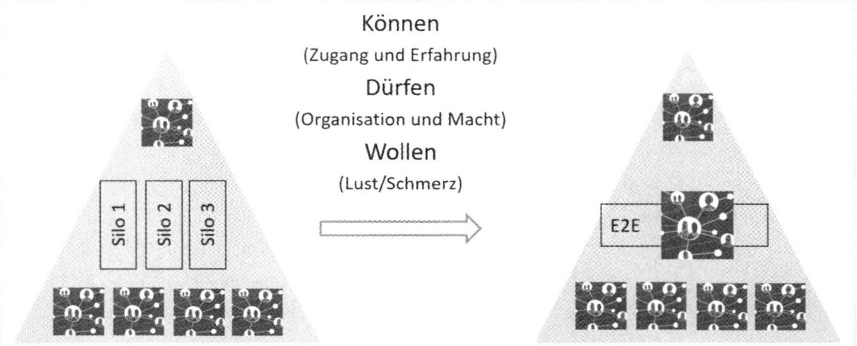

Abb. 45: Mittelmanager im Übergang von Silofunktionen hin zu einem Peer-Netzwerk in einem Unternehmensnetzwerk

Frank: Diese Erkenntnis war im Workshop dann die Initialzündung für einen Lösungsansatz. Wenn sich Mittelmanager ebenso wie die anderen Ebenen im Unternehmen zu einem Team of Teams organisieren und auf der taktisch/strategischen Ebene ihre Verantwortung als eine End-to-end-Verantwortung begreifen, dann kann aus der »Lähmschicht« ein echter Förderer von Agilität werden.

Heiko: An diesem Punkt sollte man sich vor Augen führen, über wen wir hier eigentlich die ganze Zeit sprechen und welche Vorteile sich für die Mittelmanager ergeben, wenn eine Agile Transformation ansteht. Zunächst einmal sind Mittelmanager keine Anfänger. Sie haben einige Berufsjahre auf dem Buckel und mehrere Rollen als Spezialist

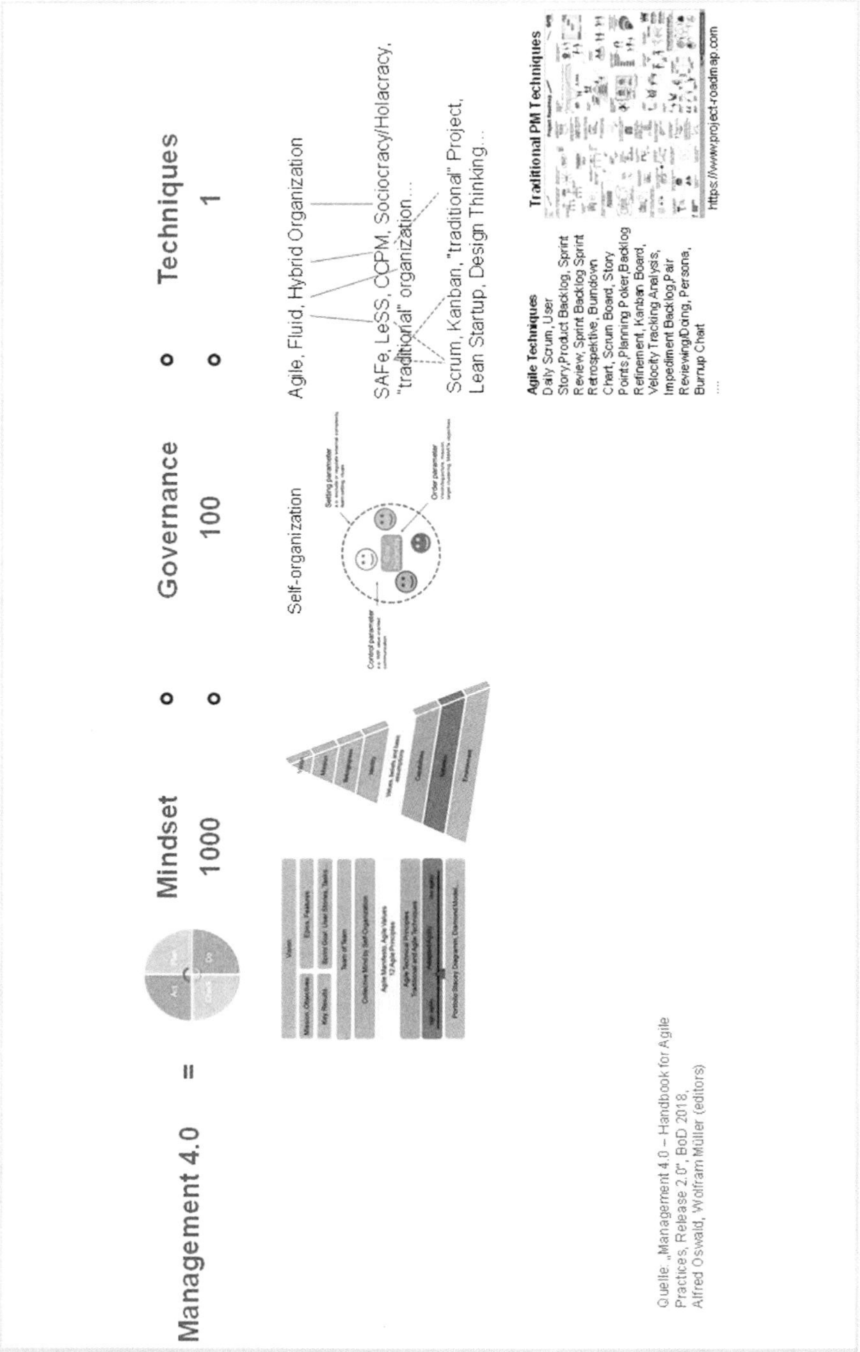

Abb. 46: Das Zusammenspiel von Mindset, Governance und Techniques in der Agilen Organisation; Quelle: GPM Fachgruppe Agile Management 2018

und Führungskraft eingenommen. Sie haben somit einen erfahrungsbasierten und wertvollen Blick auf die Organisation und die Themen, die darin mehr oder weniger gut funktionieren. Wahrscheinlich haben sie auch schon mehrere Transformationen und Change-Prozesse mit allen Höhen und Tiefen erlebt.

Frank: Diese Erfahrungswelt ist von besonderer Bedeutung, wenn man sich klarmacht, welche Faktoren für eine Agile Transformation wesentlich sind. Um eine Agile(re) Organisation zu schaffen, müssen sowohl die Faktoren (Agiles) Mindset, Governance (Aufbau- und Ablauforganisation) und Methoden (Techniques) verändert werden. In der Praxis ist leider nur selten zu beobachten, dass diese drei Faktoren gleichzeitig und gleich konsequent bearbeitet werden. Die meisten angeblichen Transformationen starten mit der Einführung Agiler Methoden, um dann am Agilen Mindset zu arbeiten. Die Organisation wird allzu oft ignoriert oder später – das heißt meist zu spät – nachgezogen.

Heiko: Alte Hasen wissen, dass die eigentlich harte Arbeit die Veränderung der Organisation ist. Das Organisationsdesign neu zu definieren, dazu passende Strukturen zu schaffen und effiziente Prozesse zu etablieren ist methodisch und vor allem sozial ein harter Brocken. Vielleicht wird dieser Teil auch deshalb gerne vernachlässigt?

Frank: Last but not least muss alleine wegen des letzten Punkts die Machtfrage betrachtet werden. Jede Transformation erfordert eine große Zahl von Entscheidungen und Anpassungen, die sich aus den Unterschieden von Plan und Realität ergeben. Diese Entscheidungen werden meist auf der Ebene der Mittelmanager getroffen. Sie bilden die Brücke zwischen strategischen Entscheidungen des Top-Managements und der operativen Realisierung Agilen Arbeitens. In der Regel haben sie das Mandat, Entscheidungen zu treffen, und spielen damit eine zentrale Rolle bei der Umsetzung der Transformation.

Heiko: Damit die Mittelmanager eine positive Rolle in einer Agilen Transformation übernehmen können, ist somit wenig nötig. Diese Zielgruppe ist qualifiziert und erfahren und hat die Macht, die notwendigen Entscheidungen umzusetzen. Was sie brauchen, ist Folgendes:

1. Sie benötigen Kenntnisse über die Abläufe und Wissen um die Methoden. Mittelmanager müssen verstehen, was Agiles Arbeiten bedeutet, und eigene praktische Erfahrung mit Agilem Arbeiten sammeln.
2. Sie brauchen Freiraum für die Umsetzung und für den Anstoß von Organisationsanpassungen, sie arbeiten aktiv am Organisationsdesign und an der Governance der Organisation. Hierzu ist eine relativ große Veränderung nötig. Mittelmanager denken und arbeiten meist in organisatorischen Silos. Für die Agile Zukunft gilt es nun, sich über diese Silos hinweg auf Peer-Ebene zu vernetzen und abzustimmen.

> In einer Agilen Organisation arbeiten Mittelmanager im Team. Silos gehören der Vergangenheit an.

Frank: Der zweite Punkt ist der kritische. Normalerweise arbeiten Mittelmanager isoliert und eher in Konkurrenz (Siloorganisation) zueinander. Damit Agiles Arbeiten in der Organisation verankert werden kann, ist ein eindeutiges Organisationsdesign zu verabreden, dann sind iterativ neue Prozesse und Standards zu etablieren.

Heiko: Probe – Sense – Respond ...

Frank: Genau. Dazu sollten sich die Mittelmanager in Peer-Netzwerken organisieren und gemeinsam eine End-to-end-Verantwortung übernehmen. Das ist die eigentliche Herausforderung, da das so nicht üblich ist. Aber warum sollten nicht auch die Mittelmanager den Change von einer Silostruktur und einer Siloarbeitsweise hin zu einem Agilen Netzwerk schaffen?

No man will make a good leader who wants to do it all himself
or to take all the credit for doing it.
Andrew Carnegie

Heiko: Ich suche ja immer die Brücke in den Alltag. Was bedeutet das Gesagte jetzt für die Praxis? Mein Vorschlag:

1. Für Agil-Experten
   a) Betrachten Sie die Mittelmanager als Verbündete, nicht als Gegner (Kunden-Mindset).
   b) Überzeugen Sie durch Professionalität, d. h., legen Sie den Fokus auf bewährte Business-Konzepte (Business Case, ROI-Rechnungen, Agile KPI ...) anstatt auf ein Agiles Buzzwording (Professional Excellence).
   c) Nutzen Sie die Möglichkeiten der Mittelmanager durch Einbindung in die anstehende Transformation und gemeinsame Entwicklung neuer Regelwerke (Governance).
2. Für Top-Manager
   a) Delegieren Sie die Agile Transformation an die Mittelmanager und begleiten sie den Prozess als Peer.
   b) Gehen Sie mit dem Mittelmanagement in gemeinsame (!) agil konzipierte Qualifizierungen, um die nötigen strategischen und taktischen Fähigkeiten zu entwickeln (Agile Skills).
   c) Arbeiten Sie so agil wie möglich, um als Vorbild zu dienen (Agile Leadership).
3. Für Mittelmanager
   a) Befreien Sie sich von operativer Überlast, um Zeit und geistige Ruhe zu gewinnen, die in die Agile Qualifizierung gesteckt werden kann (limit WiP).

b) Vernetzen Sie sich mit den Treibern und Vordenkern in Ihrem Unternehmen und darüber hinaus. Raus aus den Silos, rein in professionelle Netzwerke!
c) Passen Sie die Strukturen und Arbeitsprozesse in Ihrem Verantwortungsbereich an Agiles Arbeiten an und dies in einer End-to-end-Verantwortung mit den Peers auf gleicher Ebene.

Frank: Also gut, wir haben bis hierher besprochen, was Agile Leadership ausmacht, was sich in der Praxis bewährt hat und welche Rolle die Mittelmanager für Agilität spielen können. Ich denke, wir sollten jetzt noch einmal von der operativen Praxis ausgehen und die Kernaufgaben des Managements Agiler Organisationen betrachten.

Case Study: Zukunftswerkstatt in einer Bank

Zukunftswerkstatt in einer Bank – Das Team einer Filiale gestaltet seine Arbeitsbedingungen selbst

Wir haben uns folgende Gedanken gemacht: Wie können wir auf der einen Seite den stationären Privatkundenvertrieb erfolgreicher machen und auf der anderen Seite gleichermaßen für die Vertriebsmitarbeiter attraktiver gestalten. Im Ergebnis haben wir das Projekt »Zukunftswerkstatt Privatkundenmarkt« gestartet, das in einer Regionaldirektion gegründet wurde.

Die inhaltlichen Themen wurden von einem cross-funktionalen Team erarbeitet, das aus dem Regionaldirektor, aus Mitarbeitern der Regionaldirektion aus verschiedenen Funktionsbereichen, aus dem Vertriebsmanagement, dem Personalrat sowie dem Personalbereich bestand. Der Personalbereich hat die Zukunftswerkstatt begleitet und moderiert. Grundsätzlich bestand die Freiheit darin, alles zu hinterfragen und neu zu gestalten. Natürlich gab es auch einige Rahmenparameter, die in dieser Zukunftswerkstatt nicht zur Disposition gestellt werden konnten, wie zum Beispiel die Produktpalette.

Zunächst wurden die Kernthemen auf den Prüfstand gestellt: Brauchen wir noch Ziele? Wenn ja, welches sind die richtigen Ziele – individuell oder auf Teamebene? Was heißt das wiederum für das Modell der Zusammenarbeit in der Regionaldirektion? Insgesamt musste auch das Vertrauen geschaffen werden, alles auf den Prüfstand stellen zu dürfen.

Die Mitarbeiter haben sich dann für Teamziele entschieden, mit lediglich drei Zielfeldern: Ertrag, Kundenzufriedenheit sowie Kundendurchdringung mit qualifizierten Gesprächen. Jeden Mittag gab es eine kurze zehnminütige Zusammenkunft am Whiteboard (vom Team als Erfolgsboard tituliert), bei der jeder seine Bewertung zur Entwicklung der vereinbarten Termine und einen Rückblick auf die Beiträge vom Vortag zu den Zielfeldern berichtete. Dies sorgte für eine große Transparenz und Unterstützung innerhalb des Teams.

Einmal wöchentlich wurden die Meetings auf eine Stunde ausgeweitet, sodass weitere Best-Practice-Ansätze ausgetauscht werden konnten und der Umsetzungsstatus der To-do-Liste abgeglichen werden konnte. Einmal im Monat wurde ein längeres Meeting genutzt, um allen Teammitgliedern eine persönliche Bewertung zu ermöglichen (»Wie bewerte ich die Zielerreichung des Gesamtteams?«, »Wie bewerte ich die Umsetzung der To-do-Liste?«) und bei Veränderungsbedarf entsprechende Vereinbarungen für die Zukunft zu treffen.
Für das Team war es zwingend notwendig, eigene Regeln für die Teamzusammenarbeit zu vereinbaren, wie zum Beispiel: »Was ist mir im Umgang mit meinen Kollegen wichtig?«, »Wie behandle ich meine Teammitglieder und wie möchte ich selbst behandelt werden?«, »Was kann ich persönlich zur Teamrunde beitragen?«
Es wurde unter anderem vereinbart, die Moderation der Teamrunde und des Erfolgsboards innerhalb des Teams von Runde zu Runde zu wechseln. Der »Lackmustest« war in der ersten Urlaubswoche des Regionaldirektors. Finden die Meetings auch ohne ihn statt? Lackmustest bestanden!
Am Ende des Projekts konnte sich das Ergebnis sehen lassen. Die Regionaldirektion avancierte in dem Jahr nach dem Projektstart von einer nicht so erfolgreichen Direktion zur erfolgreichsten. Im ersten Quartal der Umsetzung sah dies noch nicht unbedingt so aus, die Ergebnisse waren weiter abgesunken. Hier hieß es Ruhe bewahren und auf die Selbstbestimmung der Menschen zu bauen, was im Ergebnis auch belohnt wurde. Der Teamspirit ist enorm gewachsen und der Stolz auf das gemeinsam Erreichte ist groß. Die größte Herausforderung für die Führungskraft war, loszulassen und nicht alles zu regeln, zuzuhören und Fragen zu stellen.

Heiko: Auf meiner Prioritätenliste sind folgende Führungsaufgaben besonders relevant:

- Strategisches Portfoliomanagement
- Beseitigung von Hindernissen (Impediments) und Schaffung von Rahmenbedingungen
- Etablierung von skaliertem Lernen
- Kulturveränderung
- Inspiration und Motivation

Frank: Wenn man von der Frage ausgeht, was in der Agilen Praxis besonders relevant ist, kann man diese Liste so stehen lassen – auch wenn darin verschiedene Führungsebenen angesprochen sind. Schauen wir doch genauer auf das strategische Portfoliomanagement. Es definiert, welche strategischen Initiativen und Maßnahmen wann in der Organisation umgesetzt werden. Hier entscheidet das Top-Management, in manchen Unternehmen auch das Mittelmanagement, welche Projekte beispielsweise begonnen werden sollen und wie diese umgesetzt werden.

Heiko: In der Praxis hat sich falsches Portfoliomanagement als wesentliches Hemmnis Agilen Arbeitens herausgestellt. Der Knackpunkt liegt meist darin, dass die einzelnen Maßnahmen nicht wirklich aufeinander abgestimmt sind, vor allem werden sie nicht priorisiert. So kommt es oft vor, dass einzelne Manager Initiativen starten, die dann in der Organisation bearbeitet werden. Einzelentscheidungen führen aber dazu, dass zu viele Maßnahmen gestartet werden und das System sehr schnell überlastet ist.

Das strategische Portfoliomanagement ist ein entscheidender Erfolgsfaktor Agiler Organisationen und wird alleine vom Management verantwortet.

Frank: Limiti WiP beginnt bei der Art, wie die Arbeit in das System eingespielt wird. Damit Agile Organisationen funktionieren können, ist auch auf der strategischen Ebene ein Pull-Prinzip auf Basis eines priorisierten Backlogs zu etablieren.

Heiko: Was heißt das konkret?

Frank: Maßnahmen werden von den Entscheidern gemeinsam diskutiert und in einem eindeutigen Ranking aufgelistet.

Heiko: Also nicht 15 Prio A und 12 Prio B Projekte …

Frank: Eben nicht. Es geht um eine Rangliste von eins bis n. Also, die Rangliste wird gemeinsam und in relativ kurzen Zeitabschnitten aktualisiert und in ein strategisches Backlog überführt.

Heiko: Das heißt, je nach geschätztem Aufwand werden die Top-Projekte in das strategische Backlog überführt, aus dem die verantwortlichen Teams nach Priorität die Projekte »pullen«.

Frank: Genau. Die Teams entscheiden, was sie schaffen können, was am eigenen limit WiP hängt, und ziehen die Projekte nach vorhandener Kapazität.

Heiko: Das stelle ich mir schwierig vor, denn bisher war die Führung ja gewohnt, die tollen Ideen eher spontan in die Organisation zu spielen und dann erst in Lenkungsausschüssen wieder davon zu hören.

Frank: Stimmt und dort wurden sie dann von roten Ampeln überrascht oder noch schlimmer mit grünen Ampeln belogen. Faktisch passiert genau das, was wir ausführlich in Kapitel 2 diskutiert haben.

Heiko: Die Logik des strategischen Portfoliomanagements bringt das Problem also zum Verursacher zurück und zwingt ihn, sich mit der Führungsriege darüber zu einigen, was denn nun wirklich umgesetzt werden soll.

Frank: In der Praxis sind das sehr spannende Diskussionen. Ich erlebe den Prozess als extrem wertvoll, weil sich die Führungsriege einigen muss. Das setzt eine gute Kommunikation und gute Argumente voraus und nach meiner subjektiven Einschätzung führt das eher zu besseren Entscheidungen.

Heiko: Da könnte eine Moderation wichtig sein – zumindest in der Anfangsphase, wenn das Prinzip noch nicht verinnerlicht und diese Form der Zusammenarbeit noch nicht so etabliert ist.

Frank: Ja, das stimmt. Zu Beginn ist immer noch ein wenig Silodenken und Wettbewerb spürbar. Das gibt sich aber relativ schnell, denn am Ende sind alle deutlich erfolgreicher, und das Schöne an Top-Managern ist, dass ihnen allen Erfolg wichtig ist.

Case Study: Agile Transformation bei Bosch

»For Bosch agility is crucial, it allows us to adjust to the increasing speed of change around us. Agility allows us to remain in a position as an innovation leader.« Volkmar Denner, CEO of Bosch, Mai 2017

Diese Erkenntnis des CEO versuchte Bosch dadurch umzusetzen, dass eine duale (bimodale) Organisation etabliert wurde. Die Teile der Organisation, die Innovationen und wirklich neue Produkte erarbeiten sollten, würden agil werden, der Rest der Organisation arbeitet weiter wie bisher. Nach kurzer Zeit war klar: Dies funktioniert nicht.

Der nächste Schritt war die Entscheidung, die gesamte Organisation agil werden zu lassen. Die Transformation wurde allerdings falsch umgesetzt, mit einem klassischen Projektplan usw. Das Ergebnis: Nichts veränderte sich.

Jetzt entschied das Leadership-Team, selbst vollständig agil zu arbeiten und damit eine Transformation einzuleiten. Der CEO und die Direktoren bildeten ein Scrum-Team, mit allen Rollen, die in Scrum vorgesehen sind. Sie nutzten die üblichen Tools und waren im Unternehmen unterwegs, statt die Teams zu sich kommen zu lassen. Statusberichte wurden durch Zusammenarbeit und schnelle Feedbacks ersetzt. Auch die verbleibenden Executives formten Agile Teams aus fünf bis sechs Personen, jedes mit Product Owner und Scrum Master.

Ein spannender Effekt war, dass die auftretenden Impediments mit organisatorischen Gegebenheiten und übergreifenden Rahmenbedingungen zusammenhingen. Dies war vorher nicht klar und konnte nun bearbeitet werden.

Das Executive Team gab sich weiterhin 10 Prinzipien, nach denen das Unternehmen geführt werden sollte (vergl. Abbildung 47). Während manche dieser Prinzipien »erwartbar normal« sind, tauchten auch rein Agile Prinzipien wie »We create autonomy and remove any obstacles« auf. Diese Prinzipien und die veränderte Zusammenarbeit im Management strahlten auf die Organisation aus und führten zu schnellen Ergebnissen.

Abb. 47: Die Agilen Prinzipien des Bosch-Leadership-Teams; Quelle: Vortrag von Annie Howard auf Scrum@Scale, https://www.scrumatscale.com/wp-content/uploads/Annie-Howard-Bosch-Slides.pdf (abgerufen am 24.2.2019)

Die Transformation einer großen Organisation kann schwierig sein und bei einer Größe wie der von Bosch vielleicht sogar unmöglich erscheinen. Wenn sich jedoch das Top-Management zu Agilität bekennt und diese vorlebt, kann auch eine große, multinationale Organisation verändert werden.

»It's the leaders' responsibility to drive this change and it's continuous work; it's nothing you can delegate to a project or to a department -every leader has to do it.« Felix Hieronymi, Vice President Agile Transformation, Bosch

Der Vortrag von Annie Howard:

https://www.youtube.com/watch?v=jYpAVKgqFig
Transkript und Erläuterungen:
https://www.scrumatscale.com/project/bosch-embracing-agility/

Heiko: Dieses Beispiel zeigt erneut, wie wichtig die End-to-end-Logik ist, diesmal auf der Ebene der gesamten Organisation und im selbstorganisierten Führungsteam. Wenn dann noch darauf geachtet wird, dass ungefähre Schätzungen reichen und eine genaue Planung nicht sinnvoll ist, sind wir einen Schritt weiter. In der komplexen Wirtschaftswelt geht es schließlich darum, so früh wie möglich fertige Resultate zu liefern.

Frank: Dann hattest du als zweites Thema die Beseitigung von Hindernissen und das Schaffen von Rahmenbedingungen genannt. Das ist in der Praxis ein etwas kniffliges Thema. Prinzipiell sind ja die Teams selber dafür verantwortlich, die Hindernisse zu identifizieren und Lösungen zu finden. Oft können sie dies aber gar nicht, wenn die Lösung außerhalb des Teams und seiner Entscheidungsbefugnis liegt.

Das (Mittel-)Management räumt den Agilen Teams den Weg frei.

Heiko: Dann liegt es eben in der Verantwortung der Manager, unterstützend aktiv zu werden.

Frank: Stimmt, das setzt aber voraus, dass sie entsprechend informiert werden und sich selbst auch in dieser Rolle sehen. Das ist interessanterweise ein mühsamerer Prozess, als es klingt. Hier ringen mehrere Gruppen, nämlich die Führungskräfte, die Agile Master, Teams und oft auch nicht agil arbeitende Organisationseinheiten, um eine neue Rollenverteilung und um Lösungen, die nicht durchgängig gewünscht sind.

Heiko: Etwa dann, wenn etablierte Prozesse im Unternehmen oder externe Rahmenbedingungen im Widerspruch zu den Teamwünschen stehen. Das hatte ich einmal bei einem Kollegen, der als Personalleiter die Durchführung eines Hackathons untersagt hat, da sowohl das Arbeitsschutzgesetz als auch Betriebsvereinbarungen verletzt worden wären. Damit hat er sich in den Agilen Teams wenig Freunde gemacht.

Wichtig ist also, dass Führungskräfte bei der Gestaltung der Agilen Organisationsstrukturen darauf achten, die Abhängigkeiten der agil arbeitenden Teams zu minimieren und dort zu steuern, wo Abhängigkeiten nicht zu vermeiden sind.

Agilität resultiert auch aus der Minimierung von Schnittstellen und Abhängigkeiten. Diese reduzieren den Fluss.

Frank: Was uns zu einem Punkt führt, der noch immer zu wenig Beachtung erfährt: Wie werden die Teams definiert? Wenn ein Team die End-to-end-Verantwortung für eine Leistung übernehmen soll, sollten alle Gewerke, die dazu beitragen, auch im Team vertreten sein. Dann sind die Abhängigkeiten nach außen automatisch minimiert. Nun ist es in der Realität nicht immer sinnvoll, alle Funktionen im Team zu haben, weil die Arbeitsmengen sehr unterschiedlich verteilt sein können. Wenn dann einzelne Beiträge als Zuarbeit definiert werden, entstehen sofort wieder Abhängigkeiten nach außen – ein Balanceakt, der oft noch von Überlegungen zur Verfügbarkeit der einzelnen Mitarbeiter überlagert wird.

Heiko: Was eigentlich ein Rückfall in alte Arbeitsweisen ist, denn wenn wir konsequent nach Priorität und Pull-Prinzip arbeiten, gibt es diesen Konflikt nicht mehr. Dann zeigt uns die Diskussion doch eher, dass die Kompetenzverteilung nicht stimmt, dass also nicht genügend der relevanten Kompetenzen verfügbar sind oder Ungleichgewichte zwischen den benötigten Kompetenzfeldern bestehen.

Frank: So sehe ich das auch. Die nahe liegende und in vielen agilen Organisationen auch präferierte Antwort ist, dass die Mitarbeiter ihre Kompetenzen erweitern und sich gegenseitig unterstützen können.

Heiko: Das ist sinnvoll, solange die Produktivität nicht darunter leidet. Über die Zeit sollte dies aber einfacher werden, da die kollektiven Lernprozesse in und zwischen den Teams die Kompetenzbasis verbreitern. Ich bin da optimistisch.

Frank: Na, dann können wir uns ja um das skalierte Lernen kümmern. Dies ist mein Sorgenkind bei der ganzen Diskussion um Agilität, da es ein wesentlicher Erfolgsfaktor ist, aber gleichzeitig noch nicht so durchdacht und in sinnvolle Prozesse umgesetzt, dass wir zufrieden sein könnten. Das hatten wir bereits bei den Agilen Metriken gesehen.

> Agiles Arbeiten ist ein kontinuierlicher Lernprozess. Skaliertes Lernen erlaubt der Organisation, agiler zu werden.

Heiko: Vielleicht sollten wir das Thema wieder aufnehmen, wenn wir uns mit der Personalentwicklung in Agilen Organisationen beschäftigen. Dann werden wir uns hier nochmals mit dem Thema Kulturveränderung beschäftigen. Das Mantra des Agilen Mindsets durchwabert die Szene und in nahezu allen Diskussionen um Agilität – schon von Anfang an – wurde das Agile Mindset ja zum dominierenden Faktor erklärt. Teilst du diese Sichtweise?

Frank: Ehrlich gesagt bin ich hin- und hergerissen. Auf der einen Seite nerven mich viele der Diskussionsbeiträge, weil sie dogmatisch und nicht genug durchdacht sind, auf der anderen Seite ist das Agile Mindset ein zentraler Faktor.

Heiko: Wir sollten zuerst klären, was unter Agilem Mindset zu verstehen ist. Für mich ist es eine Grundhaltung, die sich entwickelt, wenn man die Wirkung von Agilität erlebt hat und für sich entschieden hat, dass dies ein wichtiger Teil des eigenen zukünftigen Arbeitens ist. Dazu gehören die Agilen Werte und Prinzipien und daraus resultiert ein Verhalten, dass dazu passt.

Frank: Ja genau, womit noch Inspiration und Motivation bleiben.

Heiko: Ein Dauerbrenner, zumindest im Personalbereich. Mich haben hierzu die bereits erwähnten Ergebnisse aus dem Google-Projekt Oxygen beeindruckt. »Psychological Safety« (vergl. Exkurs) ist hierbei der wichtigste Faktor für die Führungsleistung und die wichtigste Aufgabe der Führungskräfte. Mit dieser Erkenntnis verändert sich auch die Wahrnehmung von Führungsverhalten und davon, was gute und weniger gute Führungskräfte ausmacht.

FIVE KEY DYNAMICS

We learned that there are five key dynamics that set successful teams apart from other teams at Google:

1. Psychological safety: Can we take risks on this team without feeling insecure or embarrassed?
2. Dependability: Can we count on each other to do high quality work on time?
3. Structure & clarity: Are goals, roles, and execution plans on our team clear?
4. Meaning of work: Are we working on something that is personally important for each of us?
5. Impact of work: Do we fundamentally believe that the work we're doing matters?«

Quelle: https://rework.withgoogle.com/blog/five-keys-to-a-successful-google-team/

Frank: Und in komplexen Kontexten und agil arbeitenden Organisationen ist gefühlte Sicherheit besonders wichtig, da die Unsicherheit in der komplexen Welt massiv steigt. Es fehlt an Orientierung und an der »Gewissheit« darüber, wie sich die Dinge entwickeln werden. Viele Menschen haben genau deswegen echte Probleme mit der VUCA-Welt.

Heiko: Und genau an dieser Stelle können erfahrene, integre Persönlichkeiten in einer Führungsfunktion sehr positiv wirken. Ihr Verhalten kann der zentrale Anker für das Zusammengehörigkeitsgefühl und die soziale Sicherheit sein, die Menschen brauchen.

Frank: Inspiration und Integrität sind übrigens zwei der Kernkompetenzen, die Zenger und Folkman im Modell »Extraordinary Leadership« als besonders relevant und leider am wenigsten verbreitet identifiziert haben. Dazu habe ich ein paar Gedanken aufgeschrieben, die ich den Lesern auf den Arbeitshilfen online zum Download zur Verfügung stelle. Das könnte spannend sein.

Heiko: Tja, dann ist zum Thema Führung in Agilen Organisationen inzwischen schon einiges gesagt. Wollen wir uns nun unserem eigenen Fachgebiet zuwenden? Eigentlich wollten wir ja über Agiles Personalmanagement sprechen.

Case Study: Automotive

Gastbeitrag von Irmgard Barth

Situation: In einem Unternehmen der Automotive-Branche wurde beschlossen, einen zukunftsrelevanten Bereich (IT) komplett agil aufzustellen. Dies war eine Entscheidung des Top-Managements und Berater sollten diesen Prozess begleiten und effizient gestalten helfen. Zu Beginn der Zusammenarbeit waren bereits etliche Agile Initiativen umgesetzt, vor allem wurde die Nutzung Agiler Methoden (Scrum) qualifiziert und im Alltag begonnen. Der eigentliche Auslöser, Berater hinzuzuziehen, lag nun darin, dass die ersten Fortschritte nicht bis zu den gewünschten Ergebnissen vorangetrieben werden konnten. Es trat Frust und Stillstand ein.

Wir fanden Manager vor, die extrem erfolgsgetriggert waren – Erfolg stand über allem und alle waren erfolgsverwöhnt. Da der Chef gesagt hatte, dass ab sofort agil gearbeitet wird, arbeiteten alle agil. Zumindest offiziell, denn nach den ersten Schnellqualifizierungen hatte eigentlich niemand wirklich verstanden, was Agiles Arbeiten bedeutet, und die Transition war nur zu einem geringen Prozentsatz erfolgt. Gut, dafür waren ja nun die Berater im Haus.

Die Gesamtgruppe der Manager nahmen wir grob als dreigeteilt wahr:

- Ein Drittel der Manager kannte die Agilen Methoden dem Namen nach und zählte die eingesetzten Methoden auch immer wieder einmal auf. Verstanden hatten sie jedoch nichts und sie arbeiteten weiter wie bisher – nur unter neuem Label.
- Ein Drittel der Manager versuchte auf der Basis von wenig Wissen, Agilität zu leben, und war ehrlich bemüht, das Thema zu nutzen. Durch die geringe Erfahrung fehlte es jedoch an der Erkenntnis, welche Tragweite Agilität hat,

und entsprechend wurde es nur mit angezogener Handbremse umgesetzt. Dies fiel beispielsweise beim Thema Skalierung auf: Offensichtlich war nicht einmal das eingesetzte Framework verstanden und am Ende kamen nur isolierte, nicht vernetzte Kleinaktivitäten heraus.
- Ein Drittel der Manager versuchte ernsthaft, »Agilität« für sich und die Teams zu erschließen, und lernte kontinuierlich dazu. Allerdings war zu beobachten, dass der große Effizienzhebel der Agilen Arbeit nur sehr beschränkt genutzt werden konnte, da man an vielen Stellen noch im Experimentierstadium verharrte.

Durch die erste Zusammenarbeit wurde allen Betroffenen klar, dass Agilität einen signifikanten Eingriff in alle Tätigkeitsfelder bedeutet und bei konsequenter Anwendung vielfältige Veränderungen nach sich zieht. Schnell entstand eine erkennbare Demut vor der Größe der Aufgabe, insbesondere aus der Erkenntnis heraus, dass ihnen das ganze Thema bald um die Ohren geflogen wäre. Wirklich ernüchtert waren viele, als ihnen klar wurde, dass sie dies eigentlich schon erkannt und trotzdem einfach weitergemacht hatten.

Wir haben Agilität dann auch als »Diagnosemaschine« eingesetzt und über häufige und konsequente Retrospektiven Transparenz im Hinblick auf Situation, Fortschritte und Hemmnisse geschaffen. So entstand schnell eine positivere Stimmung, die geprägt war durch:
- Okay, ist alles nicht einfach.
- Okay, ist halt viel Arbeit.
- Okay, das ist sinnvoll und aus der Nummer kommen wir jetzt auch nicht mehr heraus.

Die Führungskräfte brauchten unbedingt Kennzahlen, die ihnen und den Teams aufzeigten, wie es um die organisationale Effizienz stand und wie die Fortschritte messbar wurden. So konnte mehr Geschwindigkeit in der Transition erreicht werden, da eine bessere Grundlage für gemeinsame Entscheidungen und Maßnahmen bestand. Gemeinsam haben wir uns auf KPI konzentriert, die zeigen, wie es um die Flow Efficiency steht. Dazu wurden unter anderem die Abbruchrate und die Ausfallraten bestimmt. So wurden auch die Warteschlangen sichtbar und steuerbar, die vorher im Verborgenen existierten und die eigentliche Ineffizienz des alten Systems ausmachten. Diese konnte das alte Controlling einfach nicht zeigen und so waren sie auch nicht steuerbar.

Weiterhin haben wir eine »Laborlogik« eingesetzt, d. h., es wurden einzelne Faktoren identifiziert, an denen gearbeitet werden sollte. Diese wurden dann sehr bewusst verändert und auf Basis der Erkenntnisse (Retros) entwickelte sich langsam ein besseres Gefühl dafür, wie sich Agiles Arbeiten auf diese Faktoren und am Ende auf die Gesamteffizienz des Systems auswirkt. So wurde nach und nach eine neue Normalität erarbeitet und heute funktioniert die Agilität sehr gut. Die Effizienz des Bereichs ist signifikant gestiegen.

Was können andere Unternehmen aus diesem Fall lernen? Vor allem ist uns ein Punkt wichtig, den wir eigentlich regelmäßig beobachten. Agilität wird aus welchem Grund auch immer offiziell eingeführt, es wird dabei aber nur die Anwendung von Methoden geschult. Dann sind die Teams sich selbst überlassen und sollen daraus etwas machen. Zunächst stellen sich Anfangserfolge ein, die dann aber schnell in eine Phase der Stagnation übergehen. Die Ursachen sind vor allem eine zu geringe Qualifikation und eine fehlende Durchdringung dessen, was Agilität wirklich bedeutet und wie viel Arbeit dahintersteckt. Es bleibt quasi bei Schaufensterpolitik: ein hübsches Schaufenster, das aber nicht wirklich erfolgssteigernd ist. Es liegt in der menschlichen Natur, Neues nur soweit zu nutzen, wie es nötig ist, und relativ früh wieder in alte Muster und Bequemlichkeiten zurückzufallen. Außerdem werden wichtige organisatorische Veränderungen nicht vorgenommen, meist weil nicht klar ist, wie wichtig ein Agiles Organisationsdesign ist, oder weil die Organisationsveränderung viel harte Arbeit ist. Da ist es zu verlockend, nur eine Methode einzuführen und alles andere zu belassen. Wenn dann das Scheitern diagnostiziert wird, können alle sagen: Wir haben es ja versucht, aber … (hier hört man dann eine der üblichen Litaneien).

Unser Rat ist: Nehmt Agilität ernst, qualifiziert eine kleine Gruppe von Mitarbeitern wirklich intensiv und erschließt euch Agilität über eine Abfolge aus Prototypen und Pilotprojekten. Mit den Erfahrungen dieser ersten Schritte kann dann eine größere Gruppe Mitarbeiter qualifiziert werden (bitte ernsthaft, nicht nur Zwei-Tage-Schnellschulungen) und es können größere Agile Maßnahmen in Angriff genommen werden. Neben der soliden Qualifizierung ist die Organisationsentwicklung ein wesentlicher Punkt. Hier sind die eigentlichen Veränderungen zu sehen und vor allem haben hier die Führungskräfte eine zentrale Rolle. Sie sollten deshalb entsprechend in die Pflicht genommen und gut vorbereitet werden.

Dann noch ein Punkt, der uns häufig auffällt: In der Agilen Literatur und Community wird immer wieder behauptet, dass Agile Organisationseinheiten nicht in die »klassische« Organisation eingebettet sein können, sondern in eine eigene Netzwerkorganisation ausgelagert werden müssen – und dies möglichst weit vom Mutterschiff entfernt. Aus dieser Logik entstanden beispielsweise die vielen Inkubatoren in Berlin. Wir halten dies für Quatsch und sogar für gefährlich. Ja, eine ausgelagerte Einheit kann sehr viel schneller Neues entwickeln und Neues ausprobieren. Aber: Der Sinn einer Agilen Organisationseinheit besteht darin, das Geschäft effizienter und kundenorientierter zu gestalten. Früher oder später steht somit die Entscheidung an, aus dem Agilen Spielkram im Inkubator ein eigenes Unternehmen zu machen oder die Ergebnisse in das Mutterhaus zu holen. Die zweite Option funktioniert fast nie! Wir plädieren dafür, die innovativen und agilen Organisationseinheiten nah an der Kernorganisation zu halten, damit sie sichtbar werden und Zugehörigkeit erhalten. Einerseits sind dann die Ergebnisse leichter zu integrieren und andererseits zeigt vor allem die Zusammenarbeit der

agilen und klassischen Organisationseinheiten, wo Veränderungen in der Organisation und im Mindset nötig sind. Die Vorstellung davon, wie wir zukünftig arbeiten wollen und werden, ist in gewisser Weise ein Verhandlungsprozess, und der dazu nötige Austausch muss möglich sein.
Gastbeitrag von Irmgard Barth, Geschäftsführerin P2Team und Mitglied im AgileSixPack

5 Agiles Personalmanagement

Summary:
Das Personalmanagement ist einer der Bereiche in einer Organisation, der eine besonders große Rolle für das Gelingen von Agilität spielt. Kerneigenschaften von Agilität, wie das kontinuierliche Lernen und das Zusammenspiel der Agilen Teams, können positiv beeinflusst werden. Gleichzeitig besteht das Risiko, dass das Personalmanagement durch ungeeignete HR-Prozesse und veraltete Denkweisen zu einem Hemmnis wird. Anhand eines Referenzmodells zeigt sich, dass manche Bereiche des Personalmanagements, etwa das Recruiting und die Vergütung, nur wenig von Agilität betroffen sind, während andere Bereiche, wie das Performance Management und die Personalentwicklung, einen grundlegenden Umbau erfahren müssen. Zudem wird sich auch die Agile Personalabteilung deutlich verändern.

Heiko: In den vier bisherigen Kapiteln haben wir immer wieder gesehen, dass Agilität und die Personalarbeit Hand in Hand gehen sollten. Nach der bisherigen Diskussion kann man mit gutem Gewissen feststellen: Ohne ein Agiles Personalmanagement wird es kein Agiles Unternehmen geben. Die Komplexität des Themas Agilität macht es aber nicht einfach, herauszuarbeiten, wie ein professionelles Personalmanagement in agilen und bimodalen Unternehmen aussieht.

Frank: Wenn der Anteil des Unbekannten in den Unternehmen immer mehr steigt, verschieben sich etliche Grundannahmen und Ziele des Personalmanagements. Hier nur vier Beispiele:

- Recruiting: Statt einen Kandidaten zu suchen, der möglichst genau auf eine Stelle passt, suchen wir Kandidaten, die gut mit Veränderungen umgehen können und wertvolle Beiträge im Team leisten.
- Personalentwicklung: Statt Trainings für vordefinierte Anforderungs- oder Stellenprofile anzubieten, wird die Fähigkeit, selbst zu lernen, in den Vordergrund gerückt. Soziale Kompetenzen werden wichtiger, Fach- und Methodenkenntnisse (relativ!) weniger wichtig.
- Lohn und Gehalt: Statt individueller Boni für das Erreichen vordefinierter Ziele werden andere Mechanismen der Entlohnung benötigt.
- Mitbestimmung und andere Rahmenbedingungen: Hinter der Frage, wie sich diese Bereiche entwickeln, steht ein großes Fragezeichen, da bestehende Rahmenbedingungen aus der Denkweise der Industrialisierung stammen und die Logik Agilen Arbeitens nicht unterstützen oder gar konterkarieren.

Heiko: Das sind Beispiele, die sofort eingängig sind und gleichzeitig zeigen, wie breit gefächert die Herausforderungen für HR sind. Spannend fände ich zu sehen, was einzelne Unternehmen genau machen, wenn sie ihr Personalmanagement agil-tauglich gestalten.

Frank: Da erinnere ich mich an ein wunderbares Beispiel von der Konferenz Tools4AgileTeams (Günther 2016). Albrecht Günther, Geschäftsführer der Mayflower GmbH (mittelständisches IT-Unternehmen, das vollständig agil sein will) hat über Maßnahmen und Erkenntnisse berichtet, die für Personaler besonders relevant sind:

- Abmahnungen werden nicht mehr ausgesprochen. Alle Dinge werden im Team geregelt.
- Kennzahlen wurden drastisch reduziert und vereinfacht. Die Erkenntnis war: Am Ende wird das Team immer gegen die Kennzahlen spielen.
- Managementrunden wurden abgeschafft. Management findet vor Ort statt.
- Silos sind heute Agile Silos, die Teams optimieren sich selbst.
- Mitarbeitergespräche wurden durch informelle 1:1-Gespräche ersetzt, das bestehende System der Mitarbeitergespräche wurde abgeschafft.
- Stellenbeschreibungen und Kompetenzprofile wurden abgeschafft und die Entwicklung sowie der Einsatz der Mitarbeiter wurden stark individualisiert.
- Urlaube werden nicht mehr zentral gesteuert, das klären die Teams untereinander.
- Zielvereinbarungen wurden als erstes abgeschafft und sie werden nicht mehr vermisst.

Eine Aussage im Vortrag gefällt mir außerdem besonders gut, weil sie das Agile Mindset schön widerspiegelt: Lange Arbeitszeiten sind ein Indiz dafür, dass im Projekt etwas nicht funktioniert!

Heiko: Eine Aussage, bei der viele klassisch erzogene Personaler und Führungskräfte eher zusammenzucken werden. Aber die Beispiele zeugen auch davon, dass die heiligen Kühe des Personalmanagements in der Agilen Welt gefährlich leben und alle Bereiche des Personalmanagements von der Agilisierung betroffen sein können. Jetzt ist die Mayflower GmbH ja eines der Unternehmen, das für die Agile Bewegung typisch ist: klein genug, sodass jeder jeden kennt, eine relativ homogene und gut qualifizierte Belegschaft, nicht mitbestimmt und am Ende relativ leicht veränderbar. Von der Mehrheit der Unternehmen unterscheidet sich das deutlich. Daher frage ich mich, womit eine Personalabteilung eines produzierenden Mittelständlers rechnen muss, wenn Agilität auf der Agenda steht.

Frank: Auch dafür habe ich ein Beispiel (vergl. den Exkurs unten). Es passt zu deiner Frage, weil es sich um ein mittelständisches Unternehmen im Bereich Anlagenbau handelt. Dort wurde Agilität relativ typisch »eingeführt«. Während der größte Teil der Organisation ganz klassisch arbeitete, hatte die IT-Abteilung, die immerhin auch schon über 20 Mitarbeiter hat, angefangen, mit Agilität zu experimentieren – wie so oft beginnend mit Scrum. Daraus wurde schnell ein individuell gestaltetes Derivat, weil der Einsatz von Scrum nicht wirklich funktioniert hatte. Im Sinn der End-to-end-Verantwortung wurden die Projektteams schnell um Mitarbeiter aus anderen Funktionsbereichen ergänzt, sodass auch diese mit Agilem Arbeiten in Kontakt kamen. Irgendwann merkte dann auch die Personalabteilung, dass etwas im Busch ist und befasste sich mit dem Thema.

Heiko: Das klingt wirklich typisch, eine solche Geschichte habe ich schon von mehreren Unternehmen gehört. Dabei fällt mir immer wieder auf, dass dieser Ablauf einen sehr unangenehmen Nebeneffekt hat: Dadurch, dass die Agilen Vorreiter nach dem Arbeitsmuster Probe – Sense – Respond vorgehen, neigen sie dazu, bei Schwierigkeiten einfach eigene Lösungen zu entwickeln. Das Motto ist eher: »Jugend forscht.« Meist wird zudem die Personalabteilung nicht eingebunden, selbst wenn es um ureigenste HR-Themen geht. Dabei werden dann einige Fehler gemacht, die den HR-Profis nicht unterlaufen würden. Ganz nach dem Motto des Urvaters der Agilität:

Wer das erste Knopfloch verfehlt kommt mit dem Zuknöpfen nicht zu Rande.
Johann Wolfgang von Goethe

EIN MODERNES PERSONALMANAGEMENT FÜR EINEN BIMODALEN MITTELSTÄNDLER

Das Beispielunternehmen ist ein Mittelständler und gehört zur Branche der Metallverarbeitung. Es besitzt sowohl eine Produktion als auch einen Servicebereich (Beratung, Ingenieurdienstleistungen, Technischer Service). Rund 1500 Mitarbeiter sind für die globalen Kunden tätig.
Die Personalabteilung sah den Nutzen der Einführung Agiler Methoden darin, den aktuellen Status des eigenen Steuerungssystems zu erfassen – gewissermaßen eine »Inventur« zu machen. Boni, Zielvereinbarungen, Kostenstellen, Budgets usw. sind im Unternehmen jahrelang nicht hinterfragt worden, entwickelten ein gewisses Eigenleben und wurden teilweise zum Selbstzweck. Ein Abschaffen oder Verschlanken bestehender Systeme kann der Organisation mehr Luft zum Atmen geben und eine günstigere Ausgangsbasis für agil motivierte Veränderungen schaffen.
Beispiel 1:
In der tayloristischen Welt ist eine vollständige Auslastung aller Ressourcen – der Logik der Effizienz folgend – ein Vorteil. Bereits das »klassische« Projektmanagement wie CCPM (Critical-Chain-Projektmanagement) und nun auch die Agilität zeigen, dass dies zumindest für komplexe Systeme falsch ist. Ressourcen müssen in Unterlast gefahren werden, um nachhaltig produktiv zu sein und auf Unvorhergesehenes reagieren zu können.

Beispiel 2:
Der Sprint als Entwicklungsmethode ist nur sinnvoll, wenn auch zügig umgesetzt wird und schnell brauchbare Ergebnisse verprobbar sind. Langatmige Verwaltungsprozesse (Einkauf, Lieferverträge etc.) hemmen nur. Der Fokus muss darauf liegen, kontinuierliche Flüsse zu ermöglichen.
Die Personaler fragten sich: Welche Instrumente müssen im Personalmanagement ins Visier genommen werden? Sie listeten auf, was sie aus Gesprächen mit den bereits agil arbeitenden Kollegen erfahren hatten und kamen bereits im ersten Anlauf zu einer beeindruckenden Liste:

- Zielvereinbarungsgespräch: Die übliche Jahresbasis für Mitarbeitergespräche ist in der Agilen Welt nicht mehr sinnvoll. Weiterhin fehlt dem disziplinarisch Vorgesetzten zunehmend die Beurteilungsmöglichkeit.
- Individuelle Bonuszahlung: Die Grundlogik des individuellen Bonus widerspricht dem Ziel der Kooperation und gegenseitigen Unterstützung.
- Personalentwicklung: Sie muss stärker individualisiert werden, wenn Teammitglieder unterschiedliche Kompetenzen einbringen und sich unterschiedlich weiterentwickeln wollen und sollen.
- Wissensmanagement: Die Grundfrage »Wie lernen wir im Unternehmen?« wird zunehmend relevant, weil die Teams in der Agilen Arbeitsweise viel neues Wissen generieren, das zunächst aber nur auf diese Teams beschränkt bleibt. Die Erkenntnisse in den Teams müssen dokumentiert, ausgewertet und weiterentwickelt werden, damit das neue Wissen auch genutzt werden kann.
- Aufbauorganisation: Es ist zu prüfen, ob die Zuordnung von Mitarbeitern in Abteilungen auch zukünftig sinnvoll ist. Je agiler gearbeitet wird, desto eher sind fachliche und rollenorientierte Pools (wie zum Beispiel bei Spotify) sinnvoll.
- Einbindung von Freiberuflern: Bisher wurden Freiberufler vor allem durch die Fachabteilungen beauftragt. Wegen der Regularien (Scheinselbstständigkeit etc.) und auch, weil es absehbar ist, dass Freiberufler stärker in Personalentwicklungsprozesse eingebunden werden müssen, wird eine Verlagerung der Verantwortung zur Personalabteilung sinnvoller.
- IT für die HR-Arbeit: Die aktuelle IT ist darauf angelegt, den Führungskräften die Führungsrolle leichter zu machen. Die Zusammenarbeit der Mitarbeiter untereinander ist meist gar nicht und die Idee des Self-Service nur bedingt vorgesehen.
- Leistungsbeurteilung: Sie wird auf ein Peer-Review-Modell umgestellt. Insgesamt wird eine 360°-Feedbackkultur angestrebt, d. h., jeder kann zu jeder Zeit ein Feedback abfordern.
- Karrieremodelle: Was bedeutet Karriere in einem Agilen Umfeld überhaupt? Woran machen wir Karriere fest?

Alle bisherigen Diskussionen über die Nutzung Agiler Methoden und die aus dieser Nutzung resultierenden Konsequenzen ergaben Klärungsbedarf, denn ein Fazit der Beteiligten war: Agil und agil sind nicht dasselbe. Die Fachbereiche bezogen sich auf Agile Methoden beim Abarbeiten der Aufgaben, die Personaler verstanden darunter zunächst – genau wie die Geschäftsführung – die Fähigkeit des Unternehmens, Risiken und Chancen in der Unternehmensumgebung schnell zu erkennen und darauf flexibel zu reagieren. Zunächst sind also ein gemeinsames Verständnis und ein gemeinsames Zielbild zu definieren.

Es hat sich weiterhin gezeigt, dass viele Themen im Personalmanagement miteinander verwoben sind und jede Veränderung Implikationen an unterschiedlichen Stellen nach sich zieht. Erschwerend kommt hinzu, dass Agiles Arbeiten unter anderem auf Geschwindigkeit ausgerichtet ist und die Personalabteilung hier einen großen Spagat vollziehen muss. Einerseits kann die Anwendung Agiler Prinzipien ein Erarbeiten neuer Personalsysteme und -instrumente deutlich beschleunigen, auf der anderen Seite stehen Prozesse, die sehr langwierig sind und die Agile Transformation aufhalten werden. Hierzu gehören vor allem die Themen, die der Mitbestimmung und den gesetzlichen Rahmenbedingungen unterliegen.

Für das eigene Personalmanagement stellten die Personaler mehrere Arbeitsthesen auf, an denen sich die weitere Arbeit an der Agilen Transformation orientieren soll:

1. Ausgangspunkt einer Agilen Transformation ist eine »Inventur« dessen, was ein Personalmanagement aktuell umfasst. Die verschiedenen HR-Systeme und -prozesse sind ebenso zu erfassen wie die gelebte Realität (HR-Agility-Check, VZU-Matrix usw.). Erst dann kann bestimmt werden, welche Themen in welcher Form und Reihenfolge anzugehen sind.
2. Grundlage der Agilen Transformation des Personalmanagements ist die Anwendung Agiler Prinzipien. Experiment und Simulation sind wesentliche (in HR bisher wenig gebräuchliche) Vorgehensweisen, um neue Wege zu finden, zu testen und weiterzuentwickeln.
3. Der erste Schritt auf dem Weg zu einer Agilen Organisation ist die Erkenntnis, dass es vor allem um eine Sicht- und Denkweise geht – und somit um die Kultur und die Werte, die in einer Organisation vorherrschen. Methoden, Prozesse und Instrumente sind erst nachgelagert relevant.
4. Komplexe Systeme können nicht gesteuert werden! Der einzige Regelungshebel ist Feedback! Ein regelmäßiger Austausch zwischen allen Beteiligten kann zu Verhaltensänderungen führen. Schnelle Systeme lassen sich zudem sehr viel schwieriger steuern. Iteratives und experimentelles Vorgehen sind daher erfolgsentscheidend, wenn Lösungen für komplexe Fragestellungen gefunden werden sollen.

5. Der Erfolg einer Agilen Transformation hängt von mehreren Faktoren ab:
   - Analysefähigkeit: Kontext und bestehende Möglichkeiten.
   - Loslassen: Macht, Prozesse ... die Devise lautet weglassen oder verändern, was nicht mehr passt.
   - Toleranz: Es sollen verschiedene Ansätze und Wege zugelassen werden, ggf. auch parallel.
   - Durchhalten: Es werden mehr scheinbare Probleme und Fehler auftauchen, etwa in der Mitbestimmung.
   - Ausprobieren: Das bedeutet, weg vom vollständigen Plan, hin zu Prototypen und Experimenten.
   - Lernen, lernen, lernen!

   Die Personalabteilung muss ihre zukünftige Rolle definieren. Je nachdem, wohin sich das Unternehmen entwickeln will, und je nach gegebenem Kontext besteht für eine Personalabteilung eine große gestalterische Bandbreite: Soll sie administrative Arbeiten erledigen, sich als Treiber der Agilen Transformation etablieren oder ganz abgeschafft werden? Die Zukunft wird es zeigen – und zwar Agil!

Frank: Da muss ich dir leider Recht geben, daher ist das Beispiel aus meiner Sicht auch so passend. Hier hat die HR-Abteilung relativ vorbildhaft agiert, indem sie einerseits eine Bestandsaufnahme der eigenen Systeme und Prozesse erstellte und andererseits parallel zwei Mitarbeiter in HR agil qualifiziert wurden. Dann kam die Stunde der Wahrheit, nämlich die Analyse, wie die HR-Systeme und -Prozesse von Agilität betroffen sind und was die Agilen Kollegen in den Fachbereichen schon in Eigenregie entwickelt hatten. So wurde der »historisch gewachsene« Flickenteppich aus klassischen und Agilen HR-Themen sichtbar. Kurz gesagt: Alle Bereiche der Personalarbeit waren betroffen. Seit zwei Jahren sind die Kollegen nun dabei, Schritt für Schritt die Personalarbeit umzubauen. Dies übrigens agil, d. h. gemäß dem Pull-Prinzip, nach Priorität (Kundennutzen), unter Verwendung von Kanban und eingebunden in einen permanenten Lern- und Verbesserungsprozess.

Heiko: Ich fasse zusammen: Die HR-Kollegen haben eine Bestandsaufnahme des Personalmanagements vorgenommen, dann alle Bereiche danach untersucht, inwieweit sie von Agilität betroffen sind, und schließlich einen iterativ konzipierten Arbeitsplan für die Modernisierung von HR erstellt. Es wurde also ein Agiles Portfoliomanagement für HR etabliert. Die Grundprinzipien des Agilen Arbeitens lassen sich also auch in HR gut nutzen. Ich glaube, in ähnlicher Abfolge sollten wir auch unser Gespräch weiterführen, damit wir den Überblick behalten. Wir benötigen also zunächst eine Struktur, um einem ordnenden roten Faden folgen zu können.

Frank: Dann sollten wir ein bestehendes HR-Modell nutzen. Mein Vorschlag ist, dass wir von dem ausgehen, was viele Personalkollegen bereits im Einsatz haben, und daraus eine »HR-Business-Agility« ableiten. Wie wäre es mit dem HR-Referenzmodell der Deutschen Gesellschaft für Personalführung (DGFP 2011a)? Es dürfte zu den am weitesten verbreiteten HR-Modellen gehören. Lass uns für unsere Diskussion einfach annehmen, die Personalabteilung eines Unternehmens würde sich an diesem Modell orientieren und nun überlegen, was die bereits laufenden Anstrengungen zur Nutzung Agilen Arbeitens im Unternehmen für die eigene Aufgabe bedeuten.

Heiko: Warum nicht, das klingt nach einem guten Orientierungsrahmen. Dann wäre doch der erste Schritt, uns über die drei Hauptbereiche zu unterhalten:

1. Übergeordnete Gestaltungsfelder, d. h. das strategische Personalmanagement,
2. Lebenszyklusorientierte Gestaltungsfelder, d. h. die operative Personalarbeit,
3. Führungs- und Selbstkompetenz.

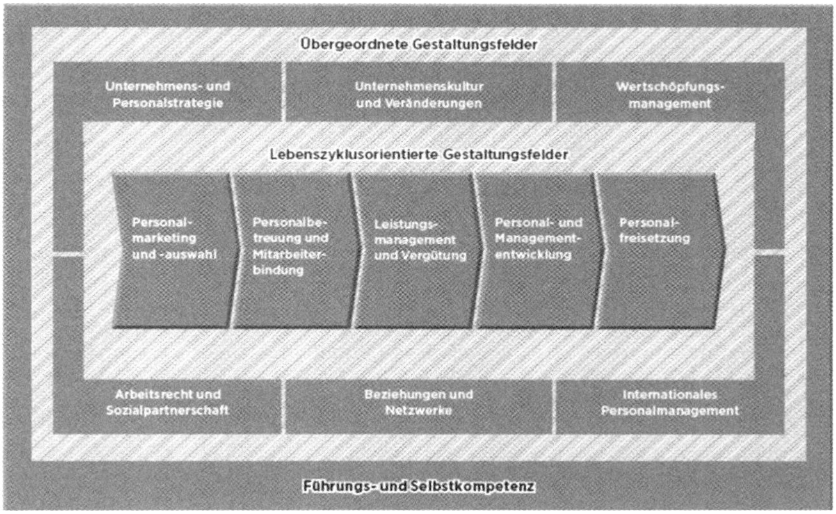

Abb. 48: Referenzmodell der Deutschen Gesellschaft für Personalführung (DGFP 2011a)

Heiko: Lass uns doch so vorgehen, wie wir mit dem Thema Agilität selbst begonnen haben. Auch dort sind wir von der Wirtschaft und dem Markt ausgegangen, d. h. davon, was die DGFP als übergeordnete Gestaltungsfelder bezeichnet. Dies sind im Detail:

- Unternehmens- und Personalstrategie
- Unternehmenskultur und Veränderung
- Wertschöpfungsmanagement
- Arbeitsrecht und Sozialpartnerschaft
- Beziehungen und Netzwerke
- Internationales Personalmanagement

Frank: Ich würde gerne auf den Teil Internationales Personalmanagement verzichten. Das wäre zu speziell. Das Thema Kultur und Veränderung wiederum halte ich für so wichtig, dass wir ihm ein eigenes Kapitel widmen sollten. Hier reden wir schließlich über die Agile Transformation.

Heiko: Dem stimme ich zu, das wird ein spannendes Abschlusskapitel. Aber nun zurück auf Los. Startpunkt aller Überlegungen zu einem Agilen Personalmanagement muss wohl die Unternehmensstrategie sein.

5.1 Unternehmens- und Personalstrategie – Strategisches Personalmanagement

Frank: Wenn Agilität Teil der Unternehmensstrategie wird, muss sie auch Eingang in die Personalstrategie finden. Laut DGFP gehören zu diesem Bereich die Integration des Personalmanagements in die Unternehmensstrategie und die Ableitung und Umsetzung der Personalstrategie. Was soll das jetzt konkret bedeuten?

Heiko: Wenn wir unsere Überlegungen aus den Kapiteln 1 und 2 wieder aufnehmen, können wir folgende Veränderungen der Unternehmensstrategie annehmen:

1. Erweiterung der organisationalen Fähigkeit, auch komplexe Themen professionell bearbeiten zu können. Daraus resultiert der Aufbau einer bimodalen Organisation.
2. Intensive Zusammenarbeit mit den Kunden. Hierzu sind die Beziehungen zu Freelancern und anderen Stakeholdern, die zu Punkt 1 beitragen können, zu intensivieren.
3. Beschleunigung der Wertschöpfungsprozesse durch den Einsatz Agiler Arbeitsmethoden und das Schaffen Agiler Strukturen.

Für HR leiten sich hieraus die Fragen ab, welche Faktoren die zukünftige Leistungsfähigkeit der Organisation beeinflussen, wie sich Arbeitsabläufe verändern, welche Profile erfolgskritisch sind und wie sich Kompetenzen und Fähigkeiten verändern müssen.

Frank: Wenn ich mir als Personalleiter vorstelle, wie viele und teilweise auch radikale Veränderungen diese drei Punkte nach sich ziehen, ist meine erste Frage: Haben wir eigentlich ausreichend qualifizierte Beschäftigte? Ausreichend im Sinne von Anzahl und Qualifikation. Ich muss mir also ansehen, wie mein aktueller Talentpool aussieht, welche Stellenveränderungen und -wechsel anstehen werden und wie die zukünftige Kompetenzmatrix aussehen wird.

Heiko: Da wir beide ahnen, dass die Ergebnisse dieser Analyse in vielen Unternehmen kritisch ausfallen werden, ist ein solider externer Talentpool umso wichtiger. Neben der Pipeline für zukünftige Angestellte werden Freelancer wichtiger, aber auch Kooperationen. So wie die Unternehmen immer öfter Hubs, Inkubatoren usw. (aus)gründen und Joint Ventures mit anderen Unternehmen eingehen, wird auch HR überlegen, welche Kooperationen helfen können, um die anstehenden Herausforderungen in der strategischen Personalplanung zu bewältigen.

Frank: Dazu kommen wir gleich noch einmal, wenn wir über Beziehungen und Netzwerke sprechen.

Heiko: Also zurück zur Ebene Strategie: Wenn ein Unternehmen zunehmend agil wird, wird sich auch der Prozess der Strategiedefinition verändern. Oft wird eine Art Kaskadenmodell der Strategieentwicklung eingesetzt, in dem top-down eine Strategie definiert und operationalisierbar gemacht wird. Das funktioniert in Agilen Organisationen nicht mehr und mit dem Beispiel der Objectives and Key Results (OKR, vergl. Kapitel 4) haben wir ja diesen Punkt bereits diskutiert. Ich glaube, dass HR hier zügig entscheiden muss, wie die eigene Rolle in einem solchen Prozess aussehen soll.

Frank: Dabei gehen wir am besten genau den Weg, den auch das Unternehmen als Ganzes und die anderen Organisationsbereiche gehen werden. Im Rahmen der Agilen Strategieentwicklung würde ich folgende Überlegungen anstellen: Nachhaltiger Erfolg resultiert aus dem Kundennutzen. Unsere Strategie bezieht sich auf den Weg, wie wir welchen Kunden welche Lösungen zur Verfügung stellen. Dazu muss das HR-Management folgende Punkte zusammenführen:

- Vision/Purpose/anderes Buzzword für: »Wofür stehen wir?«
- Kundenrückmeldungen (mit Kunden meinen wir Führungskräfte, aber auch Agile Teams!) zu Kundennutzen/-problemen etc. Die Frage lautet: »Wo steht HR im Unternehmen?«
- Mittelmanagement-Rückmeldungen zur organisatorischen Leistung: »Welche Prozesse müssen wir liefern?«
- Innovationsideen aus der Belegschaft und von außen: »Was wollen wir uns erschließen?«

Dazu:

- liefern wir eine motivierende Vision,
- stellen Innovationsbudgets zur Verfügung,
- definieren strategische Maßnahmen (Portfoliomanagement),
- identifizieren mit den Kunden deren Probleme und entwickeln gemeinsam Lösungen.

Für die operative Personalarbeit bedeutet dies:

- innovative Personalentwicklungsformate zu entwickeln, auszuprobieren und im Erfolgsfall zu skalieren,
- neue oder veränderte Kompetenzen zu identifizieren und zu entwickeln,
- Rahmenbedingungen für eine transparente Besetzung der Maßnahmen nach Kernkompetenzen, Agilem Mindset/Verhalten und Potenzialen zu gewährleisten.

Heiko: Diesem Gedankengang kann ich mich gut anschließen. An einer Stelle habe ich aber innerlich gezuckt. Was meinst du mit Innovationsbudget? Gerade in HR ist mir dies eher sehr selten begegnet.

Frank: Eben, genau deswegen habe ich es erwähnt. Wenn wir in einer immer komplexeren und agileren Welt professionelle Personalarbeit betreiben wollen, müssen wir immer schneller und konsequenter auf Veränderungen eingehen. Da Personalthemen oft mehr Zeit in Anspruch nehmen als technische Themen, müssten wir möglichst früh Veränderungen anstoßen.

HR ist innovativer und agiler als die anderen Funktionsbereiche!

Heiko: Das heißt, du willst einen Teil deines HR-Budgets ganz gezielt und ergebnisoffen in Innovationen investieren, um handlungsfähiger zu werden. Das dürfte viele Personalkollegen eher überraschen, denn nach meiner Erfahrung sind wir eher konservativ unterwegs und gehen bevorzugt kleine Schritte, um besser zu werden.

Frank: Das entspricht auch meiner Erfahrung. Die Personal-Community reagiert sehr verhalten auf innovative Ideen. Das erleben wir gerade im Rahmen der Personalentwicklung immer wieder sehr schmerzhaft. Wenn wir dagegen mit dem Management ein Innovationsbudget verhandeln, können wir viel freier an Themen arbeiten, die uns voranbringen.

DAS INNOVATION-BUDGET-ALLOCATION-MODEL – DIE ANWENDUNG AUF HR UND DIE PERSONALENTWICKLUNG

Solange es noch Budgets gibt, steht jede Führungskraft immer wieder vor der Herausforderung, die knappen Mittel für den eigenen Verantwortungsbereich sinnvoll zu planen und einzusetzen. Die Allokation der Mittel kann beispielsweise so erfolgen, dass eine Entscheidungsmatrix erstellt wird, deren einzelnen Feldern dann Prozentzahlen für das eingesetzte Budget zugewiesen werden. Eine solche Matrix könnte so aussehen, wie in der folgenden Abbildung 49 dargestellt. Hier erfolgt die Zuordnung der Finanzmittel zu den Feldern, die sich aus der vorhandenen oder gewünschten Marktdurchdringung und den benötigten Kompetenzen für den Erfolg in diesen Marktsegmenten ergibt.

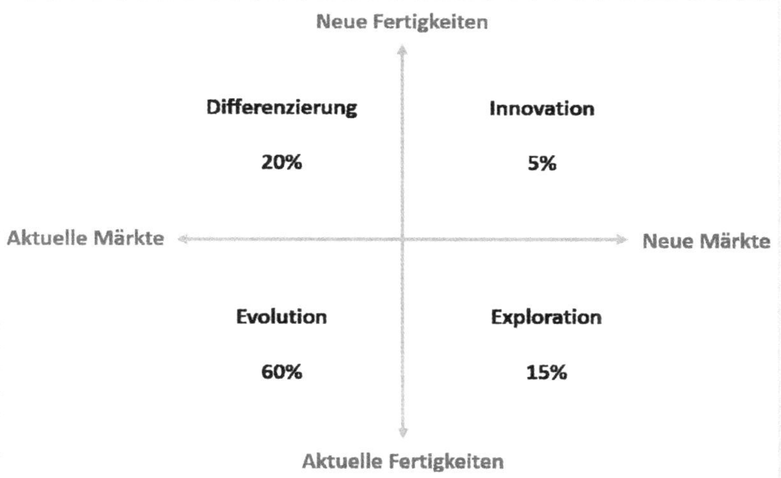

Abb. 49: Budgetmatrix zu Allokation der HR-Mittel auf unterschiedliche Felder

Diese Matrix kann auch ein Personalverantwortlicher nutzen, um die Aktivitäten der Personalabteilung zu definieren und zu budgetieren. In einem ersten Schritt wird eine Liste aller Aktivitäten erstellt, die das Business benötigt bzw. die HR selber anstrebt. Diese Aktivitäten werden dann den vier Feldern zugeordnet. Im zweiten Schritt wird kritisch reflektiert, welche Rolle die vier Felder entsprechend der Unternehmensstrategie und den Marktentwicklungen spielen sollen. Im dritten Schritt werden beide Betrachtungen übereinandergelegt und es wird verglichen, in welchem Bereich über- oder unterproportional viele Maßnahmen in Relation zum Bedarf vorgesehen sind.
Erfahrungsgemäß wird die kritische Betrachtung im dritten Schritt zeigen, dass die Bedarfsermittlung bzw. Gewichtung der Bedarfe Innovationen und eher riskante Aktivitäten benachteiligt. Dafür sind »etablierte Standards« und »Regelaufgaben« deutlich überbewertet. Die Diskussion der Exonomics (Kapitel 1) hat uns aber schon gezeigt, dass gerade innovative Ansätze bzw. sehr frühzeitige Experimente mit neuen Angeboten einen wichtigen Zeitvorteil bieten können.
Die Personalabteilungen und die Personalentwicklung sollten daraufhin überprüft werden, wie ihre eigene Flow Efficiency und ihre Innovationskraft aussehen!

Heiko: Wir stellen also fest, dass HR seine Mittel mehr in innovative Themen und weniger in die Replikation des Althergebrachten stecken wird. Damit stellt sich die Frage, welche Veränderungen wir sonst adressieren müssen. Vorhin hatten wir auch erwähnt, dass sich die Stellengestaltung verändern wird. Die Frage ist doch: Wohin?

Frank: Tja, das ist die Frage, aber was soll man antworten? Ich glaube, dass die Logik der Stellen- und Funktionsprofile nicht mehr zur Agilen Arbeitsorganisation passt. In Agilen Organisationseinheiten wird permanent versucht, besser zu werden, d. h. auch, dass sich die Aufgaben und Tätigkeiten kontinuierlich verändern. Hinzu kommen die schnellen Technologiesprünge, die ebenfalls dazu beitragen, dass Arbeit permanent neu organisiert wird und sich inhaltlich verändert.

Heiko: Dann ist es doch sinnvoller, den Begriff »Stelle« nach einer neuen Logik im Sinne von Aufgaben, Befugnissen und Verantwortung zu definieren. Wenn wir konsequent bei der Agilen Logik bleiben, kann das Maß der Dinge doch nur die Kompetenzmatrix sein, die eine Agiles Team benötigt, um eine Aufgabe zu erfüllen.

> Was bisher die »Stelle« war, wird nun durch eine Kompetenzmatrix ersetzt.

Frank: Darauf wird es wohl hinauslaufen. Zu einem Projekt oder einer Maßnahme wird ein End-to-end-verantwortliches Team gebildet, in dem die erforderlichen Kompetenzen in einer abgeschätzten Verteilung vorhanden sein müssen. Wer welche Kompetenz mitbringt, wird nur teilweise relevant sein. Es geht somit bei der Besetzung darum, zueinander passende Teammitglieder auszuwählen.

Heiko: Das wiederum bedeutet für HR als Unterstützer der Teams und der einzelnen Mitarbeiter, dass der Besetzungsprozess und die Klarheit über das individuelle Kompetenzspektrum begleitet werden. Dafür benötigen wir keine »Stellen« mehr, außer es gibt weiterhin disziplinarische Fragen, die eine entsprechende Zuordnung erfordern, oder der rechtliche Rahmen zwingt uns dazu – wie häufig in öffentlichen Unternehmen.

BESETZUNG AGILER TEAMS – EIN MARKTPLATZ DER PROJEKTE

Eine Grundfrage bei der Zusammenstellung der Teams ist: Wie werden die Agilen Teams zusammengesetzt? Bisher erfolgt die Besetzung vor allem über disziplinarisch Vorgesetzte, unter Umständen mit Unterstützung der Personalabteilung.

In der Agilen Welt wird die Besetzung deutlich schwieriger, da in cross-funktionalen Teams mehrere Vorgesetzte miteinander interagieren müssen und diese ohnehin immer weniger beurteilen können, welchen Beitrag ihre Mitarbeiter zu verschiedenen Projekten leisten können.

Der Agile Ansatz ist daher: Die Product Owner, die Teams zusammenstellen müssen, stellen auf einem Marktplatz ihre Projekte vor. Die Mitarbeiter sehen sich alle Projekte an und ordnen sich selbst einem Projekt zu. Dann verhandeln die sich so ergebenden Teams, ob sie in dieser Konstellation arbeiten wollen, welchen Beitrag jeder leisten kann und welche Kompetenz ggf. noch fehlt.
Es empfiehlt sich, Rahmenbedingungen zu definieren, zum Beispiel:

- Jeder muss für das Projekt nützlich sein.
- Das Team muss cross-funktional zusammengesetzt sein.
- Die End-to-end-Verantwortung des Teams muss gewährleistet sein.
- Die Teamgröße muss so gewählt sein, dass Arbeitsfähigkeit gewährleistet ist.

Frank: Und schon sehen wir wieder, dass Agile Personalarbeit durchaus komplex ist, weil viele Faktoren ineinandergreifen.

5.2 Wertschöpfungsmanagement

Heiko: Jetzt wäre der Zeitpunkt, über ein Thema zu sprechen, dessen zukünftige Relevanz ich bezweifle: Wertschöpfungsmanagement. Darunter werden im DGFP-Referenzmodell die wertbeitragsorientierte Steuerung der Personalmanagement-Aktivitäten und das kennzahlengestützte Personalcontrolling verstanden.

Frank: Keine Relevanz in der Agilen Zukunft? Das musst du erklären.

Heiko: Der Ausgangspunkt liegt in einer weiteren Studie, die von der DGFP in 2011 (DGFP 2011b) publiziert wurde. Darin geht es um HR-Kennzahlen und der Bericht orientiert sich ebenfalls am Referenzmodell. Die dort genannten üblichen Kennzahlen beziehen sich auf Arbeitszeit, Mehrarbeit oder die gesamten Personalkosten. Dies sind in meinen Augen alles Zahlen, die ich als Unternehmer kennen muss, die mir in der Agilen Welt aber keinerlei Steuerungsimpulse geben.

Frank: Das stimmt, zumal sich viele Kennzahlen auf einzelne Mitarbeiter beziehen, etwa die Bonushöhe pro Mitarbeiter oder die Rückstellungen pro Arbeitnehmer. Solche Kennzahlen bringen in einem Unternehmen, das sich entlang des Wertschöpfungsprozesses organisiert und teamorientiert arbeitet, nichts. Kennzahlen in einem Agilen HR-Kontext sollten früh Handlungsbedarf aufzeigen oder helfen, die Teams in ihrer Arbeit zu unterstützen.

Heiko: Dann sollten wir die Diskussion hier auch beenden. Ich habe den Eindruck, dass das Wertschöpfungsmanagement und der Beitrag, den HR dazu leisten muss, für Agile Unternehmen komplett neu definiert werden müssen. Hier ist nicht der richtige Platz, um das zu erörtern.

5.3 Arbeitsrecht und Sozialpartnerschaft

Frank: Bei unseren Überlegungen zu Agilen Organisationsdesigns haben wir ja schon über die Beziehung zwischen Arbeitsrecht und Agilität gesprochen. Dieses Thema sollten wir nun unbedingt wieder aufnehmen. Wenn ich es richtig einschätze, haben sich bisher alle Protagonisten an dieser Stelle recht bedeckt gehalten. Ich kenne nur vereinzelte Versuche, Tarifverträge und Betriebsvereinbarungen (vergl. Kap. 3, »Manifest zur Einführung von Office 365 bei der Continental AG«) zu agilisieren.

Heiko: Na, zumindest bewegt sich die Politik mit immer kleinskaligeren und reglementierenderen Initiativen und Gesetzen seit Jahren in die entgegengesetzte Richtung. Das schadet bereits massiv, wenn wir zum Beispiel an die Konsequenzen der AÜG-Reform für den Einsatz von Freiberuflern denken. Schauen wir also nur in die Unternehmen selbst. Welche Aspekte erscheinen aus deiner Sicht von Agilität betroffen und damit klärungsbedürftig zu sein?

Frank: Die Prinzipien und der operative Ablauf Agilen Arbeitens ziehen einige Probleme nach sich, wenn man das bestehende Arbeitsrecht näher betrachtet. Dieses geht von einigen Voraussetzungen aus, die in der neuen Arbeitswelt zunehmend weniger wichtig, oft sogar widersprüchlich gestaltet sind. Nur ein paar Beispiele, die diese Widersprüche aufzeigen: Beginnen wir mit dem Arbeitsvertrag, der die Beziehung zwischen Arbeitgeber und Arbeitnehmer regelt. Wenn ein Mitarbeiter in Agilen Strukturen arbeitet, ist unklar, was seine Aufgaben konkret sind und wo er in die Organisation eingebunden ist. Damit ist auch unklar, wer das Weisungsrecht des Arbeitgebers ausüben kann und wie beispielsweise Vertragsverstöße, etwa eine mangelhafte Arbeitsleistung, beurteilt und sanktioniert werden können. Im Extremfall verliert der Arbeitnehmer den Schutz des Arbeitsrechts und der Arbeitgeber die Durchsetzungsmöglichkeit der Arbeitgeberrechte.

Heiko: Ähnlich sieht es mit der Mitbestimmung und den Betriebsräten aus. Diese sind nach dem Betriebsverfassungsgesetz (BetrVG) einzubeziehen, wenn Agiles Arbeiten eingeführt werden soll. Aber ist Agiles Arbeiten mit der im Gesetz vorgesehenen Gruppenarbeit gleichzusetzen oder handelt es sich beim Einsatz in einem Agilen Team um eine Versetzung? Hier lässt sich vortrefflich streiten.

Dann kommt noch die Frage hinzu, ob ein Betriebsrat überhaupt mitreden darf, denn Agiles Arbeiten in Reinform löst den Betrieb auf, der dem BetrVG zugrunde liegt. Aber Vorsicht, die Vorstellung, dass man mit einem anderen Betriebsverständnis die Mitbestimmung des Betriebsrats aushebeln kann, impliziert auch, dass eine Kündigung aufgrund betrieblicher Erfordernisse ebenso unmöglich ist wie eine Sozialauswahl etc.

Frank: Solche Konflikte habe ich bisher auch noch in keinem Unternehmen erlebt. Hier scheint das Thema Agilität eher positiven, weil disziplinierenden Charakter zu haben. Beide Seiten sind unsicher, was nun wie passieren soll, entsprechend geht man vorsichtiger miteinander um, als es oft üblich ist. Ich rate ohnehin dazu, kooperativ mit dem Betriebsrat umzugehen. Am Ende gehört zum Agilen Mindset auch, Transparenz zu schaffen und alle Betroffenen in einen kollaborativen Ansatz einzubinden.

Heiko: Ob das immer klappt? Aber versuchen sollte man es. Spontan überlege ich gerade, dass ein Betriebsrat in einer »ideal-agilen Welt« eigentlich überflüssig ist. Ein Organ der Kollektivvertretung steht doch in direktem Widerspruch zur transparenten, sich – unter Beachtung aller Bedürfnisse – permanent verbessernden Welt, in der das Individuum Teil eines fluiden, selbstorganisierten Teams ist.

> Ein Organ der Kollektivvertretung steht in direktem Widerspruch zur transparenten, sich – unter Beachtung aller Bedürfnisse – permanent verbessernden Welt, in der das Individuum Teil eines fluiden, selbstorganisierten Teams ist.

Frank: Das sehe ich genauso. Im Ideal wird es keine Kollektivvertretung mehr geben. Bis dahin jedoch …

Heiko: Aktuell ist eigentlich nur klar, dass das bestehende Arbeitsrecht und die Erfordernisse der neuen Agilen Arbeitswelt nicht zueinanderpassen und eine Neuregelung dringend erforderlich ist. Leider muss man an dieser Stelle dann wieder auf das in Abbildung 2 dargestellte Phänomen der zunehmend weiter auseinanderdriftenden Entwicklungen bei neuen Technologien und Methoden einerseits und einer immer rückständigeren Gesetzeslage andererseits verweisen. Fürs Erste empfehle ich, sich möglichst früh und intensiv mit dem Thema auseinanderzusetzen, denn Unterstützung aus der Politik ist kaum zu erwarten. Hier müssen die Beteiligten eigene Wege zur Überbrückung der Regelungslücken finden. Dazu empfehle ich das Buch »Agiles Arbeiten im Unternehmen« von Britta Redmann. Sie hat als Juristin einen kritischen Blick auf das Thema geworfen und ein äußerst hilfreiches Buch verfasst.

! **Lesetipp**

Britta Redmann – Agiles Arbeiten im Unternehmen

Flexibles Homeoffice, selbstorganisierte Arbeitsteams oder demokratische Unternehmenskultur – neue Formen der Arbeitskultur und -organisation prägen die Arbeitswelt von heute. Häufig kollidieren diese jedoch mit arbeitsrechtlichen Regelungen wie dem Arbeitszeitgesetz, Tarifverträgen oder betrieblicher Mitbestimmung. In dem Buch »Agiles Arbeiten im Unternehmen« werden unternehmerische Spielräume ausgeleuchtet und erklärt, wie sich Agile Organisationsformen rechtskonform einführen und umsetzen lassen können. Praxisbeispiele und Interviews mit Unternehmen und Experten ermöglichen dem Leser einen Einblick in die konkrete Umsetzung neuer Methoden und die damit verbundenen Erfahrungen.

Warum halten wir dieses Buch in Zusammenhang mit Agilität für lesenswert?

Die Autorin ist Arbeitsrechtlerin und eine erfahrene Personalleiterin. In dieser Rolle hat sie aus erster Hand Erfahrung mit den Themen gesammelt, die sich für die Personalabteilung ergeben, wenn im Unternehmen agil gearbeitet wird. Ihre Darstellung des Agilen Arbeitsrechts ist fundiert und sollte jedem Personaler bekannt sein, der sich mit Agilität befasst. Das Buch ist 2017 bei Haufe erschienen.

Frank: Einen Betriebsrat werden wahrscheinlich zuerst die neue Arbeitsorganisation, die mit Agilem Arbeiten verbundenen Rollen und die Konsequenzen, die sich daraus für den einzelnen Mitarbeiter hinsichtlich der Ziele, Leistungsbeurteilung und Vergütung ergeben, interessieren. Ist hier ein Einvernehmen erzielt, wird eine Vielzahl weiterer Themen folgen, sodass mit langwierigen Verhandlungen zu rechnen ist.

Heiko: Die ersten Beispiele aus Vorreiterunternehmen, wir hatten bereits Bosch und Continental erwähnt, lassen allerdings hoffen, dass sich Agile Lösungen durchsetzen. Damit meine ich Lösungen, die nur grobe Ziele und Leitplanken vorgeben und damit den Weg zu iterativen Vorgehensweisen öffnen. So kann dann ganz im Sinne von Probe – Sense – Respond erarbeitet werden, welche Systeme für das Unternehmen in seiner Situation passend sind.

Frank: Welche Herausforderungen ergeben sich somit für die Führung in den agil arbeitenden Bereichen und die verhandlungsführende Personalabteilung?

1. Wie wollen wir Agiles Arbeiten regeln? Während die zu klärenden Themen durch das BetrVG vorgegeben sind, sind die Verhandlungspartner in der Ausgestaltung ihrer Regelungen gemäß der Frage »Wie wollen wir das Thema XYZ handhaben?« relativ frei. Da Agiles Arbeiten noch am Anfang steht, wird für viele Unternehmen nicht klar sein, wie die Regelungen aussehen können. Da sowohl der Betriebsrat als auch die Personalabteilung meist wenig Erfahrung mit Agilem Arbeiten haben, werden die Fachabteilungen, in denen agil gearbeitet wird, unbedingt in die Verhandlungen einbezogen werden müssen. Leider wird es deutlich schwerer, von anderen Unternehmen zu lernen, da Agiles Arbeiten viel individueller gestaltet wird als klassische Organisationsformen. Daher sind die einzelnen Aspekte bei den verschiedenen Unternehmen auch unterschiedlich relevant. In der Anfangsphase werden die Verhandlungspartner vielfach Pilotphasen mit temporären Regelungen vereinbaren.

Früher oder später wird es jedoch nötig, nachhaltige Regelungen zu treffen, die auch den Mitarbeitern Klarheit vermitteln. Diese Verhandlungen werden erfahrungsgemäß einige Zeit in Anspruch nehmen, was in direktem Konflikt mit der Logik Agilen Arbeitens steht. Weiterhin werden Betriebsräte tendenziell auf allgemeinverbindliche und genaue Regelungen drängen. Das wiederum steht im Widerspruch zur typischen Vorgehensweise Agilen Arbeitens, d. h. zum schnellen Arbeiten mit parallelen Prototypen und zur permanenten Verbesserung nach Lernschleifen.

2. Die Grundlogik des BetrVG geht davon aus, dass ein Betriebsrat ein Kollektivvertretungsorgan zum Schutz der Mitarbeiter(rechte) ist. Diese Logik und die von Betriebsräten daraus abgeleiteten Ansprüche passen eher nicht zu den Prinzipien Agilen Arbeitens und den Interessen der Mitarbeiter. Selbst wenn ein Betriebsrat Agilem Arbeiten positiv gegenübersteht, unterliegt er den Anforderungen des BetrVG, die seinen Handlungsrahmen beschränken. Ein Beispiel hierfür ist die Erhebung und Auswertung von Mitarbeiterdaten, was von Betriebsräten meist sehr negativ gesehen wird, während Transparenz aber ein unverzichtbares Merkmal Agilen Arbeitens ist. Aus Sicht derjenigen Mitarbeiter, die Agiles Arbeiten als Chance wahrnehmen, werden die Kollektivregelungen, die ein Betriebsrat erwirkt, wahrscheinlich nicht mit den individuellen Interessen übereinstimmen. Gleichzeitig sind diese Mitarbeiter aber an die Regelungen, die in ihrem Namen getroffen werden, gebunden.
3. Ein weiteres Prinzip der Betriebsratsarbeit ist die Gleichbehandlung von Mitarbeitern, die bereits in klassisch organisierten Unternehmen mit eindeutigen Funktionsbeschreibungen immer wieder zu Konflikten führt. In einem Agilen Umfeld, in dem Mitarbeiter häufig neue, undefinierte Rollen übernehmen und gegebenenfalls in unterschiedlichen Organisationseinheiten mit unterschiedlichen Aufgaben tätig sind, wird Gleichbehandlung nicht möglich und vor allem nicht sinnvoll sein. Dies wird für viele Unternehmen noch spannende Diskussionen zur Folge haben, insbesondere dann, wenn unterschiedliche Organisationsformen parallel existieren.
4. Neue Arbeitsformen sind in dem inzwischen völlig überalterten Arbeitsrecht nicht vorgesehen und entsprechend fehlen die Regelungen dazu. So ist die Einbindung freiberuflicher Mitarbeiter zwar meldepflichtig, aber sie wird in den meisten Unternehmen keiner spezifischen Betriebsvereinbarung unterliegen. Zukünftig ist aber mit mehr Freiberuflern und einer tiefer gehenden Einbindung in die Betriebsorganisation zu rechnen. Damit wird es sinnvoll sein, zu prüfen, wie die Freiberufler und die »klassisch« Beschäftigten zu behandeln sind – dies auch im Lichte der aktuellen Aktivitäten des Arbeitsministeriums, das die Regelungen für »Scheinselbstständigkeit« verschärft und freiberufliche Tätigkeit massiv erschwert.
5. In Agilen Umgebungen wird auch die Frage zu stellen sein, was denn ein Betrieb ist. Auf dem Betriebsbegriff fußen das Betriebsverfassungsgesetz und die Mitbestimmung, gleichzeitig weichen die Grenzen von Betrieben durch eine digitale, globale und flexible Arbeitsgestaltung immer weiter auf. Somit wird die ohnehin schon schwierige, weil nicht eindeutig definierte Situation zukünftig noch unklarer und von individuellen Gerichtsurteilen abhängig.

Heiko: So aufgelistet zeigt sich, wie viel Arbeit hier auf die Personalabteilungen zukommt. Da kann man eigentlich nicht früh genug starten. Die gute Nachricht könnte aber sein, dass Agile Methoden helfen können, diesen Aufgabenberg strukturiert und kooperativ abzutragen. Mir gefällt nun das Beispiel der Continental noch besser. »Vertrauensvereinbarung«, alleine das Wort weist in die richtige Richtung.

5.4 Beziehungen und Netzwerke

Frank: Mit der Diskussion um die Mitbestimmungsfragen haben wir bereits wichtige Stakeholder für die erfolgreiche Personalarbeit adressiert. Alleine deshalb ist die Steuerung von Beziehungen und Netzwerken im Referenzmodell der DGFP eine Kernaufgabe von HR. Das ist aber auch ein Feld, in dem die meisten Personalabteilungen Aufholbedarf haben.

Heiko: Bei Agilen Netzwerken denke ich jetzt zuerst an die Diskussion, die wir in Kapitel 3 geführt haben, also an die Frage, wie Agile Organisationsdesigns aussehen können. Da ist das Netzwerk die Organisation der Wahl, egal ob als Spotify-Organisation oder als Team of Teams. Alleine deshalb ist die Frage, wie die Personalabteilung die jeweiligen Netze unterstützt, deutlich wichtiger als in den heutigen Organisationen, die durch Silos oder eine Matrix gekennzeichnet sind.

Frank: Genau, und aus der teamorientierten Organisation entlang einer Wertschöpfungskette ergeben sich weitere Veränderungen, die über die Frage des Organisationsdesigns hinausgehen. Da ist zum einen das Team selbst, also das Rückgrat des Agilen Arbeitens, zum anderen die Personal- und Teamentwicklung.

Heiko: Personalentwicklung ist der Punkt, der mir hier noch fehlte. Die nächste Veränderung, die sich aus den Netzwerkstrukturen ergibt, ist die größere Individualisierung der Personalarbeit. Wenn nicht mehr die Stelle mit ihren definierten Anforderungen das Maß der Dinge ist, sondern jeder einzelne Mitarbeiter mit seinen Kompetenzen, Werten, Bedürfnissen, gilt auch für die Personalarbeit Losgröße 1.

> In der Agilen Welt gilt für die Personalarbeit Losgröße 1.

Frank: Daneben wird ein Faktor wichtiger, der heute eher am Rande läuft: externe Netzwerke.

Heiko: Externe Netzwerke in dem Sinne, dass in der Agilen Welt immer mehr externe Arbeitskräfte in Gestalt von Interimsmanagern, Joint Forces (mehrere Unternehmen entsenden Mitarbeiter in ein Projektteam oder Joint Venture) usw. vorkommen. Leider wird diese sogenannte Gig Economy in Deutschland durch politische Fehlentscheidungen der letzten Jahre massiv erschwert. Unabhängig davon sollten Unternehmen jedoch mehr Anstrengungen unternehmen, sich einen ausreichend qualifizierten Pool an externen Fach- und Führungskräften aufzubauen. Die Reaktionsfähigkeit der Organisation steigt damit deutlich an und man ist damit zum Teil in der Lage, den Mangel an Fachkräften zu kompensieren.

HINTERLAND OF THINGS – BIELEFELD IST NICHT BERLIN!

Alle Diskussionen um Digitalisierung und moderne Wirtschaft zeigen: Deutschland ist weit hinterher! Wenn ein Unternehmen dann noch in der Provinz sitzt, etwa in Ostwestfalen-Lippe (OWL), dann könnte man schon verzweifeln hinsichtlich der Zukunftsaussichten. Oder man schließt sich mit den Nachbarn zusammen und stellt etwas auf die Beine, was sowohl die Attraktivität der Unternehmen steigert als auch zentrale Probleme moderner Wirtschaft anpackt.
So entstand »Hinterland Allianz« aus elf Familienunternehmen der Region OWL und dem Technologie-Netzwerk »it's OWL«. Zu den Mittelständlern gehören Unternehmen wie Miele, Dr. Oetker, Goldbeck, Phoenix Contact, Schüco oder Itelligence. Im Jahr 2018 wurde eine erste Konferenz moderner Art durchgeführt, für 2019 läuft die Planung.
Zitat: »WHY HINTERLAND
Bielefeld is known as the capital of German Mittelstand and also the center of the IOT evolution. With global players such as Bertelsmann, Miele, Dr. Oetker, Melitta, Gerry Weber, Schüco and Claas, OWL is THE »Industry 4.0« hotspot of Germany – and home of many successful entrepreneurs!
THATS THE FOUNDERS HACK At the Founders Hack young entrepreneurs from all over Germany come together to work on real ›pain points‹ of our highly hidden champions.«
Mehr Infos: https://www.hinterland-of-things.de/

Frank: Die externen Mitarbeiter sind sicher ein wichtiger Teil der Veränderung und deren Bedeutung kann man gar nicht laut genug betonen. Ich glaube aber, dass noch mehr Stakeholder der Agilen Welt ihre Spuren auch in der Personalarbeit hinterlassen werden.

Heiko: Woran denkst du dabei konkret?

Frank: Da wir ja über Agilität und deren Konsequenzen diskutieren, können wir ja einmal überlegen, wer die für HR relevanten Stakeholder und Partner sein werden. Ich mache den ersten Aufschlag:

Kunden – sie sind das wahre Maß der Dinge in der Agilen Welt, ihr Nutzen bestimmt die Arbeit und sie arbeiten in Agilen Teams aktiv mit.

Lieferanten – in der End-to-end-Logik der Agilen Wertschöpfungskette werden auch Lieferanten in das Team gehören, denn nicht zuletzt sind wir ihre Kunden und sie binden uns in ihre Prozesse ein.

Kooperationspartner – wer schnell und schlagfertig, aber gleichzeitig effizient arbeiten will, wird immer mehr Kooperationen eingehen.

Labs, Garagen, Inkubatoren usw. – you name it. Immer mehr Unternehmen leisten sich Organisationseinheiten am Rande oder außerhalb der Kernorganisation.

Alumni – ehemalige Mitarbeiter können wertvolle Kooperationspartner sein oder gar wieder ins Unternehmen zurückkommen.

Heiko: In der Aufzählung fehlen eigentlich nur die bereits angesprochenen externen Spezialisten. Der entscheidende Punkt ist jedoch, dass man kein Hexenmeister sein muss, um zu sehen, dass hier etliche Fragen auf HR zukommen. Von A wie Arbeitsvertrag bis Z wie Zwischenzeugnis sind es viele Themen der Personalarbeit, die von diesen Stakeholdern betroffen sind. Das sollten wir aber eher bei den Bereichen der lebenszyklusorientierten Gestaltungsfelder diskutieren, oder?

Frank: Stimmt. Mit dem Operativen Personalmanagement können wir jedoch sofort weitermachen.

5.5 Operatives Personalmanagement

Heiko: Wir sprechen jetzt also von den »Lebenszyklusorientierten Gestaltungsfeldern«, die in Abbildung 48 dargestellt sind. Wenn wir uns das Referenzmodell der DGFP ansehen und die einzelnen Punkte der lebenszyklusorientierten Gestaltungsfelder, dann scheinen diese unterschiedlich stark betroffen zu sein. Lass uns diese doch zuerst bewerten und dann im Detail diskutieren, was besonders wichtig erscheint.

Frank: Gerne. Die in Abbildung 50 dargestellte Tabelle kann von den HR-Kollegen für ihren individuellen »HR-Agility-Check« eingesetzt werden. Was haben wir hier getan? Wir haben einerseits die im Referenzmodell genannten Gestaltungsfelder aufgelistet und uns dann überlegt, welche Relevanz und Dringlichkeit diese einzelnen Felder für die Einführung Agilen Arbeitens haben. Zusätzlich haben wir den erwarteten Aufwand abgeschätzt.

Heiko: Nicht betrachtet haben wir, welche Handlungsoptionen eine Personalabteilung hat und wie das neue Modell, also die HR-Systeme und -Prozesse, aussehen soll. Dies sind Entscheidungen, die in jeder Personalabteilung individuell zu treffen sind, und hier wird es in der Praxis sicher große Unterschiede geben.

HR-Gestaltungsfeld	Relevanz (Handlungsnotwendigkeit)	Dringlichkeit	Verantwortung	Optionen zur Handlung (Stakeholder, Recht, ...)	Aufwand	neues Modell - Zielrichtung
Personalmarketing und - auswahl						
Employer Branding	C	C	HR		C	
Externe und interne Personalsuche	B	B	HR		A	
Treffen von methodengestützten Auswahlentscheidungen	C	C	HR		B	
Personalbetreuung und Mitarbeiterbindung						
Personaladministration	C	C	HR		C	
Personenbezogene Betreuungsaktivitäten	C	A	HR		B	
Mitarbeiterbindung	B	B	FK		A	
Leistungsmanagement und Vergütung						
Gestaltung und Anwendung von Zielvereinbarungssystemen	A	A	C-Level, HR, FK, Teams		A	
Gestaltung/Umsetzung von Vergütungssystemen	A	A	HR		A	
Konzeption und Führen von Mitarbeitergesprächen	A	A	HR, FK. Teams		A	
Personal-/Management-entwicklung						
Kompetenzidentifikation und Entwicklung	A	A	Teams, HR		A	
Karriereprogramme	B	A	HR, C-Level		B	
Organisationsentwicklung	A	A	C-Level, FK, HR, Teams		A	
Personalfreisetzung						
Gestaltung von individuellen Trennungsprozessen	C	C	Teams, HR		C	
Gestaltung von kollektiven Trennungsprozessen	B	C	HR		B	
Führungs- und Selbstkompetenz						
Führungskompetenzen	A	A	Teams, FK, HR		B	
Personale und soziale Kompetenzen	A	A	Alle		C	

Abb. 50: HR-Agility-Check

Anhand der lebenszyklusorientierten Gestaltungsfelder des DGFP-Referenzmodells wurden in Abbildung 50 Relevanz, Dringlichkeit und Aufwand für die einzelnen Gestaltungsfelder abgeschätzt (A = Hoch, B = Mittel, C = Gering).

5.5.1 Personalmarketing und -auswahl

Frank: Drei Themen sieht die DGFP im Gestaltungsfeld Personalmarketing und -auswahl:

- Employer Branding
- Externe und interne Personalsuche
- Treffen von methodengestützten Auswahlentscheidungen

Wir glauben beide, dass sich Agile Arbeitsmethoden wenig bis gar nicht auf das Employer Branding auswirken. Die Positionierung eines Unternehmens im Arbeitsmarkt und die Bindung der vorhandenen Mitarbeiter ist ein Dauerthema und wird, wie immer, unterschiedliche Entwicklungen aufnehmen.

Heiko: Wobei man schon berücksichtigen sollte, dass das Employer Branding für ein Agiles Unternehmen etwas anders funktioniert. Die Agile Community legt großen Wert auf Transparenz und Ehrlichkeit und so muss dann auch das Employer Branding auftreten.

Frank: Stimmt, die Hochglanzwerbung mit lachenden, hübschen Models kommt eher schlecht an. Gewünscht sind Eindrücke echter Kollegen, vom realen Arbeitsplatz – und das in einem modernen Format – eher Video als Zeitungsanzeige. Dabei darf die Kamera auch wackeln.

Heiko: Was uns schon zur Rekrutierung führt. Hier gehen wir von einer mittleren Betroffenheit und mittleren Dringlichkeit aus. Dies liegt daran, dass die verschiedenen Aspekte der Rekrutierung in unterschiedlichem Maß tangiert sind. Ich denke, dass sich der Rekrutierungsprozess nicht großartig verändern wird, denn die Suche und Auswahl der Mitarbeiter ist davon unabhängig, wie diese arbeiten und wo sie herkommen. Die zu erwartende Technisierung durch eine automatisierte Auswahl, durch Chatbots etc. sind technologische Veränderungen, die mit unserem Thema Agilität eigentlich nichts zu tun haben. Auch der zunehmende Fachkräftemangel hat nichts mit Agilität zu tun, obwohl in neuen Feldern naturgemäß besonders großer Fachkräftemangel herrscht. Das ist aber immer so, egal um welches Thema es geht. Das kennt HR nur zu gut.

Frank: Genau, die Rekrutierung selbst hat sich schon immer an Veränderungen anpassen müssen und das haben die Kollegen drauf. Herausfordernder sind die Prozessschritte vor und nach dem Kernrekrutierungsprozess. Ich denke da an die Personalplanung, die deutlich schwieriger wird, je komplexer und kurzfristiger die Wirtschaftswelt wird. Wie will ich einen Stellenplan aufbauen, aus dem sich der Rekrutierungsbedarf ergibt, wenn Stellenpläne immer weniger sinnvoll sind?

Heiko: Sie sind sinnvoll – wenn auch in geringerem Maß als früher – denn ich glaube, wir werden noch eine Weile mit diesem Tool arbeiten, selbst wenn größere Teile der

Belegschaft in Agilen Teams arbeiten und damit aus dem eigentlichen Stellenplan herausfallen. Irgendwo müssen die Mitarbeiter ja erfasst und verwaltet werden.

!

Lesetipp

Tim Riedel: Agile Personalauswahl – Erfolgreiche Vorstellungsgespräche im Kontext von Innovation und Vielfalt

In seinem Buch über Agile Rekrutierung stellt der Autor mehrere Fragen, die für agil arbeitende Unternehmen relevant sind:

1. Wie wählen wir die Richtigen für unsere Organisationen aus, wenn wir uns in Anbetracht stetig wachsender Komplexität immer weniger sicher sein können, wie diese eigentlich aussehen und was sie können müssen?
2. Wie kann es uns in der Personalauswahl gelingen, bewusst Vielfalt, neue Ideen und unbekannte Lösungsansätze für unsere Organisationen zu gewinnen, wenn wir doch intuitiv und automatisch immer diejenigen bevorzugen, die so sind wie wir?
3. Wie erkennen wir die am besten passenden Bewerberinnen und Bewerber, wenn diese aus Kulturräumen kommen, in denen wir uns gar nicht auskennen?
4. Wie müssen wir unsere Vorstellungsgespräche verändern, wenn es die Richtigen im Wettbewerb um die besten Talente immer weniger gibt, sodass wir nur noch zwischen Kandidaten auswählen können, die scheinbar alle nicht so recht passen?

Er wendet anschließend das Agile Manifest auf die Personalauswahl an und die folgende Abbildung zeigt bereits, dass auch die Rekrutierung durchaus nach Agilen Werten erfolgen kann und sollte.

Die persönliche Begegnung und Interaktion mit den Bewerbern	hat Vorrang vor dem Befolgen hochstrukturierter Interviewabläufe (Austausch vor Abprüfen).
Die Nützlichkeit von Ideen und Lösungsansätzen der Kandidaten im konkreten Kontext der Zielposition	hat Vorrang vor einem abstrakten Zielprofil (Problemlösungsfähigkeit vor Persönlichkeit).
Das iterative Erforschen der Zielsetzung und Sinnhaftigkeit von Verhaltensweisen der Kandidatinnen aus ihrer eigenen Perspektive	hat Vorrang vor prädeterminierten Verhaltensbewertungen aus Sicht der Auswählenden (Explorieren vor Standardisieren).
Die Anpassung von Interviewleitfäden, Bewertungsmaßstäben und sogar Zielpositionen an die erst im Vorstellungsgespräch gewonnenen Erkenntnisse	hat Vorrang vor dem bloßen Abarbeiten vorab festgelegter Ziele und Verfahren (Flexibilität vor Planverfolgung).

Wir erkennen dabei sehr wohl den Wert der Dinge auf der rechten Seite an, wertschätzen jedoch die auf der linken Seite noch mehr.

Abb. 51: Agiles Manifest der Personalauswahl; Quelle: Riedel 2017

Fazit: Für Personalverantwortliche, die in der Agilen Community rekrutieren oder ihr Recruiting einfach modernisieren wollen, ist das Buch eine empfehlenswerte Lektüre.

Frank: Der Stellenplan als administrative Heimat ...

Heiko: Mal sehen, wohin die Reise geht. Ich bin sicher, dass der Zug der Technisierung der Personalarbeit gerade erst Fahrt aufnimmt und wir bald über Tools verfügen, die über das Gewohnte weit hinausgehen. Deswegen verfolge ich auch sehr gerne den Blog von Stefan Scheller (persoblogger.de), der solche Trends – aber vor allem auch die Entwicklungen bei Employer Branding und Rekrutierung – verfolgt und kommentiert.

Frank: Ein guter Tipp. Damit könnte man das Thema fast abschließen, aber mir liegt die ganze Zeit schon ein Punkt am Herzen, den wir unbedingt noch diskutieren müssen. Es geht mir darum, dass auch hier die Veränderung des Mindsets, das wir so oft angesprochen haben, eine Rolle spielt.

Heiko: Ich ahne, was kommt. Nicht nur die methodische Grundlage der Rekrutierung, siehe Stellenplan, verändert sich, auch die Frage, nach wem wir suchen, ist von Agilität betroffen. Es geht nicht mehr um den »Fit«, sondern um den »Add« einer Person zur Arbeit im Team.

Frank: Genau das meine ich. Bisher suchen die Recruiter nach passenden Kandidaten auf Basis eines Anforderungsprofils. Dieses ist in den meisten Unternehmen auf die Stelle bezogen. Das funktioniert in der Agilen Welt nur noch partiell. Viel wichtiger ist es hier, Leute zu rekrutieren, die zur Agilen Arbeitsweise und in das Team passen.

Agil sucht Cultural Add statt Cultural Fit!

Heiko: Dies erhöht die Diversität in einem Team, statt die Konformität zu stabilisieren. So wie wir vorhin auch festgestellt haben: Es geht nicht um eine Anforderung eines festen Kompetenzsatzes, sondern rekrutiert wird mit der Frage, welche Kompetenzen im Team noch benötigt werden. In der Rekrutierungspraxis, ich denke vor allem intern bei der Teamzusammenstellung, wird eine größere Vielfalt benötigt, die sich zunehmend auch einstellen wird. Dadurch wird das Rekrutierungsteam möglicherweise ein wichtiger Teil der Teambesetzung werden, die heute meist von den Führungskräften verhandelt wird.

Frank: Ja, das kann ich mir vorstellen. Das wäre eine neue Rolle des Recruiting und die nötige Kapazität wird dadurch frei, dass mehr Bots und Roboter in der Suche und Auswahl eingesetzt werden. Ich bin gespannt, wohin die Reise geht.

Heiko: Auch bei der Automatisierung hilft Agilität, denn dort gilt eines als sicher: Es gibt kein richtig! Vielmehr stellt sich die Frage, wie wir die Komplexität, die sich aus der zeitlichen, fachlichen und vor allem verhaltensbezogenen Vielfalt ergibt, in den Griff bekommen. Ich denke, hier greift erneut das Agile Mindset. Wir brauchen das Selbstverständnis, dass die Mitarbeiter sind, wie sie sind, dass wir die Teamzusammenstellung und das Teambuilding einfach ausprobieren, sehen, wie es klappt, und dann gegebenenfalls Konsequenzen ziehen.

Frank: Also weniger »Wasserfall« vorab und mehr Probe – Sense – Respond. Auch hier gilt: Einfach machen und dann lernen! Übrigens halte ich diese Logik für ein weiteres Argument gegen viele der gängigen Auswahlmethoden. In der Agilen Welt verändern sich Menschen noch schneller als sie es ohnehin tun, die »Mess-Ergebnisse« altern somit schnell. Da sich auch der Unternehmenskontext immer schneller verändert und menschliches Verhalten nach meiner Erfahrung wesentlich vom Kontext, in dem es stattfindet, mitbestimmt wird, sagen mir die Auswahlmethoden eigentlich nichts mehr.

Heiko: Na, Vorsicht. Wir müssen trotzdem professionell herangehen und definieren, was diese Professionalität bedeutet. Ich denke gerade an den sehr hemdsärmeligen Prozess, wie Scrum Master und andere Agile Coaches zu ihren Rollen gekommen sind. Da wurde für meinen Geschmack in vielen Unternehmen zu experimentell agiert und zu wenig Hirnschmalz in die Auswahl der geeigneten Personen investiert.

AGILE COACHES AUSWÄHLEN UND QUALIFIZIEREN

Rolle der Agilen Coaches im Agilen Arbeiten

Agile Coaches sind primär dafür da, die Agilen Prozesse zu begleiten und auf die Einhaltung der dafür gültigen Regeln zu achten. Ihr Fokus liegt auf dem Agilen Prozess. Vielfach übernehmen sie darüber hinaus das Coaching während der Phase der Transformation hin zu einer Agilen Organisation und gehen dabei deutlich über die reine Prozessbegleitung hinaus. Agile Coaches sind Multiplikatoren und arbeiten an den wesentlichen Schnittstellen zum Team und zum Product Owner. Neben der reinen Methodenkenntnis sind somit auch das Agile Mindset und eine gewisse Führungsfähigkeit nötig. Gerne vergessen wird, dass Lernen im Agilen Arbeiten eine zentrale Rolle spielt, und der Agile Coach ist derjenige, der den Lernprozess gestalten muss.

Wie sind die vorhandenen Coaches eigentlich zu solchen geworden?

Die in den Unternehmen vorhandenen Agilen Coaches stammen meist aus den Organisationsbereichen, die mit Agilem Arbeiten begonnen haben. Dort ergab sich aus der Einführung einer Agilen Methode meist auch die Notwendigkeit, einen Agilen Coach zu etablieren. Aus dem Team heraus haben sich Freiwillige dazu ausbilden lassen und agieren seitdem in dieser Rolle. Eine echte Auswahl geeigneter Personen auf Basis eines definierten Anforderungs-

profils hat es sehr selten gegeben und die Freiwilligen der ersten Stunde sind nicht unbedingt die am besten Geeigneten.
Die Mehrzahl der Coaches kommt aus dem Scrum-Umfeld und hat eine zweitägige Qualifizierung zur Methode Scrum erhalten. Darin sind weder die Führungsaufgaben noch die sozialen Herausforderungen Agilen Arbeitens oder gar einer Agilen Transformation thematisiert. Dazu würde die Zeit auch gar nicht reichen. Die Mehrheit der Agilen Coaches stammt somit aus einer Expertenrolle und hat in einem Schnelldurchlauf methodische Grundlagen erlernt. Mehr nicht.

Was fällt an Agilen Coaches auf?

Betrachtet man die beschriebene Ausgangssituation, wundert es nicht, dass der operative Alltag von und mit Agilen Coaches nicht nur rund läuft. Viele agieren als reine »Methodenwächter« und stoßen sehr schnell an ihre Grenzen. Wesentliche Themen, die im Team eine Rolle spielen, werden nicht erkannt oder bearbeitet und wer nur auf die reine Lehre einer Methode achtet, wird schnell anfangen zu nerven. Spätestens dann verlieren Agile Coaches ihre Vorbildrolle. Dies ist zu vielen Agilen Coaches nicht wirklich bewusst.

Worauf sollten Unternehmen achten, welche Rolle spielt die Personalabteilung?

Der Agile Coach ist eine wichtige und anspruchsvolle Rolle, die mit Sorgfalt besetzt werden sollte – dies vor allem dann, wenn die Agile Transformation zur Abschaffung oder massiven Beschränkung der Führungsstruktur führt. Dann ist die alte Führungsrolle auf den Agilen Coach und den Product Owner zu verteilen.
Das Anforderungsprofil für einen Agilen Coach umfasst drei Bereiche:

1. Methodenerfahrung
2. Beziehungen und Zusammenarbeit
3. Wertschöpfung und Weiterentwicklung

Wie diese drei Felder genau zu definieren sind, wird jedes Unternehmen im eigenen Kontext ausdifferenzieren müssen – dies gerne zusammen mit dem Team, da hier die Wertschöpfung stattfindet und das Team der zentrale Kunde des Agilen Coaches ist. Entscheidend ist für uns, dass die Fähigkeit zur konstruktiven Kollaboration und zur Vertretung des Teams gegenüber anderen Stakeholdern vorhanden sein muss. Neben der Methodenschulung gehören somit auch die klassischen Aspekte einer Führungsrolle zur Qualifizierung Agiler Coaches.

Frank: Oh ja, da habe ich auch schon spannende Begegnungen gehabt. Die Konsequenz aus den eben im Exkurs beschriebenen Fehlentwicklungen sehe ich aber vor allem darin, dass erfahrene Personaler in die Anfangsphase der Teambildung und den Start Agiler Projekte einbezogen werden müssen.

Heiko: Dann ist das Thema auch im Rahmen der Agilen Transformation relevant, wenn wesentliche Grundlagenentscheidungen für die Zukunft getroffen werden. Auch da muss die Personalabteilung unbedingt eine steuernde Rolle spielen. Aber das Thema nehmen wir ja noch einmal gesondert auf.

5.5.2 Personalbetreuung und Mitarbeiterbindung

Frank: Dann können wir uns ja der Personaladministration, der personenbezogenen Betreuung und der Mitarbeiterbindung widmen. Auch hier erwarten wir, dass die Agile Transformation ziemlich wenig Auswirkungen auf die Personalarbeit hat. Trotzdem haben wir in Abbildung 50 bei der Betreuung ein A für die Dringlichkeit gesetzt. Das müssen wir wohl erklären.

Heiko: Das ist schlicht die Einschätzung der Praktiker. Die große Mehrheit der Unternehmen steht ja noch am Anfang der Agilen Transformation und da wird einiges an Aufwand auf die Personalabteilungen zukommen. Bei größeren Veränderungen sind viele Mitarbeiter gerade in der Anfangsphase verunsichert und stellen viele Fragen. Vieles davon landet in der Personalabteilung, zumal ja auch einige Personalprozesse betroffen sind. Dementsprechend ist mit Mehraufwand zu rechnen und daher das A in der Tabelle (vergl. Abb. 50).

Frank: Womit sich noch einmal die Frage stellt, ob ein Teil des Aufwandes mit intelligenter Technik automatisiert werden kann. Und wo ist persönliche Betreuung nötig? Für viele Personalabteilungen könnte die anstehende Transformation ein gutes Argument sein, um endlich eine Personalmanagement-Suite einzuführen oder den Leistungsumfang zu überprüfen. Durch mehr Self-Service bekommen wir HR-Kapazität frei, um uns um die Mitarbeiter selbst zu kümmern.

5.5.3 Leistungsmanagement und Vergütung

Heiko: Dann lass uns zu den wirklich brennenden Themen kommen. Bei Management und Vergütung gibt es drei Gestaltungsbereiche – und in unserer Tabelle neunmal ein A. Beim Thema Leistung und Vergütung brennt die HR-Hütte – falls wir richtig liegen!

Frank: Wenn nicht hier, wo dann? Selbst in den Agilen Vorreiterunternehmen mit ihren großen Freiheitsgraden sind die Themen Zielvereinbarung, Leistungsmessung und Vergütung sowie die Mitarbeitergespräche die großen Dauerbaustellen. Kein Wunder, hier ist der Kern der Arbeitsbeziehung am stärksten berührt.

Heiko: In den klassisch organisierten Unternehmen dagegen sind Mitarbeitergespräche, Zielvereinbarungen und Leistungsbeurteilungen üblich und formal durchstrukturiert. Meist ist mit der Leistungsbeurteilung wiederum ein individueller Bonus verbunden. In einer Welt, die sicherstellen möchte, dass jeder Mitarbeiter seinen Beitrag zum Funktionieren des durchdefinierten Gesamtsystems leistet, funktioniert die dahinterstehende Logik halbwegs vernünftig.

Frank: Na ja, wenn man so aus der Außenperspektive auf diese Systeme schaut, dann sieht man schon häufig, dass Boni, Zielvereinbarungen, Kostenstellen, Budgets usw. jahrelang nicht hinterfragt worden sind und ein gewisses Eigenleben entwickelt haben. Oft werden sie nur abgearbeitet und nicht mehr gelebt. Abschaffen oder Verschlanken kann der Organisation mehr Luft zum Atmen geben.

Heiko: Das erinnert mich an unsere Diskussion zu Organisation und Metriken, etwa als wir über die gültigen Logiken von Effizienz und die daraus folgende Auslastung sprachen. In der tayloristischen Welt ist eine vollständige Auslastung aller Ressourcen ein Vorteil. Bereits das »klassische« Projektmanagement und nun die Agilität zeigen, dass dies falsch ist. Ressourcen müssen in Unterlast gefahren werden, um nachhaltig produktiv zu sein und auf Unvorhergesehenes reagieren zu können. Eine Leistungsbeurteilung auf Basis von Auslastung führt bereits in der alten Welt zu merkwürdigem Umgehungsverhalten.

Frank: Ja, und hier prallen die etablierte HR-Welt und die Agile Welt ziemlich heftig aufeinander. Für Mitarbeiter in selbstorganisierten Agilen Teams, die ihre Arbeitsleistung und damit Ziele im Pull-Prinzip aus dem Backlog ziehen und kollektiv und in enger Zusammenarbeit erbringen, machen die üblichen Systeme einfach keinen Sinn. Wenn dann noch andere solche Prozesse gültig sind, wird es schnell frustrierend für die Mitarbeiter. Da werden sie agil und arbeiten in Sprints, liefern zügig brauchbare Ergebnisse und dann ist mit einem Schlag Schluss mit der Agilität. Langatmige Verwaltungsprozesse (Einkauf, Lieferverträge etc.) hemmen den Durchfluss und Agilität wird zur Farce.

Heiko: Vorhin hattest du doch von einem Mittelständler gesprochen, dessen Personalabteilung sich auf den Weg gemacht hat. Wie wird dieses Thema denn dort gesehen?

Frank: Der Personalleiter ist auf die agil arbeitenden Kollegen in IT und Projektgeschäft zugegangen und hat sie schlicht nach ihrer Vorstellung für eine ideale Regelung in der Agilen Zukunft gefragt. Alle waren sich einig, dass folgende Änderungen für eine Agile Organisation sinnvoll sind:

- Individuelle Boni sollen abgeschafft werden, da in Agilen Teams die gegenseitige Unterstützung eine große Rolle spielt. Ein individueller Bonus steht dem im Wege, da ein Mitarbeiter andere fördert, selbst aber durch die Unterstützung (Zeitaufwand, Vergleich der Leistungen) in der Individualleistung sinkt.

- Jahreszielvereinbarungen sollen abgeschafft werden. Die kurzen Zyklen in der Agilen Arbeit und die Flexibilität in der Projektarbeit lassen sinnvolle Planungen und Steuerung auf Jahresbasis nicht zu.
- Die Leistungsbeurteilung soll viel stärker durch die anderen Teammitglieder und andere Stakeholder erfolgen, nicht mehr nur durch die Abteilungsleiter. Hierzu soll ein 360°-Feedback etabliert werden, in dem jeder jederzeit jeden um Feedback bitten kann.

Der Agile Personaler geht hin und fragt.

Heiko: Bezüglich der angedachten Abschaffung des Jahreszielvereinbarungssystems sehen sich die Beteiligten in guter Gesellschaft. Inzwischen hat selbst General Electric, also das Unternehmen, in dem die jährliche Leistungsbeurteilung besonders hoch priorisiert war, dieses System abgeschafft (Nisen 2015). Zum einen passt der Jahreszyklus nicht mehr zum Rhythmus des modernen Geschäfts, zum anderen hat der enorme Druck auf die Angestellten zwar die individuelle Leistung gefördert, aber gleichzeitig jede Individualität und Kreativität verhindert. Auch Teamarbeit wird deutlich schwieriger, wenn alle Teammitglieder unter dem hohen Druck einer individuellen Leistungsbeurteilung stehen. In so einem Kontext kann Agilität nicht gedeihen.

Frank: Inzwischen nimmt die Zahl der Unternehmen, die individuelle Boni abschaffen, immer weiter zu. Hier ist einfach zu offensichtlich, dass die Logik des individuellen Bonus im direkten Widerspruch zur Agilität steht. Das Schöne an diesem Punkt ist, dass zwar eine Neuregelung mit dem Betriebsrat zu finden ist, aber das Bonussystem relativ leicht abgeschafft werden kann. Man braucht es einfach nicht.

Heiko: Wie sieht es denn nun mit der Vergütung in Agilen Strukturen generell aus? Das Gehalt ist ja meist mit der Leistungsbeurteilung verknüpft und muss ebenfalls angefasst werden, wenn wir da etwas verändern.

Frank: Das Thema Gehalt ist an sich ein hochkomplexes Thema, was jeder weiß, der z. B. an entsprechenden Verhandlungen mit dem Betriebsrat oder an Tarifverhandlungen teilgenommen hat. Nach der Einigung gibt es dann immer noch Spezialisten, die meinen, anders behandelt werden zu müssen als im Vertrag vorgesehen usw. ... Die Diskussionen und der Streit hören hier nie auf. In der Agilen Community ist man dann zudem oft der Meinung, dass auch das Gehalt dem Agilen Mindset entsprechend geregelt sein sollte.

Heiko: Du zielst hier auf die Organisationen, in denen alle Gehälter offengelegt werden oder in denen jeder sein Gehalt selbst festlegen darf. Ich denke hier an das Beispiel Smarkets: Hier werden die Gehälter der Angestellten dadurch bestimmt, dass jeder seine Gehaltsvorstellung angibt, und anschließend stimmen die Kollegen ab, ob die

Person der Lohnvorstellung gerecht wird. Alle Gehälter werden in einem internen Wiki veröffentlicht und alle zwei Jahre neu verhandelt. (Bilello 2019)

Agile Vergütungssysteme

Gastbeitrag von Britta Redmann

Unternehmen wollen die besten Mitarbeiter. Nur mit den besten Mitarbeitern können Unternehmen die Herausforderung einer globalen und digitalen Zukunft bewältigen und für die Mitbewerber ihrerseits zu einer stetigen Herausforderung werden. Um die besten Mitarbeiter zu bekommen und zu halten, braucht ein Unternehmen auch ein innovatives Vergütungssystem. Solche Premiumunternehmen sind so agil, dass sie ihre Organisation und Strukturen immer wieder leicht anpassen können. Die Mitarbeiter solcher Unternehmen sind nicht nur Arbeitnehmer, sondern »Challenge-Partner« für das Unternehmen. Solche Mitarbeiter verdienen eine gute Bezahlung. Eine Vergütung nur in Geld genügt aktuell nicht mehr. Vielmehr sind weitere »Währungen« gefragt, die notwendig sind, um sowohl Agilität und Selbstorganisation zu fördern als auch gleichzeitig verschiedene wertvolle Typen von Arbeitnehmern attraktiv zu bezahlen.

Um solche Mitarbeiter bzw. Partner zu finden, die auch über die Fähigkeit verfügen, mit den modernen Agilen Arbeitsformen positiv motiviert umgehen zu können, sind die in den Unternehmen jeweils bestehenden Vergütungssysteme ein entscheidender Schlüsselfaktor. Es erweisen sich solche Vergütungssysteme als überlegen, welche in der Lage sind, sich gleichermaßen an den individuellen Bedürfnissen der Mitarbeiter und des Unternehmens auszurichten und diese Bedürfnisse zu erfüllen. Mitarbeiter können nach verschiedenen Vergütungssystemen entlohnt werden. Welches Vergütungssystem dabei für ein Unternehmen das Beste ist, hängt auch davon ab, was für die Mitarbeiter attraktiv ist und welche Kultur in einem Unternehmen gelebt wird. Zudem verlangt unsere heutige Arbeit Kreativität, Innovation sowie den Umgang mit neuartigen und komplexen Problemstellungen. So sind Vergütungssysteme zunehmend strategische Instrumente, um Arbeitnehmer zu kreativen Mitgestaltern zu motivieren und sie – gerade in Zeiten des Fachkräftemangels – emotional an Unternehmen zu binden. Dabei passt nicht jedes System auch auf jedes Unternehmen.

In der Vergangenheit standen hier vor allem monetäre Vergütungssysteme, allen voran klassische tarifliche Systeme, im Vordergrund. Diese Vergütungssysteme ordnen sich vornehmlich nach drei Bestimmungsfaktoren:

- Leistungsbezogen
- Soziale Umstände
- Erfolgsabhängig

Die vom Mitarbeiter erbrachte individuelle Arbeitsleistung – quantitativ und qualitativ – ist in diesen Systemen Grundlage für eine leistungsbezogene Zahlung.

Soziale Umstände sind z. B. Alter, Anzahl der Kinder oder Familienstand. Bei einer erfolgsabhängigen Bezahlung steht häufig der Erfolg des gesamten Unternehmens und nicht nur der des Einzelnen im Vordergrund. [1] Beispiele sind hier Gewinnbeteiligungsmodelle oder Aktienoptionsprogramme.
Angesichts sich verändernder Arbeitsabläufe durch die Digitalisierung und neuer Ansprüche von Beschäftigten denken viele Unternehmen über grundlegende Veränderungen und auch Anpassungen von Vergütung nach. [2]
So wie sich ein Wandel in unserer Arbeitswelt weg von stark repetitiven und wenig attraktiven Aufgaben hin zu einer kreativen und schöpferischen Mitgestaltung durch Arbeitnehmer vollzieht, verliert auch der Ansatz eines rein finanziell geprägten Vergütungssystems seine Wirkung. In einer neuen Arbeitswelt wird daher der Fokus auf den richtigen Rahmenbedingungen liegen müssen, der Mitarbeitern die beste Leistung als auch die beste Zusammenarbeit ermöglicht und diese fördert.
Zukünftig brauchen wir in Unternehmen daher verstärkt Systeme, die einerseits die individuellen Bedürfnisse von Mitarbeitern erfüllen und zum anderen aber auch die betriebswirtschaftlichen Notwendigkeiten des Unternehmens sichern. Das alles eröffnet die Chance, nicht nur den Blick auf die »neuen Wünsche« der Beschäftigten zu erweitern, sondern hier insbesondere auch andere, vor allem nicht-monetäre Anreize stärker in den Fokus zu bringen, die diesen Wünschen gerecht werden können. Es bedarf daher der richtigen Mischung aus monetären und nicht-monetären Komponenten, die aktuelle Bedürfnisse und Notwendigkeiten berücksichtigen.
Was ist nun die richtige Mischung? Diese exakt zu finden wird wohl nicht mehr pauschal für jedes Unternehmen gleich zu beantworten sein, sondern je nach Mitarbeitertypus und dessen Wünschen variieren.
Für Unternehmen bedeutet dies, wesentlich flexibler zu werden, was ihre Vergütungssystematiken anbelangt. Dabei haben Faktoren, die vor allem keine direkten Gehaltsbestandteile sind, gegenwärtig einen enormen Einfluss auf die Entscheidung von Arbeitnehmern, zu welchem Arbeitgeber sie gehen bzw. bei welchem sie auch bleiben.
Insofern bieten sich hier für Unternehmen gerade jetzt neue Chancen, Mitarbeitern Vorteile zu gewähren – also eine Art »Währung« –, die auf die Organisationsgestaltung, bestimmte Arbeitsweisen und besondere Formen der Zusammenarbeit bzw. auch kulturelle Faktoren zurückzuführen sind. Das können Agiles Arbeiten, mobiles Arbeiten, Innovationslabs, selbstorganisierte Teams, New Pay, flexible Arbeitszeiten, Arbeitszeitautonomie etc. sein. Es handelt sich also um Vorteile, die man sich mit Geld nicht kaufen kann, die aber dafür entscheidend sein können, ob sich ein Mitarbeiter im Unternehmen wohlfühlt.
[1] Ein klassisches Beispiel für eine entsprechende Berücksichtigung solcher Komponenten findet sich im öffentlichen Dienst.

[2] https://www.personal-wissen.de/grundlagen-des-personalmanagements/bestimmungsfaktoren-des-entgelts/
[3] BMAS, Bericht zum Forschungsmonitor »Variable Vergütung«, 2018, unter https://www.bmas.de/SharedDocs/Downloads/DE/PDF-Publikationen/Forschungsberichte/fb507-bericht-zum-forschungsmonitor-variable-verguetungs-systeme.pdf?__blob=publicationFile&v=1

Frank: Vom Ansatz »Gehalt selbst bestimmen« gibt es ja noch unzählige andere Varianten. Ein schönes Praxisbeispiel ist die Gehaltsfindung bei der SeibertMedia. Wie die Geschichte und der aktuelle Prozess aussehen, wird im folgenden Webinar erläutert: https://blog.seibert-media.net/blog/2017/12/19/webinar-gehaltsfindung-bei-seibert-media/

Hier beruht die Gehaltsfindung auf einem Delegiertensystem, den sogenannten GehaltsCheckern. Diese werden gewählt und treffen sich am Anfang des Prozesses, um über die neue Gehaltsstruktur abzustimmen, und zwar auf Basis der bestehenden Gehaltsstruktur und der Mitarbeitervorschläge dazu, wie diese verändert werden kann. Danach werden mit den Mitarbeitern Einzelgespräche geführt. Details dazu finden sich wie gesagt im Webinar.

Heiko: Das Prinzip, dass alle Mitarbeiter Delegierte wählen, die eine bestehende Gehaltssystematik und die einzelnen Gehälter überprüfen und verhandeln, scheint mir aktuell das effizienteste System Agiler Gehaltsdefinition zu sein und sich langsam zu verbreiten. Wir haben also zwei Ansätze, die sich deutlich von dem unterscheiden, was wir Personaler so gewohnt sind. Da wäre noch viel zu sagen, aber an dieser Stelle wollen wir zunächst ja nur einen ersten Einblick in Agiles Personalmanagement geben. Außerdem hat Britta Redmann gerade ein sehr spannendes Buch zu Agilen Vergütungssystemen publiziert und wer Interesse am Thema hat, ist damit bestens bedient.

! **Lesetipp**

Britta Redmann – Vergütungssysteme gestalten: agil, rechtssicher und nicht-monetär
Vergütung ist mehr als Geld
Flexible Arbeitszeitgestaltung, die Sinnhaftigkeit der Arbeit, ein hohes Maß an Eigenverantwortung und Selbstführung oder Weiterbildungsmöglichkeiten sind wichtige Elemente der Fachkräftegewinnung und -bindung. Die Autorin zeigt, wie Sie das Vergütungssystem Ihres Unternehmens neu strukturieren können, um für die besten Köpfe (weiterhin) attraktiv zu sein. Sie fördern damit zugleich die Agilität und Selbstorganisation und stärken Ihr Unternehmen für die Zukunft.
Inhalte:

- Arbeit verändert sich: gesellschaftlicher Wandel, Generationen und Organisationen im Umbruch

- Neue Anforderungen: Anpassungsfähigkeit, Agilität, Netzwerkorganisation
- Unterschiedliche Bedürfnisse von Unternehmen und Mitarbeitern
- Neue Arbeit – neue Vergütung: Viele Bedürfnis-Typen erfordern viele Währungen

Das Buch halten wir für lesenswert, weil die komplexe Materie der Vergütung für die Agile Welt aufbereitet und nachvollziehbar dargestellt wird. Für Personaler gehört es zur Pflichtlektüre. Das Buch ist 2019 bei Haufe erschienen.

Frank: Dem ist nichts hinzuzufügen und wir gewinnen Raum, um uns noch einmal mit den Themen Leistungsbeurteilung und Mitarbeitergespräch zu befassen. Auch hier sind in agil arbeitenden Unternehmen ja offensichtlich einige Veränderungen erfolgt. In den Beispielen zu neuen Gehaltstrukturen war bereits davon die Rede, dass die Teams einen Großteil der Mitarbeitergespräche untereinander führen.

Heiko: Bei den Mitarbeitergesprächen hatten wir ja schon ein paar Beispiele genannt. Durchgängiger Tenor war, dass die üblichen Jahresgespräche zu Leistung und Entwicklung als hochgradig bürokratisch und unwirksam wahrgenommen werden.

Frank: Wobei wir betonen müssen, dass diese Unzufriedenheit flächendeckend und schon seit Jahren zu beobachten ist. Mit Agilität hat das nichts zu tun.

Heiko: Wie gehen denn die Agilen Vorreiterunternehmen mit dem Thema Leistungsbeurteilung und Zielvereinbarung um? Die Zielvereinbarung dürfte dort ja durch die Agilen Metriken ersetzt sein, ergänzt um Teamfeedbacks.

Frank: Darauf fokussieren sich im Prinzip die meisten Unternehmen. Wie im Beispiel des Mittelständlers beschrieben (siehe folgende Case Study) läuft es auf eine Zielvereinbarung über einen strategischen Backlog, Sprint Backlog und Reviews/Retrospektiven hinaus. Die Leistung wird als Teamleistung definiert und in den Reviews/Retrospektiven von den Teams verbessert. Basis der Leistungsdefinition sind die Story Points oder was auch immer als Maßstab für Arbeitsleistung eingesetzt wird. Ich habe aber ehrlich gesagt das Gefühl, dass hier noch nicht der Stein der Weisen gefunden ist und noch viel experimentiert wird.

Case Study: Avaloq Evolution AG

Die Avaloq Evolution AG ist ein IT-Unternehmen mit Sitz in der Schweiz. Über 2000 Mitarbeiter unterstützen Kunden in der Finanzindustrie. Die CHRO Christine Hübschen hat 2017 auf LinkedIn einen Artikel »From performance management to people development: exploring other paths that lead to high performing culture« publiziert, in dem sie beschreibt, wie das Performance Management heute gestaltet ist.

Quelle: https://www.linkedin.com/pulse/from-performance-management-people-development-other-paths-h%C3%BCbschen/
Die folgende Case Study ist eine gekürzte und übersetzte Version dieses Artikels.
Zitat: »Many HR specialists are currently giving much thought to how well-established processes can be adapted to new circumstances. Transformation and digital disruption are much more than meaningless buzzwords. At Avaloq, we have taken the bold step of radically changing all major people processes as part of a corporate culture campaign. We will present our solution in this article. The reason we are doing this is not because we think that ours is the only right way, but because we are convinced that we can improve by exchanging ideas. All that matters to us in the end is having an excellent model for our employees and our company.«
Das ursprüngliche Performance Management sah vor, dass eine Zielvereinbarung getroffen wird, deren Umsetzung in einer Leistungsbeurteilung überprüft wird und in einem Bonus für den Mitarbeiter mündet. Gerade für Hochleister ist dieser Prozess demotivierend. Der Prozess der Zielvereinbarung wird als unflexibel wahrgenommen und die Ziele sollten sich verändernden Rahmenbedingungen anpassen lassen. Gerade Hochleistern fehlt weiterhin die Möglichkeit, die oft übernommenen Zusatzaufgaben oder Aufgaben, die neu, unbekannt und schwierig sind, zu erfassen. Diese sind in der Zielvereinbarung meist nicht abgebildet. Dann fehlt den Leistungsträgern, die oft auch die intensivsten Lerner sind, eine Verbindung von Leistung und persönlicher Weiterentwicklung.
Auf eine Zielvereinbarung ganz zu verzichten ist nicht unbedingt ratsam, denn die Mitarbeiter wollen Unternehmensziele kennen, darauf aber eben flexibel reagieren können.
Das neue Modell bei der Avaloq Evolution AG beinhaltet:

- Gemeinsame Zielvereinbarung in den Teams
- Quartalsweise Ziele statt Jahreszahlen, wobei die Teams selbst über den passenden Zeitraum entscheiden können
- Gemeinsame Evaluation der Ergebnisse: Es wird nur die Teamleistung, keine Individualleistung gemessen.
- Gemeinsame Evaluation der Zusammenarbeit im Team: Wegen der Bedeutung der Teamarbeit wird auch diese evaluiert. Dabei geht es meist um Kommunikation und bewusste Kooperation.
- Totale Transparenz: Die Mitarbeiter haben Zugang zu allen Informationen, außer diese sind durch gesetzliche oder ähnliche Gründe als vertraulich eingestuft. Die Transparenz gilt auch für alle Ziele und die Evaluation.

Mitarbeitergespräche sind nur noch auf die persönliche Entwicklung ausgerichtet. Die Mitarbeiterentwicklungsgespräche werden in zwei Bereiche aufgeteilt:

- Entwicklung in der aktuellen Position
- Langfristige Karriereentwicklung

Das jährliche Mitarbeitergespräch fokussiert auf die Karriereentwicklung und wird ausschließlich zu diesem Punkt geführt. Die Initiative geht vom Mitarbeiter aus, denn seine Karriere liegt im eigenen Interesse. Der Entwicklungsprozess wird durch eine Talentmanagementsoftware unterstützt. Die einzelnen Jahresgespräche werden nach elf Monaten hinsichtlich ihrer Wirkung evaluiert.
Die Zielgespräche sind auf die Entwicklung der Mitarbeiter in ihrer aktuellen Position gerichtet. Dazu gehört ein differenziertes Feedback ohne Noten, Ranking oder Ähnliches. Es geht um den Beitrag zur Entwicklung der Ziele, die Umsetzung der Unternehmenswerte und herausragende Stärken. Abschließend werden Aktionen für die Weiterentwicklung vereinbart.
Ein diffiziles Thema war die Frage nach den Einstufungsskalen. Egal ob fünf- oder neunstufig – eine derartige Einstufung wirkt immer wie eine absolute Bewertung. Daher wird heute auf textbasierte Einstufungen zurückgegriffen, die in der Formulierung auf die weitere Entwicklung ausgerichtet sind.
Die Leistung und der Bonus sind nicht mehr miteinander verknüpft. Ein positiver Effekt dieser Entscheidung ist, dass die Entwicklungsgespräche nicht von der Frage nach dem Geld überlagert sind.
Nach Abschaffung der individuellen Boni erhalten die Mitarbeiter einen Bonus in Abhängigkeit vom Unternehmenserfolg. Dieser jährliche Bonus bemisst sich nach Erfolgsanteilen, deren Anzahl wiederum von der Einstufung der Position in ein Grading System abhängt. Innerhalb eines Grades erhalten alle Mitarbeiter den gleichen Bonus. Zusätzlich kann ein Bonus für herausragende Leistung vergeben werden.
Die Entwicklung des HR-Systems und der Organisation geht im Unternehmen weiter, oder wie die Autorin es formuliert: »This set of changes has taken us on a journey that is far from finished. Currently, we are examining our organisational and cooperation models. The guiding questions here, in particular, are how leadership is changing, whether pyramids are still the right organisational structure, how we ensure strong cooperation both internally and externally at local and international levels. We look forward to this and to interesting exchanges.«

Heiko: Folgt man der Agilen Logik, sollten die selbstorganisierten Teams auch das Performance Management eigenständig entscheiden. Wahrscheinlich werden dann folgende Aspekte relevant sein:

- Die Beurteilungszeiträume werden an die Sprints oder das gesamte Projekt gekoppelt.
- Statt Fragebögen und Papier werden elektronische Tools genutzt.

- Die Leistungsbeurteilung erfolgt durch die Teammitglieder und direkte Kontakte auf Kundenseite sowie durch andere Stakeholder. Wer Feedback geben soll, wird vollständig oder teilweise durch die Feedbacknehmer entschieden.
- Ergebnisse von Leistungsbeurteilungen werden öffentlich geteilt.
- Das Management hat Vorbildfunktion. Eine positive Feedbackkultur wird unterstützt, wenn auch die Führungskräfte inklusive Top-Management einer gleichen Logik folgen.
- Erfolge werden gefeiert, ebenso Misserfolge (Fuckup-Nights, vergl. Arbeitshilfen online).

Frank: Damit stellt sich automatisch die Frage, wie eine vergleichbare Praxis über die gesamte Organisation gewährleistet werden kann. Hier dürfte die Personalabteilung eine zentrale Rolle spielen. Aus meiner Sicht sind folgende Faktoren essenziell:

- Kompetenzen entwickeln. Feedback und die vorherige Leistungsbeurteilung sind Kompetenzen, die erlernt werden können und müssen. Statt wie früher nur die Führungskräfte zu schulen, sind nun alle Mitarbeiter entsprechend zu qualifizieren.
- Hilfreiche Rahmenbedingungen wie ein unternehmensweit geltender Kompetenzkatalog und ein IT-Tool sind bereitzustellen.
- Auswertung der Daten, die aus dem Tool generiert werden. Sind die Teams ähnlich aktiv? Welche Entwicklungen sind zu beobachten? ...

Der letzte Punkt erscheint mir wichtig. In der Agilen Welt mit einer immer stärkeren Individualisierung, mehr Verantwortung in den Teams und der Möglichkeit, spezifische Prozesse und Verhaltensweisen zu etablieren, wird ein datenbasiertes Controlling immer wichtiger. Ohne eine gute IT-Unterstützung ist ein professionelles Personalmanagement nicht zu schaffen.

Heiko: Also ist dies ein weiterer Bereich der Agilität, in dem wir Personaler unbedingt schnell in den Lead gehen sollten. Einerseits werden unsere bestehenden Systeme zu Recht in Frage gestellt, zum anderen werden neue Logiken und Strukturen geschaffen, ohne unsere Expertise einzubeziehen.

Frank: Das Risiko besteht und umso wichtiger ist für HR, gründlich verstanden zu haben, was Agilität bedeutet, damit adäquat und nutzenstiftend an diesen extrem wichtigen Themen mitgearbeitet werden kann.

Heiko: »Mitgearbeitet« bedeutet, dass wir hier nicht mehr alleine agieren können. Das ist eine weitere Veränderung. Da fällt mir noch ein Punkt auf: Wenn in agil arbeitenden Unternehmen keine Zielvereinbarung mehr stattfindet, verliert das Management doch eine grundlegende Steuerungsmöglichkeit.

Frank: Nicht wirklich. Wir haben ja schon über Objectives and Key Results als potenziellen Ersatz gesprochen. Mit einer solchen Logik lassen sich selbst große Unternehmen agil steuern. Dann kommt hinzu, dass Agiles Arbeiten in hohem Maße transparent ist und die Arbeitsflüsse tagesaktuell messbar sind. Zwischen den Objectives und dem aktuellen Fluss stehen noch die Backlogs, die ebenfalls relevante Informationen für die Steuerung liefern.

Heiko: Das ist ein weiteres gutes Argument, warum sowohl das Top-Management wie auch das mittlere Management unbedingt ein professionelles Portfoliomanagement etablieren sollten. Hier wird nicht nur der Organisation gezeigt, was besonders relevant ist, der Abfluss an Arbeit aus dem Backlog zeigt indirekt auch die Leistungsfähigkeit der Organisation an. Das bedeutet unter dem Strich: OKR, strategisches Portfoliomanagement und die Transparenz der Arbeitsflüsse reichen für eine gute Unternehmenssteuerung aus – zumindest dann, wenn das Management in die Teams geht und sich relevante Informationen dort abholt bzw. auch vor Ort schnell Entscheidungen trifft.

Frank: Damit stellt sich die Frage nach der Systemveränderung. Selbstverständlich fällt es einem Systemverantwortlichen schwer, das Baby, dass er jahrelang großgezogen hat, in das viel Herzblut oder zumindest Schweiß geflossen ist, einfach abzuschaffen oder jemand anderem zu übergeben. Hier müssen wir Personaler einfach selbstreflektiert genug sein, um zuzugeben, dass die Logik der Mitarbeitergespräche nicht funktioniert. Aufwand und Nutzen stehen in keinem vernünftigen Verhältnis. Also abschaffen!

Die Logik der Mitarbeitergespräche funktioniert nicht. Abschaffen!

Heiko: Das tut weh. Wie sieht es aber mit der Frage nach der Kompetenz zur Durchführung professioneller Mitarbeitergespräche aus?

Frank: Darin stecken aus meiner Sicht zwei Elemente. Die mutmaßlich höhere Kompetenz der Vorgesetzten zur Durchführung der Gespräche steckt in dem Informationsvorsprung, den sie haben, und in der Qualifizierung zur Durchführung. Der erste Punkt verschwindet in der Agilen Arbeitswelt völlig. Die deutlich größere Transparenz im Agilen Arbeiten sorgt für umfassende Information aller Beteiligten. Wir dürfen nicht vergessen, dass mit Daily Standups, Kanban Board, Reviews und Retrospektiven usw. viele und vor allem häufige Gelegenheiten bestehen, sich gegenseitig zu informieren und Feedback zu geben. Das ist in Agilen Teams absolut normal. Damit ist der Hauptzweck von Mitarbeitergesprächen bereits Bestandteil des tagtäglichen Arbeitens.

!

Praxistipp: Skalierte Mitarbeitergespräche

Mitarbeitergespräche werden in Agilen Strukturen immer mehr in die Eigenverantwortung der einzelnen Mitarbeiter übergehen. Dazu können ihnen unterschiedliche Angebote gemacht werden, die von informellen 1:1-Gesprächen bis zu großen 360°-Feedbacks über die gesamte Belegschaft hinweg reichen können.
Stufe 1: Eins-zu-eins-Gespräch mit einem beliebigen Feedbackgeber
Stufe 2: Vier Feedbacks einholen: Der Mitarbeiter bittet vier Personen aus seinem Arbeitsumfeld um ein Feedback. Dazu gehören:

- ein Kunde (Leistungsabnehmer)
- zwei Kollegen im Team
- ein Lieferant (Leistungserbringer für den Mitarbeiter)

Stufe 3: Teamfeedback
Stufe 4: Formales 360°-Feedback über ein Tool und mit vielen Feedbackgebern

Heiko: Damit sinkt dann auch die Hemmschwelle, Feedback zu geben und der Einzelne erhält auch von mehr Personen Feedback, als es im üblichen System der Fall ist. Ich frage mich trotzdem, ob wirklich alles so einfach ist, wie es in den Publikationen zu Agilem Arbeiten immer dargestellt wird.

Frank: Ich glaube nicht und sehe auch immer wieder, dass der Faktor »Menschliches, Allzumenschliches« durch Agilität nicht verschwindet. Da gibt es trotz der häufigen und differenzierteren Gespräche, trotz des Feedbacks und positiven Grundtenors genügend Punkte, die man kritisch begleiten sollte.

Heiko: Du meinst also beispielsweise Konflikte zwischen einzelnen Teammitgliedern, eine sich ungesund entwickelnde Teamdynamik oder Ähnliches. Selbstorganisation ist in meinen Augen nichts, was die Mitarbeiter einfach so können, auch wenn einige New-Work-Gurus genau dies predigen.

Selbstorganisation ist nichts, was die Mitarbeiter einfach so können.

Frank: Diese Diskussion zeigt erneut, wie wichtig die Rolle der Personalabteilung in der Agilität ist. Hier sitzt die Kompetenz, die Teamprozesse so zu unterstützen, dass Agile Teams eine nachhaltige Leistung bringen und eine positive Kultur stabilisieren. Außerdem wird klar, dass wir nicht so einfach auf Führung verzichten können und sollten. Die Frage nach Einfluss und Macht spielt auch in der Selbstorganisation eine Rolle und ich möchte sehr ungern Scrum Master mit Zwei-Tage-Schulungen oder die Aktivisten als Treiber des Prozesses sehen.

Heiko: Ja, zumal auch zu beobachten ist, dass auftretende Schwierigkeiten im Team durch eine immer stärkere Betonung der Kommunikations- und Interaktionsregeln in den Agilen Methoden oder in Holacracy etc. beseitigt werden sollen. Dann entsteht früher oder später ein Methodendogmatismus, der sicher zum Scheitern führt (vergl. Arbeitshilfen online).

Frank: Fassen wir doch mal kurz zusammen. Die Mitarbeitergespräche der Vergangenheit gehören genau dorthin – in die Vergangenheit. Wir brauchen weiterhin gute Gesprächsformate, um die einzelnen Mitarbeiter und die Teams in ihrer Arbeit zu fördern. Dies ist in guten Teilen durch die Agilen Arbeitsweisen vorgegeben, aber darüber hinaus sind die menschlichen Faktoren zu beachten. Eine empathische und ausgleichende Führung der Teams ist daher sinnvoll, die Frage bleibt nur, wer diese Aufgabe in welcher Rolle übernehmen kann. Gute Systeme können hier helfen.

Heiko: Für gute Systeme und eine professionelle Begleitung bietet sich HR an und wir sollten die Führungskräfte nicht unüberlegt abschaffen. Dann bleibt nur die Frage, wie ein Unternehmen gute Mitarbeitergespräche konkret gestalten kann. Ein positives Beispiel sehe ich in der Art, wie die conplement AG Mitarbeitergespräche organisiert (vergl. folgende Case Study).

Case Study: Der Mitarbeiter-Canvas der conplement AG

Das jährliche Mitarbeitergespräch ist in vielen Unternehmen ein formaler Akt, den die Beteiligten einfach nur schnell hinter sich bringen wollen. Bei der conplement AG wurde daher überlegt, wie ein Mitarbeiterjahresgespräch so gestaltet werden kann, dass es für alle Seiten einen Mehrwert darstellt.
Herausgekommen ist der sogenannte »Mitarbeiter-Canvas«, der auf dem Business Canvas der Strategyzer AG basiert. Dahinter steht folgende Idee: »Unser Anspruch ist, dass ein Mitarbeitergespräch anstatt einer Konzentration auf Bewertung und Gehaltsverhandlung vielmehr ein Gespräch auf Augenhöhe sein muss mit dem Schwerpunkt auf einer ganzheitlichen Sicht auf den Mitarbeiter im Unternehmen. Im Zentrum soll der Mensch hinter dem Mitarbeiter stehen mit seinen Talenten, seinem Wertbeitrag aber auch seinen Motivatoren und Hürden.«
Neben dem Mitarbeiter-Canvas selbst gibt es einen ausführlichen Gesprächsleitfaden, der den Gesprächsparteien bei der Vorbereitung und Durchführung der Gespräche hilft. Beides hat das Unternehmen auf der eigenen Website unter Creative Commons publik gemacht.

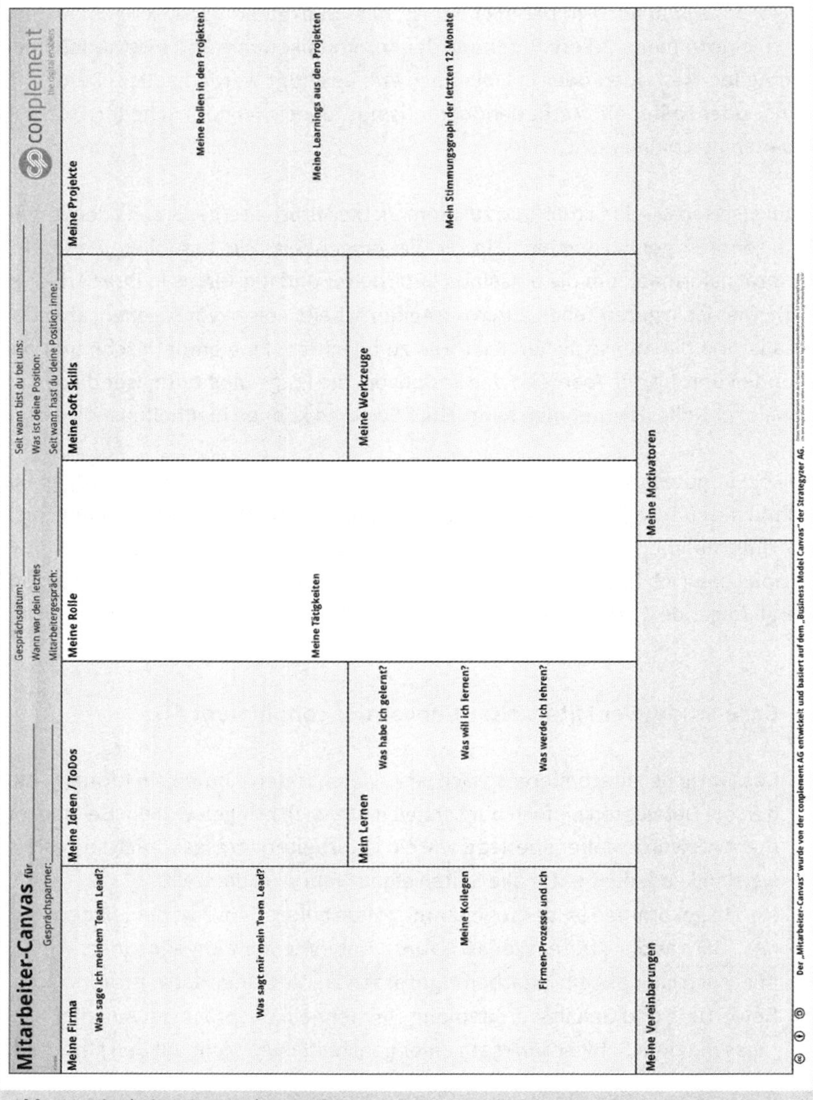

Abb. 52: Mitarbeiter-Canvas der conplement AG

Wie funktioniert der Mitarbeiter-Canvas?

Die Grundidee ist, dass man besser über die eigene Tätigkeit sprechen kann, wenn man nicht nur auf die eigentliche Tätigkeit schaut, sondern sich auch vor Augen führt, wozu die eigene Rolle in den Kundenprojekten dient und wie die Firma das intern unterstützen kann. Man betrachtet die Rolle des Mitarbeiters also ganzheitlich.

Um diese ganzheitliche Sicht zu visualisieren, benutzen beide Gesprächsteilnehmer ein großes Plakat – eine Art »Landkarte« oder »Arbeitsfläche« als Leitfaden. Dieses Plakat heißt »Canvas«.
Der Canvas wird von beiden Gesprächsteilnehmern während des Gesprächs in Echtzeit mit Post-its gefüllt. So haben beide immer eine ganzheitliche Übersicht und können während des Gesprächs die einzelnen Aspekte beliebig nachschärfen.
Der Canvas hat vier Bereiche:
Im Zentrum steht der Mitarbeiter mit seinen Tätigkeiten bzw. seiner Rolle. Das Fundament bildet das, was man aus Vereinbarungen vom Gespräch des Vorjahres mitbringt (z. B. persönliche Roadmap) und was den Mitarbeiter momentan antreibt/motiviert. Rechts ist die Sicht nach außen zu Kunden und Projekten. Hier wird festgehalten, in welchen Projekten und Projektrollen der Mitarbeiter tätig war/ist und welche technischen Kompetenzen und Soft Skills er dafür nutzt. Links ist die Sicht nach innen in die Firma. Hier wird notiert, wie die Organisation unterstützt, dass man nach außen hin erfolgreich arbeiten kann. Hier haben z. B. Feedback zu Führungskraft und Kollegen oder auch Weiterbildungsthemen Platz.
Der Mitarbeiter-Canvas selbst ist in Abbildung 52 dargestellt, der ausführliche Leitfaden kann, ebenso wie der Mitarbeiter-Canvas, von der Homepage der conplement AG heruntergeladen werden:
https://www.conplement.de

Frank: Das ist ein weiteres Beispiel, das zeigt, wie es gehen kann, und dass Agilität ein komplexes Thema ist, in dem sich viele solcher kleinen Themen bündeln, die zusammengenommen eine echte Herausforderung darstellen. Agiles Arbeiten ist nicht damit getan, ein paar Methoden einzuführen, es ist ein umfassender Transformationsprozess.

Heiko: Stimmt, die Agile Transformation ist eine willkommene Gelegenheit, untaugliche Systeme abzuschaffen oder zu erneuern. Wenn wir Agilität einführen wollen, verändert sich nicht nur die Grundlogik der Mitarbeitergespräche.

Frank: Gut, da haben wir schon einiges geschafft und auf die Agile Transformation gehen wir ja später noch detailliert ein. Nach dem DGFP-Modell wäre der nächste Punkt die Personal- und Managemententwicklung. Das Thema haben wir bereits mehrfach angesprochen. Das wird noch eine längere Diskussion. Lass uns dies bitte etwas später klären und erst die Themen bearbeiten, die sonst noch im Modell stehen.

5.5.4 Personalfreisetzung

Heiko: Dann kommen wir jetzt zur Personalfreisetzung. Ich muss ehrlich gestehen, mir fehlt im Moment ein wenig die Phantasie, wie dieses Thema von Agilität betroffen sein wird. Die Trennung von Mitarbeitern ist schon immer ein Thema der Personalabteilung und das wird es wohl auch bleiben.

Frank: Wirklich? Die Rekrutierung ist auch schon immer ein HR-Thema, aber die Agilen Teams haben in diesem Bereich einige der Aufgaben und Verantwortung übernommen. Müssen sie dann nicht auch am anderen Ende des Mitarbeiterlebenszyklus diese Verantwortung tragen?

Heiko: Lass uns doch kurz darüber nachdenken, was passieren kann. Da ist ein Mitarbeiter in einem Team und die anderen Teammitglieder wollen ihn nicht mehr dabeihaben. Fachlich, menschlich, egal, es funktioniert einfach nicht. Was nun? Darf das Team den Kollegen einfach »rausschmeißen«? Ich denke hier alleine schon an die Fürsorgepflicht des Arbeitgebers, die durch eine Führungskraft oder die Personalabteilung gewährleistet werden muss.

Frank: Die vom Team aber wahrscheinlich gar nicht gesehen wird oder einen geringeren Stellenwert hat als die Teammeinung. Dann ist ja auch die Frage, was mit dem Kollegen passieren soll. Raus aus dem Team heißt nicht raus aus dem Unternehmen. Hier muss also geprüft werden, ob eine Weiterentwicklung oder der Einsatz in einer anderen Funktion möglich sind. Wieder wäre HR der ideale Ansprechpartner.

Heiko: Damit wird es ein HR-Problem und das Team ist aus dem Schneider. Ich denke, dass hier Sensibilität und Konsequenz von HR gefragt ist. Das Team darf nicht einfach aus der Verantwortung entlassen werden, aber HR hat einfach die größere Kompetenz und Erfahrung für solche Fragen. Dies ist ein schönes Beispiel dafür, dass nach der Anfangseuphorie, die das Thema Agilität ausgelöst hat, ganz profane Fragen klassischer Natur auftreten werden, die man sinnvoll regeln muss.

Frank: Da wird das Pendel dann ein wenig zurückschwingen und bewährte Strukturen und Leistungen, wie hier HR, werden wieder gefragt. Dazu gehören wohl auch kollektive Trennungsprozesse. Bisher kenne ich kein Beispiel für ein agil arbeitendes Unternehmen, in dem diese Frage relevant gewesen wäre. Aber auch hier gilt. Das kommt sicher. Insbesondere bei größeren bimodalen Unternehmen wird es relevant werden.

Heiko: Das sind ja zwei Fragen, die auftreten werden:

- Sind agil arbeitende Organisationseinheiten anders betroffen als die klassisch organisierten?
- Kann agiles Vorgehen die Thematik besser bearbeitbar machen?

Ehrlich gesagt habe ich da keine Vorstellung. Die gute Nachricht ist aber, dass die betroffenen HR-Kollegen noch einige Zeit haben, um sich darauf einzustellen.

5.6 Führungs- und Selbstkompetenz

Frank: Diese Zeit haben wir beim nächsten Thema wohl nicht. Hier haben wir im Agility-Check die Punkte Dringlichkeit und Relevanz als A eingestuft. Die bisherige Diskussion sollte klar gezeigt haben, dass sich die Führungsrolle ebenso massiv verändert, wie die Anforderungen an alle Personen im Agilen Umfeld steigen. Da wir dem Thema Agile Führung ja ein ganzes Kapitel (vergl. Kap. 4) gewidmet haben, können wir den Teil hier wohl übergehen. Da weiß HR auch, was zu tun ist, zudem betrachten wir die Führungskräfteentwicklung ja noch in einem weiteren Kapitel.

Heiko: Ja, das passt für mich, wobei wir der Selbstkompetenz noch ein paar Worte gönnen sollten. Wenn ich vor meinem inneren Auge so vorbeiziehen lasse, was ich in den letzten Jahren erlebt habe und was wir hier bisher diskutiert haben, dann erleben wir gerade einen massiven Wandel der Arbeitswelt. Damit verändern sich auch die Kompetenzanforderungen an die Mitarbeiter und Führungskräfte. Obwohl sehr viel darüber geschrieben wird, habe ich trotzdem nicht das Gefühl, dass ein klares und einheitliches Bild des »idealen« Mitarbeiters in der Agilen Welt besteht. Es gibt eine Vielzahl von Meinungen, in der eher das Bild großer Agil-Helden gezeichnet wird. In meiner operativen Personalarbeit erlebe ich diese Helden sehr selten.

Frank: Jetzt könnte es ja gerade unsere Aufgabe in der Personalabteilung sein, die Lücke zwischen den Agil-Helden und den Normalmenschen zu schließen. Dazu muss ich wissen, was ich mir idealerweise vorstelle. Wie siehst du den Kompetenzansatz, wenn wir über Selbstkompetenz sprechen?

Heiko: Zunächst würde ich in die drei Bereiche VUCA-Welt, Agiles Arbeiten und Persönlichkeit unterteilen.

Für einen kompetenten Umgang mit VUCA sollte ein Mitarbeiter folgende Eigenschaften mitbringen:

- Unternehmertum, d. h. Klarheit, dass es bei aller Agil-Romantik um den Erfolg des Unternehmens geht.
- Leistungswille, in der besten Form als permanentes Streben nach Exzellenz (Mastery).
- Innovationsgeist bzw. Veränderungswille, d. h. den Wunsch, das System immer besser werden zu lassen.

Für den Bereich des Agilen Arbeitens wünsche ich mir:

- Kooperationswille und Teamgeist für die selbstorganisierte Teamarbeit.
- Aufmerksamkeit und Empathie im Umgang mit den Kollegen.
- Disziplin, sich in den strukturierten Ablauf Agiler Workflows und in die Regeln des Teams einzugliedern und die festgelegte Geschwindigkeit mitzugehen.

Als Persönlichkeitsmerkmale denke ich vor allem an:

- Neugier, Neues zu entwickeln und Neues zu lernen.
- Flexibilität, d.h. Anpassung an unerwartete oder schnelle Veränderungen, ohne dabei den Fokus zu verlieren.
- Emotionale Stabilität für die vielen Unwägbarkeiten und Überraschungen, die wir erleben.

Frank: Ich bin selbst noch ein wenig unsicher, wie ich mich zu der Liste stellen soll. Ich weiß, dass du es so nicht gemeint hast, aber deine Darstellung des idealen Mitarbeiters ist ziemlich »alte Welt«. Wir definieren ein Idealprofil und suchen den dazu passenden Menschen oder entwickeln Menschen auf dieses Profil. In der rein Agilen Denkweise geht es eher nach dem Motto »Come as you are«, d.h., die Menschen werden so angenommen, wie sie sind, und dann wird nach einer passenden Verwendung gesucht. Durch die permanenten Veränderungen unserer Agilen Organisation und durch die permanenten Lernprozesse verändern sich auch die Mitarbeiter. Die alte und die neue Denkweise sind beide nicht perfekt und wir werden wohl noch herausarbeiten müssen, wie wir mit der größeren Individualität, den schnellen Veränderungen und den neuen Rollen umgehen.

Heiko: Das ist soweit nachvollziehbar, aber du musst doch eine Vorstellung von einem Menschen haben, der in der Agilen Welt erfolgreich ist.

Frank: Ja, habe ich – und es ist zugegebenermaßen ein Copy-and-Paste-Bild. Erfolg in einer ungewissen und schnell veränderlichen Welt erfordert spezielle Fähigkeiten. Die Future of Work Academy (https://thefutureofworkacademy.com/) hat acht Fähigkeiten identifiziert, die sie für zentral hält. Diese sind:

1. Emotionale Intelligenz: Selbstwahrnehmung und Selbstbewusstsein sowie die Fähigkeiten, mit anderen Beziehungen aufzubauen
2. Diversität & soziale Intelligenz: die Fähigkeit, andere Menschen zu verstehen und das Maximum in Teams zu erreichen, Wertschätzung von Vielfalt
3. Horizon Scanning und »Denken in Szenarien«: die Dinge sehen, die zukünftig passieren werden, und erkennen, wie sie bereits heute im Geschäft genutzt werden können
4. Adaptive Intelligenz & Problemlösungsfähigkeit: Zusammenhänge und Muster erkennen, handlungsfähig sein, selbst wenn Informationen fehlen
5. Kreativität & Intuition: über den Tellerrand schauen, neue Ideen entwickeln

6. Neugier & Storytelling: gute Fragen stellen und verständliche und inspirierende Geschichten erzählen
7. Unternehmergeist & Innovation: proaktives Handeln, experimentieren, Risiken eingehen und aus Fehlern lernen
8. Technikaffinität: Verständnis und Wertschätzung von Technologien und aktive Nutzung

Schaut man aus Sicht der Personalabteilung auf die dargestellten Prognosen, werden die Unterschiede gegenüber dem heute üblichen Kompetenzspektrum ersichtlich. Der Bedarf an technologischen, sozialen und kognitiven Fähigkeiten steigt an. Hinzu kommt eine größere Bedeutung emotionaler Stabilität als Gegenpol zur Unsicherheit der VUCA-Welt.

5.7 Agile Personalentwicklung

Heiko: Wenn sich die Lernbedürfnisse der Mitarbeiter und Führungskräfte permanent verändern, steigt die Bedeutung der Personalentwicklung. Wie sieht smartes Lernen für Agilität aus, welche Aspekte sind besonders wichtig?

5.7.1 Exonomics und Lernen

Frank: Wenn wir noch einmal die Diskussion zum Personalmanagement in Agilen Welten Revue passieren lassen, fällt auf, dass wir an sehr vielen Stellen von Veränderung und Lernen sprachen. Wir können wohl mit gutem Gewissen sagen: Agilität einzuführen und auch zu leben ist ein permanenter Lernprozess. Daher spielt die Personalentwicklung, theoretisch zumindest, eine große Rolle.

Heiko: Wieso theoretisch? Nimmst du diese Intensität im Lernen, die wir postulieren, nicht wahr?

Frank: Wenn ich auf Agile Unternehmen schaue, wird dort ununterbrochen und extrem viel gelernt. Was mir aber sehr oft fehlt, ist ein strukturierter und konsequenter Prozess des Lernmanagements. Hier gibt es viel Nachholbedarf.

Heiko: Weil die Agilen Vorreiter meist relativ kleine Unternehmen ohne die Funktion Personalentwicklung sind, fehlt dort die Expertise, und es hängt von einzelnen Aktiven ab, ob eine strukturierte Personalentwicklung erfolgt. In den größeren Unternehmen, die eine eigene Funktion Personalentwicklung haben, ist diese meist zu weit weg von den Agilen Teams, als dass sie die ureigenste Aufgabe kompetent ausüben könnte. Da fehlt es dann oft auch am tiefen Verständnis von Agilität und den Konsequenzen.

Frank: Da sollten wir mit unserer Diskussion ansetzen. Also noch einmal eine kurze Zusammenfassung, was wir bisher zu Agilität diskutiert haben: Das selbstorganisierte Team ist das Maß aller Dinge in der Agilität. Es verantwortet in einer End-to-end-Logik die Organisation der Arbeit, die für ein Produkt oder eine Leistung erbracht werden muss und die einen echten Mehrwert liefert. Es wird in kurzen, iterativen Schleifen gearbeitet, die jeweils lauffähige Ergebnisse liefern. Nach jedem dieser Sprints wird ein Review durchgeführt, in größeren Abständen kommen Retrospektiven dazu.

Heiko: Wir reden also über ein Arbeitsumfeld mit schnellen Veränderungen auf allen Ebenen und häufigen Lernschleifen. Dies bedeutet auch, dass Rekrutierung und Personalentwicklung nicht mehr auf Basis von Stellen-/Anforderungsprofilen erfolgen sollten. Diese repräsentieren die klassische, tayloristische Organisation und Arbeitsteilung. In der agilen und digitalen Wirtschaft werden mehr Teamskills benötigt. Das heißt, dass Kompetenzen und Fertigkeiten, die für die Erledigung eines Epics oder von Stories erforderlich sind, für das gesamte Team von diesem selbst definiert werden. Wer im Team die entsprechenden Fähigkeiten besitzt, ist zweitrangig. Die Besetzung eines Teams wird somit derart erfolgen, dass die verfügbaren und noch benötigten Kompetenzen definiert und dann entsprechend rekrutiert werden.

> Lernen wird oft als Prozess des Wissenstransfers verstanden. Es ist aber zunehmend ein Prozess der Wissensgenerierung.

Frank: Für die Personalentwicklung ergeben sich folgende Konsequenzen:

- Individualisierung der Qualifizierung und Weiterbildung → individuelle Entwicklungspläne und häufige Entwicklungsgespräche
- Kurzfristige Bedarfe und Veränderungen in den Entwicklungsplänen → Lernformate im operativen Arbeiten, die modular aufgebaut und beliebig veränderbar sind
- Begleitung teaminterner Lernprozesse und von Interteam-Lernformaten → Coaching von Einzelpersonen und Gruppenprozessen wird wichtiger als Wissensvermittlung
- Bereitstellung größerer Toolboxes, d. h. unterschiedlichster Instrumente und Formate, mit denen die Teams und Individuen je nach aktuellem Bedarf die passenden Angebote finden und eigenverantwortlich einsetzen → Beratung und Begleitung bei der Auswahl und Nutzung der Instrumente

Heiko: Stimmt und wir müssen noch im Auge behalten, dass Aus- und Weiterbildung zunehmend »unpassend« erfolgen wird, d. h. auch in Bereichen, in denen der Bezug und Nutzen für die aktuelle Tätigkeit nicht sofort ersichtlich ist.

Frank: Das kommt noch hinzu. Wenn nun ein Verantwortlicher für Personalentwicklung fragt, worauf er in der beschriebenen Agilen Welt achten soll, ist meine Antwort: Genau wie die Arbeitslogik ist auch Lernen von der Push-Logik auf Pull-Logik umzustellen. Ziel ist ein selbstgesteuertes Microlearning auf Tagesbasis, in dem die Menschen sich die Lerninhalte und -formate nutzbar machen, die sie gerade benötigen.

Junge, der Mensch hört niemals auf, dazuzulernen.
Oma

Heiko: Hier sollten wir noch einmal die Push- und Pull-Logik in Erinnerung bringen. Push meint, dass Arbeit durch Führungskräfte oder das System selbst in den Arbeitsablauf hineingedrückt wird, etwa nach dem Motto: »Müller, machen Sie doch mal!« Pull dagegen geht davon aus, dass die Mitarbeiter sich die Arbeit aus einem Speicher (Backlog) holen, sobald sie freie Kapazität haben, und diese dann abarbeiten, bevor die nächste Aufgabe gezogen wird.

Frank: Und auf Lernen und Personalentwicklung übertragen bedeutet dies, dass es nicht mehr um Angebote und Programme geht, die eine Personalentwicklungsabteilung anbietet und in die Führungskräfte ihre Mitarbeiter schicken, sondern dass die Mitarbeiter ihre Entwicklung selbstständig steuern. Sie erarbeiten sich einen Entwicklungsplan, der aus eigenem Interesse, den Anforderungen des Geschäfts und vor allem den Feedbacks aus ihrem Umfeld entsteht. Sie suchen dann passende Lernformate und Angebote, die sie bei individuell definierten Lernzielen unterstützen. Mit dieser veränderten Rolle des Lerners verändert sich notgedrungen auch die Rolle der Personalentwicklung.

Heiko: Wenn wir noch auf das Unternehmen als Ganzes schauen, wird klar, dass der Schlüssel für Agiles Lernen skalierbares Lernen ist. Darunter verstehen wir, dass die Menschen in der Lage sind, zu experimentieren, Prototypen zu erstellen, schnell dazuzulernen, weil sie scheitern und unablässig iterieren. Im heutigen Wettbewerb sind die Unternehmen erfolgreich, die am schnellsten lernen. Das gelingt am besten, wenn das ganze Unternehmen ein sich selbst beschleunigendes Lernsystem wird. Darin entscheiden die Menschen selbst, wann sie was wie lernen wollen, und greifen auf eine große Auswahl an unterschiedlichsten Angeboten und Formaten zu.

Frank: Das stimmt und wir sollten noch auf eine Herausforderung hinweisen, die damit verbunden ist. Ein wenig verkürzt könnte man sagen, dass Agilität nicht unbedingt dem menschlichen Naturell entspricht. Menschen neigen dazu, Wahrgenommenes in den gewohnten Kontext einzuordnen, und dies mit möglichst wenig Energieaufwand. Schubladendenken, Vorurteile und vorschnelle Schlüsse verbrauchen einfach weniger Energie als angestrengtes Nachdenken. Dann kommt noch hinzu, dass Emotionen einen viel größeren Handlungsantrieb darstellen, als die meisten zugeben wollen. In einer komplexen Umgebung mit fehlender Vorhersehbarkeit und einem deutlich größeren Risiko zu scheitern, fühlen sich viele einfach nicht wohl. Wenn dann auch noch hinzukommt, dass Agile Methoden viel Disziplin erfordern und das Ganze unter dem Primat der Performance steht, dann wird der Kreis der Menschen, die sich hier »natürlich« wohlfühlen, sehr schnell sehr überschaubar.

Heiko: Das klingt jetzt eher negativ und sehr nach Theorie X. So kenne ich dich gar nicht. Aber der Hinweis ist ja nicht verkehrt und ich kenne auch einige Menschen, die mit der Idee des selbstverantwortlichen und selbstgesteuerten Lernens nicht so viel anfangen können.

Frank: Da spricht bei uns beiden schlicht die lange HR-Erfahrung. Mir ist die Theorie X zu negativ in den Konsequenzen und diese Einschätzung teile ich gar nicht. Ich sehe die genannten Aspekte nicht als Defizit, das ausgemerzt werden muss, sondern als natürliche Rahmenparameter, die adäquat adressiert werden müssen. Auch dafür ist die Personalentwicklung am besten geeignet, daher gehört mein vorheriger Hinweis aus meiner Sicht hierher.

LERNKOMPETENZEN VON MITARBEITERN ANALYSIEREN UND FÖRDERN (LEKAF)

Weiterbildung und Qualifizierung erfolgen zunehmend selbstgesteuert. Selbstgesteuertes Lernen basiert zum einen auf kognitiven und metakognitiven Fähigkeiten der Person, zum anderen sind motivationale, affektive und selbstbezogene Fähigkeiten zur Bildung der Lernintention essenziell. Bisher gibt es zwei Forschungsansätze: Prozessuale Betrachtungen analysieren den Lernprozess selbst (Lernmanagement), also das Managen und Organisieren des Lernens von der Bedarfsanalyse über die Zielbildung und Realisation hin zu Transfer und evaluation. Eigenschaftsorientierte Ansätze verfolgen den Einfluss individueller Merkmale des Lerners (Selbstreflexion) auf den Lernerfolg.

Das Projekt »LEKAF – Lernkompetenzen von Mitarbeitern analysieren und fördern« nutzt u. a. wissenschaftliche Erkenntnisse aus der Erwachsenenpädagogik, der Psychologie und der Arbeitswissenschaft in Verbindung mit Erfahrungen aus der Praxis. Das daraus entwickelte Modell vereint sowohl den Prozess des Lernens als auch die individuellen Lernpräferenzen der Mitarbeiter im beruflichen Kontext.

Basierend auf dem Modell wurde ein Fragebogen zum Messen von Lernkompetenzen im beruflichen Umfeld entwickelt. Dazu wurden existierende Messinstrumente und Konstrukte aus der Literatur genutzt, u. a. Selbstwirksamkeit, Need for Cognition, Lernmotivation, Leistungsmotiv nach Atkinson, Lernstile nach Honey und Mumford, Help-seeking sowie Medien- und Kooperationskompetenz. Auch Aspekte der Lernumgebung und Lernkultur werden in der Befragung berücksichtigt.

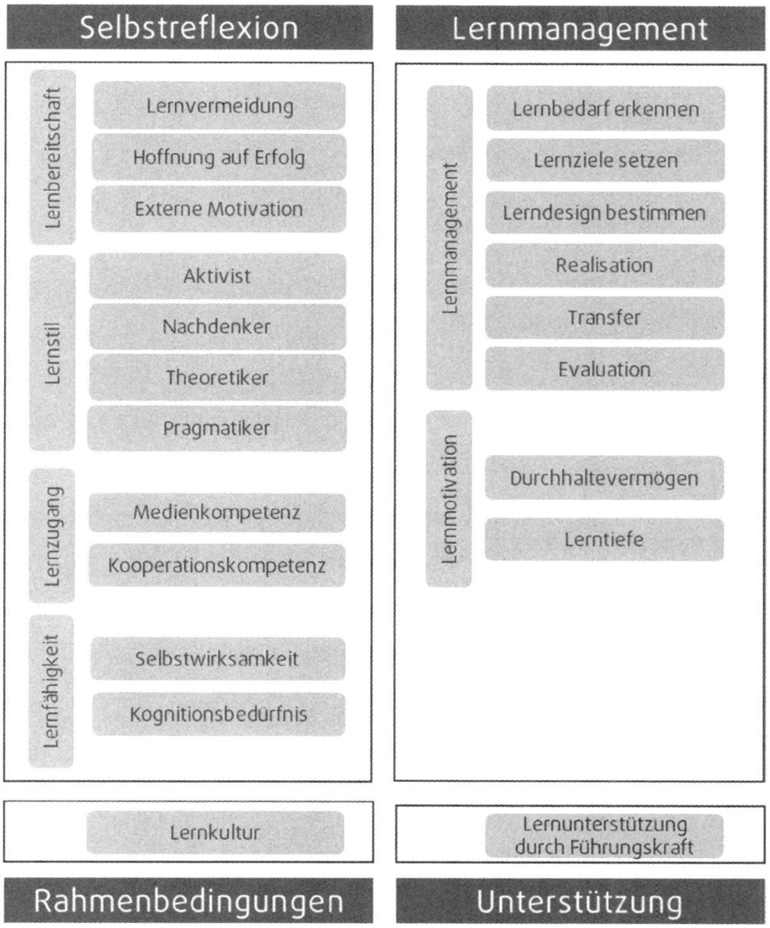

Abb. 53: Elemente des LEKAF-Modells

Damit führt das Modell verschiedene Ansätze im Bereich des betrieblichen Lernens zusammen und beschreibt die Lernkompetenzen von Mitarbeitern als grundlegende Voraussetzungen für das betriebliche Lernen.
Wesentliche Ergebnisse der groß angelegten Befragung waren:

- Mitarbeiter bewerten ihr eigenes Lernverhalten als mangelhaft: Sie haben kaum eine Zielsetzung, wenig Durchhaltewillen, schlechtes Zeitmanagement.
- Die Rahmenbedingungen für selbstgesteuertes Lernen sind in den meisten Unternehmen nicht vorhanden.

- Positive Lernmotivation ist entscheidend für nachhaltigen Lernerfolg.
- Die Rollen des Lerners, der Führungskraft und der Personalentwicklung verändern sich deutlich

Weitere Details zum Projekt und den Konsequenzen für die Personal- und Führungskräfteentwicklung finden Sie in den Arbeitshilfen online, eine tiefgehende Behandlung des Themas im Buch Agiles Lernen (Graf et al. 2017).

Heiko: Hast du das auch in der Praxis schon erlebt? Gibt es dafür konkrete Beispiele?

Frank: Ja, reichlich, aber ich muss dir auch sagen, dass es sich oft um einzelne Personen handelt, manchmal auch um ein Kulturmerkmal in einem Unternehmen. Daraus kann man aus meiner Sicht kein generelles Handlungsschema und keine bestimmte Aufgabe ableiten. Ich wollte nur darauf hinweisen, aufmerksam zu sein.

Heiko: Dies ist auch wichtig, weil viele Publikationen und Gespräche zu Agilem Arbeiten so äußerst positiv sind. Erzähl doch mal, was dir sonst in der Praxis zur Personalentwicklung begegnet ist, z. B. in dem bereits beschriebenen mittelständischen Unternehmen.

Frank: Ich hatte ja erzählt, dass der Personalleiter in die Fachabteilungen gegangen war, um sich vor Ort ein Bild von der Agilität und den Konsequenzen zu machen. Dabei spielte auch das Thema Aus- und Weiterbildung eine Rolle. Erhellend war die unangenehme Erkenntnis, dass der Abteilungsleiter IT berichtete, in letzter Zeit kein einziges der von HR angebotenen Weiterbildungsformate genutzt zu haben. Dabei war der Lernbedarf in der aktuellen Umbruchsituation besonders hoch. Die Angebote waren aus seiner Sicht immer weniger geeignet, die Bedürfnisse der Mitarbeiter zu befriedigen. Die Geschwindigkeit der Veränderungen und der Praxisbezug von Seminaren und Ähnlichem sind in einer Agilen Umgebung zunehmend unzureichend. Lernen in der traditionellen Form orientiert sich an fachlicher Autorität und Standards und alle Mitarbeiter werden in den standardisierten Formaten qualifiziert.

Heiko: Wir hatten ja schon für uns definiert, dass in der neuen Welt ein anderer Kontext des Arbeitens existiert und sich die zu lernenden Inhalte und Methoden permanent verändern. Hier sind Mitarbeiter und Führungskräfte gefordert, neue Lernbedarfe selbst zu identifizieren, die Lernumgebung (möglichst arbeitsplatznah) eigeninitiativ zu definieren und mit anderen Kollegen gemeinsam zu lernen.

Frank: Als der Personalleiter die entsprechenden Äußerungen hörte, musste er schlucken, denn der Personalabteilung würde eine entsprechende Umstellung der Lernlogik einiges abverlangen. Insbesondere müssten die Kollegen in der Personalentwicklung die bisher streng gepflegte Hoheit über Inhalte und Formate abgeben, sie müssten ihre bisherige Kernkompetenz »loslassen« und den Mitarbeitern darin vertrauen, dass sie selbst über die eigene Weiterentwicklung entscheiden können.

Heiko: Wenn wir diese Erkenntnis mal auf alle ähnlichen Unternehmen übertragen, heißt das in der Konsequenz, dass sich wesentliche Aspekte der Personalentwicklung verändern:

- Lernbedarfsanalysen: Bisher wurde der Lernbedarf eines Mitarbeiters durch die jeweilige Führungskraft auf Basis von Zielvereinbarungen und Leistungskontrolle ermittelt. In einer Agilen Teamkultur und schnell veränderlichen Bedarfen würden beide nicht mehr taugen. Außerdem müssten die Mitarbeiter selbst in der Lage sein, den eigenen Lernbedarf eigenverantwortlich zu bestimmen und in Lernprozesse umzusetzen.
- Lernformate: Das Rückgrat der aktuellen Personalentwicklung sind Seminare/Seminarkataloge externer, vielleicht auch zertifizierter Anbieter und fest definierte Inhalte. In Zukunft würden diese bereits heute nicht wirklich gut funktionierenden Formate völlig untauglich. Stattdessen müssten Strukturen geschaffen werden, in denen Kollegiale Beratung, Collective Learning, Experiment und Simulation und andere individuell gestaltbare und arbeitsnahe Formate zum Einsatz kommen.
- Lerninhalte: Bisher wurden Inhalte von Lernformaten von Lernexperten vorgegeben und in der Logik der klassischen »Frontalbeschallung« als formales Wissen weitergereicht. Die Zukunft der Lerninhalte liegt offensichtlich in der kontextbezogenen Eigenkreation und der Verbreitung in Netzwerken (Communities).

> Die Zukunft des Lernens liegt in der kontextbezogenen Eigenkreation und der Verbreitung in Netzwerken (Communities).

Frank: In dem Beispielunternehmen wurde offensichtlich, dass die Entwicklung unaufhaltsam in diese Richtung geht, als der Personalleiter vor Ort erlebte, wie neues Lernen aussehen kann. Die Mitarbeiter zeigten im Arbeitskontext einige Verhaltensänderungen, die ein anderes Verständnis von Lernen offenbarten. Wie vielfach schon im Privaten zu beobachten, wurde während der Arbeit Social Media genutzt, es wurde definiert (über das eigene Netzwerk), was inhaltlich relevant ist und was man lernen muss. Gleichzeitig wurde immer häufiger eigener Content erzeugt, wenn etwa kleine Videos zu speziellen Themen direkt am Arbeitsplatz erzeugt wurden und dann im eigenen Intranet allen Kollegen verfügbar gemacht wurden. Mitarbeiter berichteten, dass mit steigender Qualität dieses Contents auch die individuelle Reputation und das Feedback aus dem Netzwerk anstiegen.

Heiko: Oh ja, das glaube ich sofort, auch bei uns werden solche Formate immer mehr eingesetzt oder eigene, ähnlich designte Formate entwickelt. Wichtig ist vor allem die Erkenntnis, dass sich die Fachbereiche selbst um das Lernen kümmern und die Personalabteilung immer weniger oder gar nicht mehr involvieren. Sie haben einfach das Vertrauen verloren, dort die Unterstützung zu bekommen, die sie benötigen.

5.7.2 Agile Methoden qualifizieren

Frank: Vor allem werden Formate benötigt, die nach Agilen Prinzipien aufgebaut sind und Agilität erlebbar machen. Agiles Arbeiten erfordert, aus seiner Logik heraus, Zeit und Raum für Experimente und Ausprobieren.

Heiko: Dann sind Trainings als Format ungeeignet. Menschen lernen nicht alleine über kognitives Verständnis, sie müssen das neu erworbene Wissen auch einüben. Hierzu sind Raum und Zeit nötig und idealerweise auch die Nähe zum Arbeitsplatz.

AGILES LERNEN UND AGILE PERSONALENTWICKLUNG

Was gehört dazu?

- Individuelle, selbst definierte Entwicklungspläne
- Lerngruppen/Peer-Learning
- Schnelle Ergebnisse durch maximale Praxisrelevanz und permanente Reviews/Retrospektiven
- Anpassung der Ziele, wenn sich Rahmenbedingungen verändern oder Lernprozesse dies nahelegen
- Disziplinierte Umsetzung in definierten Zeitabschnitten (Timeboxes)
- Permanenter Austausch und Feedback
- Transparenz der Prozesse und Ergebnisse
- Eigenschaften und Verhaltensweisen, die für komplexe Umgebungen wichtig sind: Selbsterkenntnis und psychische Stabilität, Selbstbewusstsein (Klarheit), breite Bildung und vielfältige Erfahrungen, Neugier und Reflexionsvermögen, Gelassenheit und Geduld, strukturiertes Denken und Entscheidungskompetenz, geistige Agilität (schnelles Lernen und Umlernen), Respekt vor Andersartigkeit, Demut vor der Größe der Aufgabe und den eigenen begrenzten Möglichkeiten

Wo hakt es?

- An der Fähigkeit, radikal zu lernen und eigenes Verhalten radikal zu ändern.
- An der Vorstellung davon, wohin die Reise gehen wird. Dies hat einerseits psychologische Gründe, andererseits wissen die Menschen einfach nicht, dass viele Entwicklungen parallel ablaufen und für den Einzelnen nur schwer identifizierbar sind. Viele sind in einer Lernwelt sozialisiert, die vom Wissen ausgeht und dieses nur vermittelt (und verteilt). Der Lerner ist in einer fremdgesteuerten (erzwungenen) Konsumentenhaltung.
- Lernen für eine unvorhersehbare, schnell veränderliche Welt erfordert eine andere Haltung zum Lernen. Diese ist gekennzeichnet durch:
  - immer Lernen (mehr Zeit investieren, mehr Themen bearbeiten)
  - Lernen im Netzwerk – gemeinsam und miteinander (WOL etc.)

Frank: Um den Blumenstrauß komplett zu machen, gehe ich noch auf ein weiteres Thema ein, das ich eher kritisch betrachte. Sehr oft werden wir nach Erfahrungen und Vorgehensweisen in anderen Unternehmen gefragt. Die 1:1-Übertragung erfolgreicher Modelle und Methoden auf andere Unternehmen führt aber eher zu Problemen, da der Kontext sicher ein anderer ist. Ohne Anpassungen wird eine Übertragung zu Schwierigkeiten führen. Daher empfehle ich immer, die anderen zu ignorieren und konsequent an einer eigenen Methodik zu arbeiten. Das wird selten akzeptiert.

Heiko: An der Stelle ist nicht nur das Verhalten der Kollegen konservativ, es stellen sich auch die Fragen, die schon immer gültig waren:

- Wozu wollen wir eine Methode einführen?
- Wie wollen wir eine Safe-to-fail-Struktur für das anfängliche Experimentieren gestalten?
- Wie können wir auch riskante Experimente durchführen?
- Wie reduzieren wir Feedbackschleifen (und den Ripple Effect)?
- Wie gehen wir mit Bestehendem um?
- Wie vermeiden wir Mittelmaß?

Frank: Jetzt haben wir gerade einen gewissen Widerspruch erzeugt. Wir fordern für die Agile Lernwelt die Eigenverantwortung der Mitarbeiter und Teams, freie Nutzung von Formaten und Methoden usw. Wenn nun aber die Mitarbeiter noch gar nicht dafür motiviert und qualifiziert sind, die meisten kommen schließlich mit einer langjährig eingeübten »Dann-qualifizier-mich-mal-Haltung« zur Personalentwicklung, wird ein offenes Agiles Lernformat nicht funktionieren. Anfänger müssen erst einmal an die Hand genommen und zur Eigenverantwortung geführt werden, bevor sie eigene Experimente anstellen, um sich zur Meisterschaft zu entwickeln.

Heiko: Das klingt sehr nach der Logik des Shu Ha Ri, in der diese drei Stufen beschrieben sind. Auf unsere Frage angewandt könnte es also lauten, dass wir von Methodentreue (Shu) zur Anwendungsfreiheit (Ha) zur Weiterentwicklung (Ri) kommen wollen. Einerseits sollte gerade zu Beginn Agilen Arbeitens die ausgewählte Methodik eingehalten und diszipliniert angewandt werden, andererseits besteht das Risiko von Methodengläubigkeit oder Methodendogmatismus. Damit die Mitarbeiter für den gegebenen Kontext beste Varianten entwickeln können, müssen sie genau wissen, was sie tun. Dazu gehören Wissen und Erfahrung. Da Erfahrung viel mit aktivem Handeln und auch (schlechter) Erfahrung zu tun hat, muss nach einem stringenten Einstieg Raum für praktisches Lernen gegeben werden.

Knowledge comes from experience, experience comes from bad experience.
Beste Ehefrau überhaupt

Frank: Anders formuliert streben wir drei Stufen an:

- Shu: An erster Stelle steht das Erlernen des Agilen Frameworks.
- Ha: Die Teams und Mitarbeiter adaptieren das Framework an die eigenen Verhältnisse. Ab hier arbeiten sie agil.
- Ri: Die Arbeit erfolgt vollständig selbstorganisiert und unabhängig. Frameworks und Methoden werden vielleicht noch (teilweise) genutzt, spielen aber keine große Rolle mehr. Genutzt wird, was im gegebenen Kontext für das entsprechende Team wirklich hilfreich ist.

Heiko: Jetzt übernehme ich mal die Rolle des Mahners. Die Logik des Shu Ha Ri verweist indirekt auf ein Risiko, dass in der Agilen Entwicklung ebenso zu beobachten ist wie im Sport, wo Shu Ha Ri ja herkommt: Selbstüberschätzung! Wir erleben oft, dass Mitarbeiter und Führungskräfte bereits nach kurzer Auseinandersetzung mit dem Thema Agilität meinen, dass sie bereits auf dem Niveau Ha oder sogar Ri wären. Entweder wird die eigene Leistung oder der Anspruch des Niveaus falsch eingeschätzt.

Frank: Das gilt auch für Führungskräfte. Auch die müssen Agilität kennengelernt haben und beherrschen, damit sie entscheiden können, wie sie im eigenen Verantwortungsbereich damit umgehen. Daher können wir hier auch kurze Qualifizierungen einsetzen, etwa das Format »Agilität@OSP«, in dem wir Sportaktivität an einem Olympiastützpunkt für das Erlernen von Agilem Arbeiten nutzen. Da gibt es extrem viele Parallelen. Details dazu finden unsere Leser in den Arbeitshilfen online.

Heiko: Übrigens gilt die Logik der Fehleinschätzung auch für alle anderen Stakeholder. Besonders negativ fällt mir die große Anzahl selbsterklärter Agil-Berater, Agil-Coaches usw. auf. Viele sind einfach »Me-too-Protagonisten«, die das Hype-Buzzword Agilität auf ihr bestehendes Angebot kleben. Oder die Berater und Coaches, die mit Agilität einige Erfahrung haben und diese nun anbieten: Da es im Bereich der Organisations-, Führungskräfte- und Personalentwicklung jedoch an Erfahrung fehlt, kommt es zu den oben beschriebenen Effekten. Die Komplexität und der Anspruch werden unterschätzt bzw. die »Spielweisen« wird bevorzugt, die man kennt. Das ist nicht unbedingt hilfreich.

Frank: Dann sollten wir abschließend noch einmal aufzeigen, was eine gute Agile Personalentwicklung ausmacht:

- Kundenorientierung/Kundenfokus: Die Teilnehmer entscheiden selbst, was sie wann wie und mit welchen Formaten lernen wollen.
- Cross-funktionale Teams: Die Teilnehmer untereinander bilden Lerngruppen, in denen neues Wissen/neue Fertigkeiten erworben werden und eigene Erfahrung/Kompetenz weitergegeben wird. Die Personalentwicklung und Externe unterstützen diesen Prozess durch spezielle Kompetenzen wie Formatentwicklung, Beratung usw.

- Kontinuierliche Lieferung und Verbesserung: Alle Fortschritte und Erfahrungen mit dem eigenen Lernen werden geteilt und dokumentiert.
- Kurze Produktionszyklen: Auf individueller Ebene werden kleine Lernfortschritte definiert und diese in kurzen Zyklen umgesetzt. Auf Programmebene wird mit einem Prototyp gestartet, bevor Pilotmaßnahmen und dann erst die breite Skalierung erfolgen.

Heiko: Das ist mir noch nicht genug. Wir sollten noch folgende Aspekte ergänzen:

- Durchlaufzeiten von Personalentwicklungsformaten identifizieren und beschleunigen: Wie lange dauert es von der ersten Idee zu einem Weiterbildungsbedarf zur Beendigung dieses Formats? Welche Schritte sind in diesem Prozess vorhanden? Wie ist das Verhältnis aus aktiver und passiver Zeit, d. h. von Wartezeiten und Entscheidungszeiten zur Durchführung?
- Strategisches Portfoliomanagement: Wie die Projekte und Maßnahmen in einem strategischen Backlog sollte auch die Personalentwicklung ihre Angebote in einem gewichteten Portfolio erfassen. Nur die aktuell relevanten Themen werden aktiv und mit hoher Geschwindigkeit und Wirkung bespielt. Alles andere ist in einem Selbstbedienungsformat verfügbar, bei minimalem personellem Aufwand in der Personalentwicklung. Hier ist beispielsweise an Outsourcing und digitale Self-learning-Formate zu denken.

DAS ENGLISCHE »AGILE« ALS AKRONYM FÜR LERNEN

A: Anwendung des Gelernten als nutzenstiftendes Ergebnis des Agilen Lernprozesses (Kundennutzen/Outcome)
G: Gemeinsames Lernen in kollaborativen Lerngruppen (cross-funktionale, selbstorganisierte Lernteams)
I: Iterative Zyklen aus Lerntasks, Review, Neujustierung/Verbesserung als Vorgehen selbst-verantwortlichen Lernens
L: Lernen aus dem Lernprozess und lernen zu lernen. Ableiten des Lernbedarfs aus dem Kontext
E: Experimentieren und Ausprobieren

5.7.3 Agile Transformation – Veränderung lernen

Frank: Bisher lag unser Fokus sehr stark auf der Personalentwicklung im Sinne der Unterstützung individueller Lernprozesse. Personalentwicklung ist aber stets auch ein Element der Organisationsentwicklung, etwa wenn eine größere Organisation die Belegschaft auf die digitale oder agile Zukunft vorbereiten will. Die Agile Transformation, d. h. die nachhaltige Etablierung Agilen Arbeitens in einer geeignet gestalteten Organisationsstruktur, mit qualifizierten Mitarbeitern und den passenden Methoden, ist quasi ein organisationaler Lernprozess.

Heiko: Daher möchte ich mit dir auch etwas ausführlicher über die Agile Transformation sprechen (vergl. Kap. 6). Den Aspekt des Lernens und der Personalentwicklung in einem Transformationsprozess sollten wir aber hier schon einmal beleuchten. Wenn wir auf eine Agile Transformation schauen und überlegen, welche Aspekte die Personalentwicklung betreffen, was fällt dir da ein?

Frank: Zunächst einmal möchte ich die drei Ebenen Mitarbeiter und Teams, Führungskräfte und Organisation unterscheiden. Diese spielen in der Agilen Transformation unterschiedliche Rollen. Konkret sehe ich die folgenden Aspekte als diskussionswürdig an:

1. Mitarbeiter und Team
   a) Befähigung und Motivation zum Agilen Lernen
   b) Vernetzen und in Gruppen lernen
   c) Neues erproben und Erfahrungen teilen
2. Führungskräfte
   a) Vorbildrolle der Führungskraft
   b) Entwicklungsgespräche führen
   c) Organisation von Lernen steuern
3. Organisation
   a) Lernen im Transformationsprozess verankern
   b) Skalierung von Lernen sichern
   c) Lernformate und -instrumente bereitstellen

Heiko: Dann bin ich mal gespannt, was du unter diesen Stichworten verstehst. Beginnen wir mit den Mitarbeitern. Da legst du scheinbar großen Wert auf die persönlichen Voraussetzungen und das individuelle Verhalten in Bezug auf Lernen.

Frank: Ja, das ist mir wichtig. Der Hintergrund ist in der bisherigen Diskussion an mehreren Stellen schon angesprochen worden: die Heterogenität der Belegschaft. Wir erleben eine recht große Bandbreite an Lernmotivation und Befähigung zum Lernen und das ist durchaus eine Herausforderung für die Personalentwicklung.

Heiko: Das zeigt doch erneut, wie wichtig Lernen und Weiterentwicklung sind und dass die Bedeutung zunehmend ansteigt. Was für die Personalentwicklung wiederum heißt, dass wir uns viel weniger um Themen und Inhalte kümmern dürfen und viel mehr um gute Rahmenbedingungen für Lernen und die Skalierung von Lernen – ein spannender Wechsel des Fokus.

Frank: Diese Veränderung in der Rolle bedeutet in meiner Wahrnehmung auch, dass ein anderes Paradigma der Personalentwicklung zurückgefahren werden muss. Die Personalentwicklung wird oft als individueller »Reparaturbetrieb« für Schwachleister und Unwillige genutzt. In der Agilen Welt und wie gerade von dir beschrieben muss der

Fokus viel mehr auf der Befähigung und Ermächtigung von ganzen Belegschaftsgruppen liegen.

Heiko: Also darüber muss ich noch ein wenig nachdenken und ich muss dies bei uns einmal simulieren. Ich kann dir folgen, aber die lange Tradition der Betreuungs-HR kann ich nicht so einfach abschütteln. Da werden wir wohl ganz im Sinne Agilen Arbeitens mit kleinen Schritten beginnen und lernen, was ein für uns guter Weg ist. Aber wie sieht es mit der Skalierung und der Bereitstellung von Formaten und Instrumenten aus?

5.7.4 Organisation Agilen Lernens

Frank: Bei beiden Themen geht es um die schon diskutierte Verschiebung des Fokus der Personalentwicklung. Wenn wir als Personaler eher die Rahmenbedingungen für gutes Lernen verantworten, dann geht es um Lernkompetenzen, insbesondere für selbstgesteuertes Lernen und Lernen im Team, und die dafür nötigen Ressourcen. Die Thematik der Lernkompetenzen haben wir ja bereits diskutiert, daher würde ich hier den Fokus auf Ressourcen zum Lernen legen.

Heiko: Eigentlich ist doch alles, was die Lerner benötigen, bereits im Internet verfügbar. Inhalte sind unbeschränkt zu finden – was durchaus schon ein Problem wird, da die Fülle unüberschaubar ist – und auch die Plattformen, die Materialien wie elektronische Bücher, MOOCs (Massive Open Online Course), Videos oder soziale Lernnetzwerke bereitstellen, werden immer mehr. Auch für unsere Aufgabe gibt es massenhaft gute Angebote. Ich denke da an die Learning Tools von Jane Hart (https://www.toptools4learning.com/) und Global Learning Landscape (https://globallearninglandscape.org/index.html).

Frank: Ja, es ist eigentlich alles da und vor allem in der Agilen Community sind unglaublich viele gute Angebote für Agile Methoden, Agile Organisation und Agiles Lernen verfügbar – meist unter Creative Commons und damit frei nutzbar. Die Voraussetzungen sind ideal. Da kommen wir aber doch wieder zum Thema Lernkompetenzen zurück. Wie viele der Angebote kennen wir Personaler eigentlich und wie viel davon nutzen wir auch wirklich, zumindest im Sinne von »Mal-probiert-Haben«?

Heiko: Das ist ein wichtiger Punkt. Wenn wir Personaler uns als Unterstützer und Förderer des individuellen und organisationalen Lernens verstehen, müssen wir das Angebot kennen und die tauglichen Produkte und Services verfügbar machen – dies unbedingt auch, weil viele der Materialien und Formate von Autoren entwickelt wurden, die keine professionellen Personalentwickler oder Lehrpersonen sind und einfach aus Interesse an einem Thema Lehrmaterial erstellt haben. Vieles davon ist nicht einmal als Lehrmaterial gedacht gewesen, wird aber von den Nutzern als solches betrachtet. Entscheidend ist hier, dass jemand mit Leidenschaft für ein Thema über dieses berichtet und andere mit dieser Leidenschaft ansteckt.

Frank: Da sprichst du die Qualität der Angebote an und ich bin ganz deiner Meinung, dass ein Lernexperte kritisch prüfen muss, ob ein attraktives Angebot auch wirklich geeignet ist: wieder eine Aufgabe, aber auch eine Kernkompetenz von HR. Dann kommt hinzu, dass ein Tool alleine nicht hilft. Die Konzeption von Lernprozessen ist essenzieller Bestandteil der Lernorganisation und da sollte ebenfalls ein Fachmann an führender Stelle stehen, um die Mitarbeiter nicht mit den Internetangeboten alleine zu lassen.

Heiko: Die Kompetenz, komplexe Systeme zu handhaben, kann nur in Formaten qualifiziert werden, in denen diese (oder eine ähnliche) Komplexität abgebildet ist und in denen man bereits den Umgang damit simulieren und üben kann. Für die Personalentwicklung stellen sich aus meiner Sicht folgende Fragen:

- Sind die Lösungen, die wir den Kollegen im Business anbieten, diejenigen, die auf die Zukunft vorbereiten, oder reflektieren sie die Vergangenheit?
- Ist das Budget für Experimente (Fail Fast) und Innovationen so groß, dass unsere Innovationsrate bzw. die dazu nötige Kompetenzveränderung ausreichend groß ist?
- Sind die Formate so gestaltet, dass sie zur angestrebten Zukunft passen?

> Agilität kann man nicht aus Büchern lernen, das geht nur in der praktischen Anwendung.

Frank: Ehrlich gesagt glaube ich, dass eine solche Betrachtung des Angebotsportfolios in den meisten Unternehmen eine deutliche Innovationslücke und vor allem zu wenig Mut für Neuentwicklungen aufweisen wird. Wir erleben tagtäglich, dass beispielsweise Agiles Management in kurzen Workshops mit einem hohen Anteil an »Expertenwissen«, also mit Frontalbeschallung, vermittelt werden soll. Dies wird weder der Komplexität des Themas gerecht noch passt es zu den Agilen Prinzipien, die ja schließlich vermittelt werden sollen. Wie glaubwürdig ist eine Qualifizierungsmaßnahme, wenn sie gegen die vermittelten Prinzipien verstößt?

Heiko: Dies ist ein naheliegendes Beispiel und ein offensichtlicher Widerspruch – sofern man ihn ausspricht. Siehst du weitere solche Widersprüche in der gängigen Personalentwicklung?

Frank: Ja, einige. Denk mal an die übliche Beschränkung der Personalentwicklung auf das eigene Unternehmen. Eigene Angebote werden zwar mit externen Trainern umgesetzt, aber dies überwiegend zu definierten Standards und mit vordefinierten Materialien. Macht dieser Innenfokus in einer digitalen und agilen Wirtschaft Sinn? Nein, es müsste vielmehr in offenen Netzwerken gedacht und gehandelt werden. Werden beispielsweise die Freiberufler, die im Unternehmen eingesetzt werden, in die Personalentwicklung mit einbezogen, egal ob als Teilnehmer oder als Inputgeber? Wie sieht es mit anderen Formaten aus, die außerhalb des Unternehmens existieren? Werden Netzwerke über die Organisationsgrenzen hinweg unterstützt?

Heiko. Gerade sagtest du: externe Quellen einbinden. Woran denkst du dabei? Wir sollten jetzt nochmal konkret werden.

Frank: Na im ersten Schritt denke ich an die naheliegenden »Verdächtigen«, d. h. an die Anbieter von Wissenscontent. Das sind Udacity, die Universitäten mit ihren Online-Angeboten, einschlägige Verlagsangebote, aber auch Organisationen wie TED, die mit ihren Konferenzen ganz exzellent gezeigt haben, wie hochwertiges Wissen global skaliert werden kann. Warum nicht damit starten und den TED-Stil für Präsentationen in die eigene Führungsmannschaft transportieren? Wir haben extrem positive Erfahrungen damit gemacht, dass alleine der andere Stil bereits die Wirkung von Präsentationen und Kommunikation generell deutlich positiv beeinflusst.

Heiko. Das heißt also unter dem Strich, dass die Personalentwicklung deutlich stärker über extern vernetzte Angebote und Aktivitäten laufen sollte. Bedeutet dies nicht auch, dass deutlich mehr Formate und Instrumente zum Einsatz kommen müssen?

In den Arbeitshilfen online finden unsere Leser eine kurze Erläuterung und einen Lesetipp zum Thema »Bedeutung von Spielen«.

Frank: Absolut! Dies resultiert ja schon daraus, dass die exponentiellen Entwicklungen sehr viel mehr Themen, Netzwerkkonstellationen und neue Kompetenzfelder nach sich ziehen. Dazu werden auch unterschiedlichste Formate benötigt und gleichzeitig entstehen in den digitalen und agilen Communities viele neue Ideen und Konzepte. Diese sind dann ideal geeignet, in dem Feld Innovationen ausprobiert zu werden. Wenn ich mir vorstelle, ich wäre Personalleiter eines Unternehmens, würde ich mit meiner Personalentwicklung vereinbaren, jedes Quartal mindestens eine innovative Idee auszuprobieren. Insgesamt halte ich es für ratsam, dass sich die Personalabteilungen eine große und vielfältige Toolbox aufbauen, mit der die unterschiedlichsten Herausforderungen bewältigt werden können.

Heiko: Das Schöne an dieser Idee ist ja, dass es solche Toolboxes bereits gibt und man daraus nur die passenden Angebote für sich herausfiltern muss. Ich denke da vor allem an die 200 wichtigsten Lernformate, die Jane Hart jedes Jahr publiziert. Darin sind auch viele der hier von uns angesprochenen Formate und Tools enthalten, aber eben auch viele andere. Besonders gut hat mir die 2018 erstmals vorgestellte Variante gefallen, in der die Tools danach sortiert sind, ob sie das individuelle Lernen besonders fördern oder auf die Steigerung der Arbeitsproduktivität gerichtet sind.

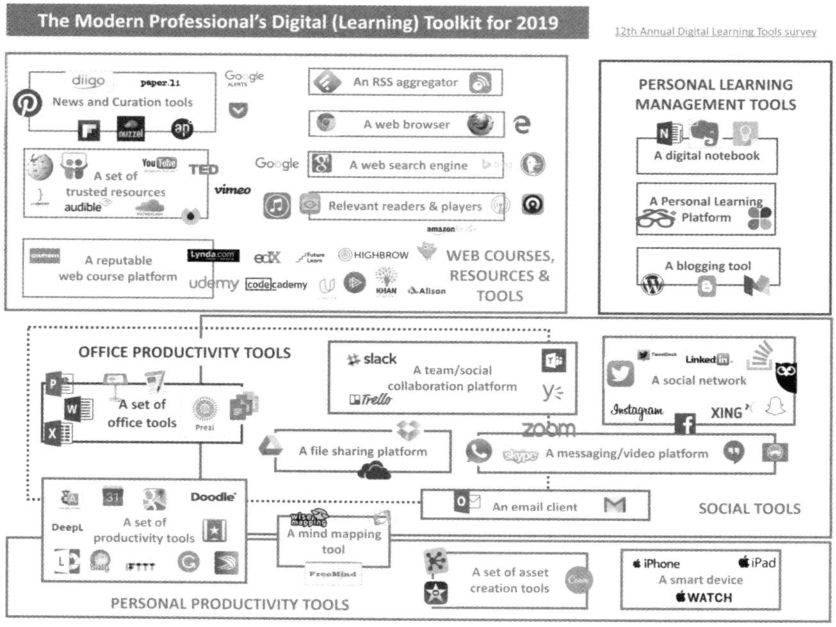

Abb. 54: Die 200 am häufigsten genutzten Lerntools.
Quelle: Jane Hart, https://www.toptools4learning.com (abgerufen am 24.2.2019)

Frank: Gerade diese Aufstellung benutzen wir aktuell bei einem Klienten. Dort hat sich die Personalabteilung die Aufgabe gestellt, ideale Rahmenbedingungen für eine digitale Lernkultur zu schaffen. Wir haben ein modernes Lernlabor eingerichtet und dort sind einige der genannten Tools zum Ausprobieren oder für die dauerhafte Nutzung verfügbar. Dann werden etliche Veranstaltungen wie ein Learning Friday oder Design-Thinking-Workshops angeboten, in denen Lernanlässe aus dem Business genutzt werden, um Methoden, Tools usw. kennenzulernen, zu verproben und so dauerhaft zu etablieren – ein spannender Prozess, der sich auch kontinuierlich weiterentwickelt.

Heiko: Ein wirklich Agiler Ansatz, der schön zeigt, dass eine Personalabteilung mit Überblick und einem nutzerorientierten Angebot einen Mehrwert leisten kann und nachgefragt ist. Lass uns beide doch mal schauen, wie es mit unserem Überblick aussieht. Wenn ich auf Jane Harts Chart schaue, kenne ich rund 30 % der genannten Tools, nutze aber nur eine Handvoll davon.

Frank: Zumindest, wenn du die gängigen Office-Tools und ähnliche nicht mitzählst. Bei mir sind die Zahlen etwas größer, weil ich ja auch immer nutzen muss, was bei den

Klienten im Einsatz ist, und auch neugierig bin. Am Ende verwende ich aber auch nur eine Handvoll der Tools wirklich intensiv. Aber für Personaler geht es ja um den Überblick. Ich glaube, jeder von uns sollte die Hälfte der Tools in jedem der Felder einmal angesehen und experimentell genutzt haben. Dann können wir die Kollegen auch beraten, welche Tools für deren Lernbedürfnisse sinnvoll nutzbar sind.

Heiko: Wir sehen also auch bei uns beiden – und ich denke, wir sind schon vergleichsweise weit mit unserer individuellen Digitalisierung und Agilisierung –, dass wir nur einen Teil des Angebots wirklich kennen. Wenn wir ehrlich sind, können wir auch nur diese Tools mit Kollegen in den Fachbereichen bzw. bei Klienten adäquat diskutieren. Das ist eigentlich zu wenig.

Frank: Das zeigt erneut, wie wichtig eine gute Vernetzung ist. Netzwerke, in denen sich die Mitglieder gegenseitig unterstützen, sind die Zukunft des Lernens. Es muss nicht jeder alles kennen, wenn wir uns intensiv austauschen und jeder ein paar Spezialthemen hat, die er für alle aufbereitet und zugänglich macht. Dann kann die Gruppe sehr viel gemeinsam lernen.

Heiko: Ja, füreinander lernen ist hier wohl sehr angesagt. Wenn mehr Leute über ihre Lernerfahrungen, hier mit Tools, berichten, können kuratierte Erfahrungssammlungen entstehen, die den Zugang erleichtern und den Zeitaufwand reduzieren. So machen wir es innerhalb des AgileSixPack mit unserer Toolbox für die Agile Transformation.

Linktipp: TastyCupcakes.org – Fuel for Invention and Learning !

Auch wenn der Titel dieser Seite irreführend ist: Es geht nicht ums Backen, sondern um Tools für die Agile Welt. In der Agilen Community werden permanent neue Instrumente für alle denkbaren Anwendungsfälle entwickelt und meist auch publiziert. TastyCupcakes sammelt solche Tools und stellt sie auf der Plattform bereit.
Link: https://tastycupcakes.org/

5.8 Wie wird HR selbst agil?

Frank: Die bisherige Diskussion hat klar gezeigt, dass die Personalabteilung einen wesentlichen Anteil an einem Gelingen der Agilen Transformation hat. Zentrale Themen wie die Organisationsentwicklung, das Lernen und die Umgestaltung der HR- und Führungsprozesse werden hier verantwortet. Für HR besteht daher die große Chance, Einfluss zu nehmen und die eigene Professionalität in eine Agile Zukunft einzubringen.

Heiko: Unbedingt, denn bereits die generische Betrachtung des HR-Agility-Checks (vergl. Abbildung 50 und zugehörige Diskussion) hat gezeigt, dass für die Personalabteilung selbst einiges an Arbeit zu leisten ist, um eine End-to-End-Agilität der Organisation zu ermöglichen. Darüber hinaus ist HR repräsentativ für viele andere Funktionsbereiche, insbesondere für andere Stabsstellen. Einerseits sind Teile der Personalarbeit, ich denke hier vor allem an die Personalentwicklung, extrem gut geeignet, um Agilität für die eigene Professionalität einzusetzen. Andere Themenfelder, etwa Lohn & Gehalt, dürften eher wenig von Agilem Arbeiten profitieren.

Die Agile Personalabteilung zeigt:

- Strategische Agilität, d. h. ein gutes Verständnis davon, wo und wie die Firma im Wettbewerb steht bzw. sich Veränderungen gegenübersieht
- Organisationale Agilität, d. h. wie wir die Organisation agil gestalten können
- Leadership Agilität, d. h. wie sich die Führungskräfte agil verhalten
- Individuelle Agilität, d. h. wie die Menschen in der Agilen Organisation lernen und wachsen

Frank: Dann nehmen wir doch mal die Bereiche, in denen die Hütte brennt. Beim Themenkomplex Ziele/Leistung/Gehalt hatten wir gesehen, dass ureigenste Hoheitsgebiete der Personalabteilung durch Agilität massiv beeinflusst werden. Die Lösungen, die sich aktuell abzeichnen, erfordern von HR einigen Mut – zum einen wegen der teils radikalen Brüche mit alten Logiken, zum anderen, weil es sehr konfliktträchtige Themenfelder sind. Mut gehört daher zu den Kerneigenschaften von HR in Agilen Welten.

Mut ist eine Kerneigenschaft von HR in Agilen Welten.

Heiko: Mut ist ein sehr passendes Wort. In unserer bisherigen Diskussion sprachst du beispielsweise immer wieder über »Engpässe« und »Widersprüche«. Damit lenkst du sehr oft den Blick auf die Punkte, die in der Praxis die meiste Arbeit machen. Es geht dir doch nicht um Problematisierung, oder?

Frank: Nein, überhaupt nicht. Ich halte diese beiden Aspekte für die zentralen in der Agilen Personalarbeit. Engpässe sind all die Rahmenbedingungen, Verhaltensweisen, Prozessschritte usw., die den Arbeitsfluss in einem System begrenzen. Agilität versucht ja, die Engpässe so zu gestalten, dass ein maximaler Arbeitsfluss (Durchfluss und Output) erreicht wird. Widersprüche sind nach meiner Erfahrung meist soziale Widersprüche, d. h. unterschiedliche Sichtweisen, Meinungen, Herangehensweisen usw. – also all die Dinge, die eine Zusammenarbeit so spannend machen ...

Heiko: ... und die immer wieder zu Konflikten führen.

Frank: Eben. Denn Konflikte sind der häufigste Grund für soziale Komplexität und das ist wiederum der größte Teil der Komplexität insgesamt. Wenn ich die Widersprüche früh isoliere und bearbeite, bekomme ich sie meist auch geschmeidiger in den Griff.

Heiko: Woher kommt dieser Fokus von dir?

Frank: Als Projektmanager habe ich gelernt, in Engpässen und Widersprüchen zu denken und mein Handeln darauf auszurichten. Die Engpässe limitieren die Möglichkeiten eines Projekts und die Risiken sind am Ende das, was die drei Kernfaktoren Qualität, Zeit und Budget am stärksten beeinflusst. Diese beiden Bereiche muss ich also in den Griff bekommen, um erfolgreich sein zu können. Damit ist Projektarbeit schon recht nah am Bereich »Komplex« im Cynefin-Framework und der Schritt aus der klassischen Projektwelt in Agiles Arbeiten ist relativ klein.

Heiko: Das unterscheidet deinen beruflichen Hintergrund von der Mehrheit der Personaler, die eher gelernt haben, in Systemen und Prozessen und damit in stabilen Systemen zu denken. In den meisten Unternehmen ist HR heute eher für simple und komplizierte Systeme ausgelegt.

Frank: Stimmt, wobei Diskussionen mit den Kollegen immer wieder zeigen, dass simpel und einfach gleichgesetzt werden. Das sehe ich nicht so. Rekrutierung halte ich beispielsweise für eine simple Thematik, zumindest in Relation zu anderen Bereichen unserer Arbeit, aber Rekrutierung ist trotzdem eine herausfordernde und anspruchsvolle Aufgabe in Zeiten des immer stärker werdenden Fachkräftemangels. Es sind eben nur vergleichsweise wenige Einflussfaktoren, die relevant sind.

Heiko: Komplexität in Bezug auf Rekrutierung dürfte vor allem aus der schwer vorhersehbaren Entwicklung der Technologie kommen, etwa der Frage, inwieweit Bots die (Vor-)Auswahl von Kandidaten übernehmen. Ich denke hier aber auch an die Frage, inwieweit Roboter den Menschen ersetzen werden oder welche Berufe durch die KI besonders betroffen sind. Gerade für uns im Bankensektor ist dies eine zentrale Frage für HR. Wir sind sicher, dass die kommenden Jahre massive Veränderungen bei den eingesetzten Technologien zeigen werden und die große Masse der Mitarbeiter davon signifikant betroffen sein wird. Unglücklicherweise haben wir noch keine Ahnung, was genau passieren wird und wie wir die Mitarbeiter bei dem noch unbekannten Wandel unterstützen können.

Frank: Das ist ein wunderbares Beispiel dafür, wie sich die Wahrnehmung von Personalarbeit verändert. Würde ich dich nicht besser kennen und deinen letzten Satz wörtlich nehmen, würde ich dir entgegenhalten, dass die Annahme, eine Entwicklung sei vorhersehbar und damit auch plan- und steuerbar, nur in den Domänen »Simpel« und »Kompliziert« funktioniert. Für die aktuelle Veränderung in die Domäne »Komplex« hinein ist eine komplett Vorstellung von der Personalrolle nötig. Was die Banken und deren Mitarbeiter erleben werden, ist kein technologisches Thema, die Technologie ist nur der Treiber. Die eigentliche Veränderung findet im Mindset und in der Art, wie wir mit Veränderung umgehen, statt.

Heiko: Stimmt, daher fangen wir gerade an, unsere Personalarbeit auf Kompetenzen und mehr Eigenverantwortung auszurichten, statt von Funktionen und Rollen in einem Organigramm auszugehen. Aber lass uns noch einmal zur Rekrutierung zurückkommen. Wenn wir wie gerade gesagt von Funktionen und Rollen weggehen, dann verlieren wir in gewisser Weise auch die Grundlage für unsere Rekrutierung. Die basiert heute auf den Stellenbeschreibungen und daraus abgeleiteten Anforderungen an ideale Mitarbeiter.

Frank: Das ist genau der Punkt der Veränderung. In einer Agilen Welt spielen Stellen und Funktionen keine Rolle mehr bzw. wir müssen Funktion anders definieren. Aus Sicht der Mitarbeiter geht es ja nicht mehr darum, jahrelang auf einer Stelle, in einem Büro an den immer gleichen Routineaufgaben zu arbeiten. In wechselnden, crossfunktionalen Teams werden permanent veränderliche Themenstellungen mit wechselnden Methoden und Tools bearbeitet. Heute ist nicht vorhersehbar, wie es morgen weitergeht. Auch das Niveau der Arbeit verändert sich permanent. Heute bin ich Mitarbeiter und morgen Agile Master, dann vielleicht Führungskraft und dann wieder Mitarbeiter.

Heiko: Diese Formulierung dürfte die meisten meiner Kollegen und auch die meisten Personaler eher erschrecken. Du beschreibst genau das, was aus dem schon ziemlich verbrauchten Akronym VUCA resultiert: Unsicherheit, Widersprüche und permanente Veränderung.

Frank: Darüber reden wir doch die ganze Zeit und es wird Zeit, dass wir Personaler als Community engagierter werden und hier die richtigen Weichen stellen, für jeden Einzelnen von uns, aber vor allem für die Belegschaften und Unternehmen. Die gute Nachricht ist dabei, dass Neues immer erst einmal Schrecken und Ablehnung auslöst, nach den ersten Schritten aber alles nur halb so schlimm ist. Meist erkennen die Menschen, dass es sogar besser wird. Nimm meine Funktion als Interimsmanager. Darin muss ich permanent neue Fragestellungen in neuen Teams und Strukturen bearbeiten. Immer wieder höre ich, dass wäre nichts, das ist so schwierig usw. Stimmt aber gar nicht. Man gewöhnt sich sehr schnell an diese Veränderungen, vor allem auch, weil am Ende vieles doch sehr ähnlich ist. Mir persönlich gefällt dabei übrigens, dass die häufigen Veränderungen geistig fit halten.

Heiko: Wenn du ein Rezept hast, wie man Menschen schnell und einfach zu dieser Haltung bringt, wäre ich sehr interessiert – und du kannst damit reich werden. Diese Klippe erscheint mir immer wieder als die entscheidende in jeder Form von Veränderung und damit auch bei der Agilen Transformation. Aber noch einmal zurück zur Rekrutierung. Diese Veränderungen, die wir gerade diskutieren, bedeuten aus meiner Sicht, dass wir die Grundlage verändern. Ich denke aktuell, dass wir versuchen sollten, nach Talenten zu suchen und nicht nach der Passung für eine bestehende Position.

Frank: Dies bedeutet wiederum, dass sich HR Gedanken machen sollte, was denn zukünftig ein Talent ausmacht und wie das zukünftige Talentmanagement aussehen wird. Von der Definition über die Identifizierung und Förderung bis zum Einsatz von Talenten ist alles auf den Prüfstand zu stellen. Ich muss zum heutigen Zeitpunkt aber gestehen, dass ich noch keine genaue Vorstellung davon habe, wie ein Agiles Talentmanagement aussehen kann.

Heiko: Wo würdest du denn mit den Überlegungen anfangen? Zumal wir ja immer wieder davon gesprochen haben, dass die neuen Systeme und Prozesse in der Agilen Logik entwickelt werden sollten.

Frank: Dann mal ein erster »Aufschlag«. Ein Talent könnte jemand sein, der die wesentlichen Elemente Agilen Arbeitens in seiner Persönlichkeit und Arbeit repräsentiert. Ich denke dabei an:

- End-to-end-Verantwortung: strategisch unternehmerisches Denken und Handeln, mit dem Kunden im Fokus
- Kundenorientierung: Moderation, Verhandlung, aber eher im Sinne von Kooperation und Win-win-Bestreben
- Selbstorganisierte Teams: kollaboratives Arbeiten, empathische Interaktion, Förderung anderer
- Arbeitsorganisation: transparentes Handeln, große Disziplin in der gewählten Methodik, Dinge fertigstellen
- Transparenz: angemessene Kommunikation auf den passenden Kanälen, präzise im Ausdruck, guter Zuhörer, der über Fragen führt
- Lernen: Streben nach Exzellenz

Heiko: Puuuh, das sollten wir nicht veröffentlichen, dann nimmt uns keiner mehr ernst.

Frank: Ach komm, nimm es sportlich. Man muss nicht perfekt sein, nur besser als der Zweite.

Heiko: Lass uns lieber das Thema wechseln. In dieser Diskussion würde sich auch anbieten, das aktuelle Verständnis von Karriere zu überprüfen und anzupassen. Hier besteht die gleiche Herausforderung wie im Talentmanagement. Wir nutzen aktuell Laufbahnen in Führung, als Experte oder im Projektmanagement und diese Laufbahnmodelle sind einfach zu starr für eine Agile Organisation. Sie reflektieren vor allem nicht mehr, was die Mitarbeiter unter Karriere verstehen.

> Laufbahnmodelle reflektieren nicht (mehr), was Agile Mitarbeiter von Karriere erwarten.

Frank: Das erlebe ich auch, wobei die Vorstellungen der Mitarbeiter so weit auseinandergehen, dass gar kein erkennbares Bild mehr besteht. Ich fürchte ehrlich gesagt, dass wir auch hier auf eine »Losgröße-1-Logik« kommen werden, d. h. wir verhandeln mit jedem Mitarbeiter individuell, wie er sich entwickeln will, wie dieser Prozess gestaltet wird und wie die dazu passenden Rahmenbedingungen aussehen.

Heiko: Dies stellt die Personalabteilung vor die Herausforderung, entsprechende Beratungs- und Betreuungskapazitäten vorzuhalten. Unsere Organisation ist dann, keine Organisation zu haben, sondern rein individuell zu handeln. Viel Spaß.

Frank: Na ja, warum sollte es hier anders sein als in der Personalentwicklung, wo wir ja genau diese Logik ebenfalls prognostiziert haben. Da fanden wir es selbstverständlich und erstrebenswert. Am Ende dieses Kapitels findet sich übrigens ein Gastbeitrag von Diana Russo, die dort aufzeigt, welche Rolle HR in der Agilen Transition spielen sollte.

5.8.1 Agiles Lernen für Personaler

Frank: Die Diskussion der Personalentwicklung könnten wir auch für unsere Profession führen. Wie ändert sich die Personalentwicklung der Personaler?

Heiko: Davor sollten wir uns jeweils fragen: Wie sieht eigentlich das Lernportfolio aus, wenn wir die Personalabteilung betrachten? Wie hoch ist unsere eigene Weiterbildungsquote und sind die angebotenen und nachgefragten Angebote inhaltlich und vom Design her geeignet, uns Personaler auf das nötige Niveau zu bringen?

Frank: Dazu müssen wir zunächst einmal das Niveau definieren.

Heiko: Der aktuelle Weiterbildungsbedarf für HR ist nach meiner Meinung deutlich höher, als wir selbst annehmen. Am Ende gelten die Regeln des Exponential Business auch für uns.

Frank: Damit die Kollegen in HR und der Personalentwicklung die Mitarbeiter und Führungskräfte in deren individualisiertem Lernen adäquat unterstützen können, sollten sie selbst professionelle Lerner sein. Wer nicht die wichtigsten Tools und Formate selbst erlebt hat und permanent nach neuen Ideen und Möglichkeiten sucht, verliert schnell den Anschluss. Dazu kommt, dass die Lernforschung Fortschritte macht und wichtige Erkenntnisse liefert (dazu gibt es einen ausführlichen Beitrag in den Arbeitshilfen online).

Heiko: Insgesamt ist also sehr viel zu tun und zu verändern. Wie kann ich das anstellen, wenn ich als Personalleiter einerseits eine chronisch unterbesetzte Truppe mit zu viel

Arbeit habe und gleichzeitig den Personalbereich und das Business zu Agilität befähigen will?

5.8.2 Ein HR-Lab einrichten

Frank: Gute Erfahrungen haben wir mit einem Agilen Vorgehen gemacht. Ein erster Schritt kann die Einführung eines »limit WiP« sein, d. h. weniger Aufgaben werden parallel bearbeitet. Dann kann Schritt zwei die Einrichtung eines HR-Labs sein. Wir nutzen also genau die Logik, die auch das Business für ihr Geschäft einsetzt. Wofür könnte ein Lab stehen?

- Experiment und Entwicklung von Methoden, Instrumenten, Innovation ...
- Simulation → Test von Prototypen
- Recherche/Analyse → Lab als Sensor für Entwicklungen
- Qualifizierung → Kompetenzvermittlung
- Sonderorganisation → Teams, die in der regulären Organisation nicht richtig eingliederbar sind (z. B. Red Teams), können hier angesiedelt werden
- Führung → Im Lab können moderne Arten von Führung erarbeitet und ausprobiert werden.

Heiko: Das Lab deckt somit drei Felder ab:

- Push: Angebote an die Führungskraft → Produkte
- Pull: Anfragen von der Führungskraft → Beratungsprojekte
- Creation: Neuentwicklungen → Bedarf aus Strategie/Markt ableiten

Frank: Ein HR-Lab ist leicht einzurichten, weil ich zum Start einfach einen geeigneten Raum und etwas Ausrüstung benötige. Dann kann ich erst einmal anfangen, nach und nach wachsen und mehr Angebote auf den internen Markt bringen.

Heiko: Dabei muss ich an das Beispiel in Kapitel 3, das Design-Thinking-Lab der Swisscom, denken. Das war ein methodenfokussierter Start, der dann Qualifizierung dazunahm und sich weiterentwickelt hat.

Frank: Genau so funktioniert Agile HR.

Heiko: Was mich spontan zu der Frage führt: Kann und muss HR vielleicht sogar die Rolle des »Hofnarren« einnehmen und sich zum Joker im Spiel um die Agilität machen? Veränderung braucht schließlich Irritation. Es gibt da einige sehr motivierende Vorreiter wie Harald Schirmer bei Continental (https://harald-schirmer.de/) und Marcus Raitner bei BMW (https://fuehrung-erfahren.de), die beide mit rebellischen Ideen und einem Blog viel Aufmerksamkeit erhalten. Sie beweisen, dass eine klare Position, Mut zur Öffentlichkeit und aktive Kommunikation zu Aufmerksamkeit und Wirkung führen.

Frank: Der hinter dem Erfolg dieser und anderer Vorreiter stehende Mechanismus kann gut eingesetzt werden, um Veränderungen zu katalysieren. Hier treffen sich Vordenker, -reiter, -bilder und andere Innovative. Sie sind motiviert, eine Sache zu treiben oder zu verändern und zeigen dies auch. Die Sichtbarkeit führt dazu, dass sich andere anschließen. Ist diese Bewegung groß und sichtbar genug, löst sie noch mehr Bewegung aus und die Veränderung erreicht einen Punkt, ab dem eine Selbstbeschleunigung einsetzt.

Heiko: Die spannende Frage ist doch: Kann man solche Veränderungen steuern? In einem gewissen Sinn und Umfang geht das. Handlungen und Einflussnahme werden Wirkung im System zeigen. Wie diese Wirkung aber genau aussieht und wann sie sich wie manifestiert, dürfte in den seltensten Fällen präzise vorhersehbar sein. Deswegen gehören Change Management und eine Agile Transformation in die Domänen »Komplex« oder »Chaotisch« des Cynefin-Frameworks. Was wiederum bedeutet, dass ein Change Management nicht in der Vorgehensweise für komplizierte Systeme, also Sense – Analyse – Respond oder anders ausgedrückt Plan – Do – Check, umgesetzt werden kann.

Frank: Genau, gerade das Mindset, einen Change »managen« zu wollen, fährt so viele Veränderungsprozesse an die Wand. Gehe ich dagegen agil vor und starte mit experimentellem Handeln …

Heiko: … da beziehst du dich auf die beiden ersten Felder in »Complex« und »Chaotisch«, also Probe und Act?

Frank: Ja, das ist gemeint. Gehe ich also in kleinen, schnellen, quasi tastenden Schritten vor, bekomme ich schnelle Rückmeldung und Veränderung auf einem Niveau, das ich durch weitere kleine Schritte verstärken oder umlenken kann.

Heiko: Dann bitte noch einmal zurück: Wenn wir also Organisationsrebellen wie Harald Schirmer oder Marcus Raitner haben und diese von einem Zielbild für die Zukunft begeistern können …

Frank: … oder gemeinsam ein Zielbild entwickeln, denn in einer komplexen Welt wird dieses Bild ja zu einem guten Teil diffus bleiben …

Heiko: … weil wir wissen, dass die Zukunft nicht genau beschreibbar ist …

Frank: … dann haben wir einen starken Kern, um den herum eine Community aufgebaut werden kann. Diese Community, mit all ihren menschlichen Ausprägungen, ist letztlich die Veränderung.

Heiko: So eine Community wird ja ziemlich unabhängig von Hierarchien, Funktionen und organisatorischer Aufhängung entstehen. Mir ist übrigens bei Harald Schirmer und Marcus Raitner aufgefallen, dass beide vom Top-Management ausdrücklich unterstützt werden. Sind das Ausnahmen?

Frank: Ich glaube, es ist eher die Regel. Ich erlebe oft eine große Veränderungsbereitschaft bei Managern und positive Sicht auf engagierte Kollegen. Es ist zum einen Teil ihrer Rolle und gehört somit zum Tagesgeschäft und wer schon länger in verantwortlichen Funktionen tätig war, hat selbst eine deutliche Veränderung erfahren. Das wirkt meist nach. Je höher man in der klassischen Hierarchie kommt, umso selbstverständlicher ist die Veränderung als wesentlicher Erfolgsfaktor. Auf den operativen Ebenen dagegen sind Mitarbeiter und deren Führungskräfte eher durch den alltäglichen Irrsinn getrieben. Veränderung ist hier eher inkrementeller Natur.

Heiko: Bis hierher haben wir also eine Gruppe von Organisationsrebellen, eine aktive Community und Support von Top-Managern. Wie schaffen wir jetzt den Sprung zu einer organisationsweiten Veränderung?

Frank: Klein anfangen und dann skalieren, positive Beispiele erarbeiten und diese dann sichtbar machen – dann wieder von vorne und das größer. Das geht beispielsweise über:

- Pilotprojekte/-maßnahmen
- Agile Pilotbereiche (Lab, Garage ...)
- Veranstaltungen/Events (»TED-artige« Konferenzen, Fuck-up-Nights ...)
- Managementvorbilder (wie im Beispiel Bosch)
- Kundeninteraktionen

Genau wie euer Fall mit der Regionaldirektion hat dieser Ansatz den Charme, dass die Teilnehmer selbst entscheiden, welche Themen sie für wichtig halten und wie sie diese bearbeiten wollen. Außerdem bedeutet eine größere Gruppe an Teilnehmern, dass immer mehrere Aktivitäten parallel laufen und so schnell viele Mitarbeiter erreicht werden können.

> Klein anfangen und skalieren, positive Beispiele erarbeiten und diese sichtbar machen. Dann wieder von vorne und größer.

Heiko: Wir haben also immer wieder die gleiche Grundidee: klein anfangen und dann skalieren. Hauptsache anfangen. Dieser offene Ansatz bedeutet für die Verantwortlichen, also hoffentlich die Personalabteilung, dass sie auf viele Eventualitäten vorbereitet sein müssen. Wir brauchen eine umfassende und geschickt ausgewählte Toolbox, in der alles enthalten ist, was mutmaßlich gebraucht werden könnte. Aber darüber hatten wir ja schon gesprochen.

Frank: Damit haben wir nach meiner Einschätzung genügend Aspekte diskutiert, wie die Personalabteilung selbst agieren kann, um Agilität für sich zu erschließen. Wenn wir ein Fazit versuchen, würde dies für mich so aussehen:

Tipps für (Agile) Personaler:

- Agiles **Mindset** und Agile Methoden lernen. Jetzt!
- Raus in die Fachabteilungen (**Kunde**) und verstehen, was die Kollegen so treiben/treibt.
- Einen professionellen Transformationsprozess definieren.
- Großes Augenmerk auf die **Organisationsentwicklung** richten.
- Sofort mit dem Betriebsrat zusammensetzen! Das weitere Vorgehen verabreden.
- Dafür sorgen, dass **Lernen** einen hohen Stellenwert erhält
- Personalentwicklung konsequent auf Employee-Led Learning und **Selbstverantwortung/-organisation** umstellen!
- Die **Digitalisierung von HR** vorantreiben. Sie brauchen Ihre knappe Zeit für Kulturarbeit, Managementqualifizierung und den Transformationsprozess!
- **Agile Methoden** einsetzen, **Lab** aufbauen, machen, lernen, verstehen, besser machen!

Four Roles For HR In The Agile Transition

Gastbeitrag von Diana Russo

Under pressure of the current paradigm shift we are reinventing and redesigning the way we organize work. Although many business (transition) leaders tell me that their HR team is not involved (yet) or that they don't see HR playing a leading role in this (I strongly disagree!), it is good to see that there are HR pioneers out there thinking about the organization (structure) of the future, redesigning current HR tools to better fit the changing needs of their customers, experimenting with agile ways of working in HR practices and reinventing HR's own role! But before we deep dive into HR roles in the agile organization (next blog), let's see what HR can do in the transition to get there and feed the fire!

The organization of the future is agile

So if traditional, hierarchical organizations do not fit anymore, what does? We see a clear shift towards organizations that are flat (as in distributed), connected and transparent. I use the metaphor of pizzas for this as described in the framework of ›The 12 Ingredients of Agile Organizations‹ (http://www.dianarusso.nl/the-12-ingredients-for-agile-organisations-you-fail-you-learn/).

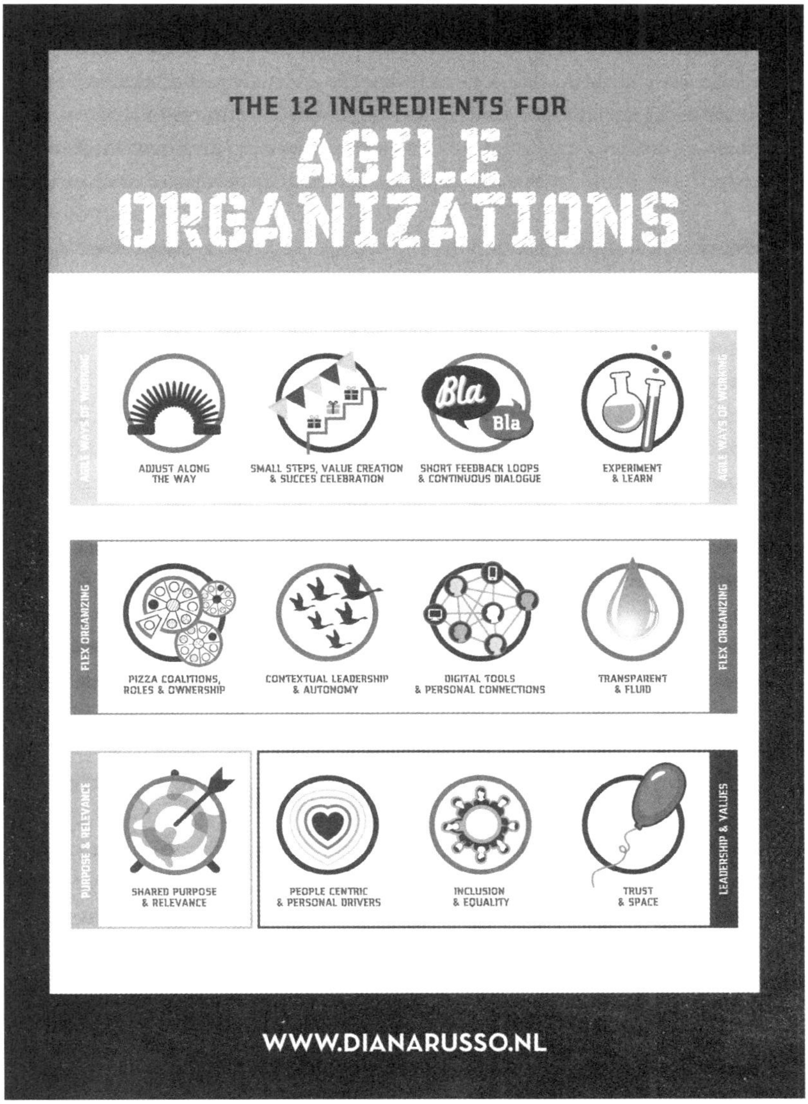

Abb. 55: The 12 ingredients for Agile Organizations

The 12 ingredients are grouped around four agility themes: agile ways of working, flexible organizing, people & value driven leadership and shared purpose & relevance. The sum of this reflects the agile culture and mindset. Depending on *context*, *company phase*, *culture* and *courage* each organization needs to look for its own ›best recipe‹ (how much from each ingredient and in what order can we put them together). One thing is for sure: in the transition from traditional to agile you need to work on all 12 ingredients and all four agility themes!

Three (or maybe four?) HR roles in the Agile Transition

So what is there to do for HR in this context? I see three important roles for HR in supporting – or better *leading* – the transition from hierarchical to agile organizations: the HR Agilist, the Transition Leader and the Trend Translator.

The HR Agilist

This is the more pragmatic role where HR is using agile ways of working like Scrum, Kanban and Design Thinking (or any unique, own version) in HR's own practices, where suitable.

It is about HR:

- understanding end-user needs & challenges and using these insights to co-create solutions in multidisciplinary teams (with only expert roles in it that actually add value to solving the problem)
- dividing the activities into small steps (each step adding value in itself) using short feedback loops, so adjustments and improvements can be made in each iteration
- the team working visually; to improve transparency within the team, but also to keep stakeholders involved and promote ›pollination‹ between teams!
- encouraging team members to speak up and engage in continuous dialogues, facilitated through events like daily stand ups and retrospectives
- Blocking time (time boxing) – even if it is an afternoon per week – for mini ›sprints‹, during which the team comes together and dedicate their time to actually get work done!

Whether it is about getting employer branding-activities up and running, rethinking the performance management cycle, looking into alternative ways of rewarding, designing a new training program or implementing a new feedback tool, the HR Agilist is not afraid to experiment and constantly reflects on »What is it the employee needs? How can we help team leads in supporting the team? What can we do to make HR services more agile? What (unnecessary) procedures can we get rid of or make things simpler and leaner in current people processes?«

The Transition Leader

An additional benefit of working with agile in HR practices is that it prevents HR to design ‹smart' solutions in isolation. It makes HR go out there and automatically include the perspective of the internal customer and other stakeholders (›flipping‹ the perspective from organization/HR to people-centric or even network-centric). It also helps HR to better understand the Transition Leader role. In this role HR supports (or *leads!),* the organization in the transition from traditional to agile. From A (old paradigm) to B (new paradigm), via B! Too often do I see Transition Leaders who try to build new organizations with the exact same building blocks that were used when setting up traditional organizations. Sure, there are basics you can bring along to the new reality, but in many instances it means you have to let go of a lot of things (pegs and squares, static functions, hierarchical communication, one-size-fits-all HR solutions for instance) and need to redesign or build

things from scratch! The HR professional in this role is able to let go of ›old› habits, mindsets and ›this is the way we use to do things around here‹ and has a rough idea how B looks like or knows how to co-design and co-create ›people practices‹ that fit B! The Transition Leader understands the inter-dependencies of the ingredients and sees that putting things in motion in one of the ingredients, results in reactions, hick ups and bottlenecks in one of the other ingredients.
Again, ›The 12 ingredients‹ can help out in these situations. Just have a look at this example about an organization starting with self-organizing teams:

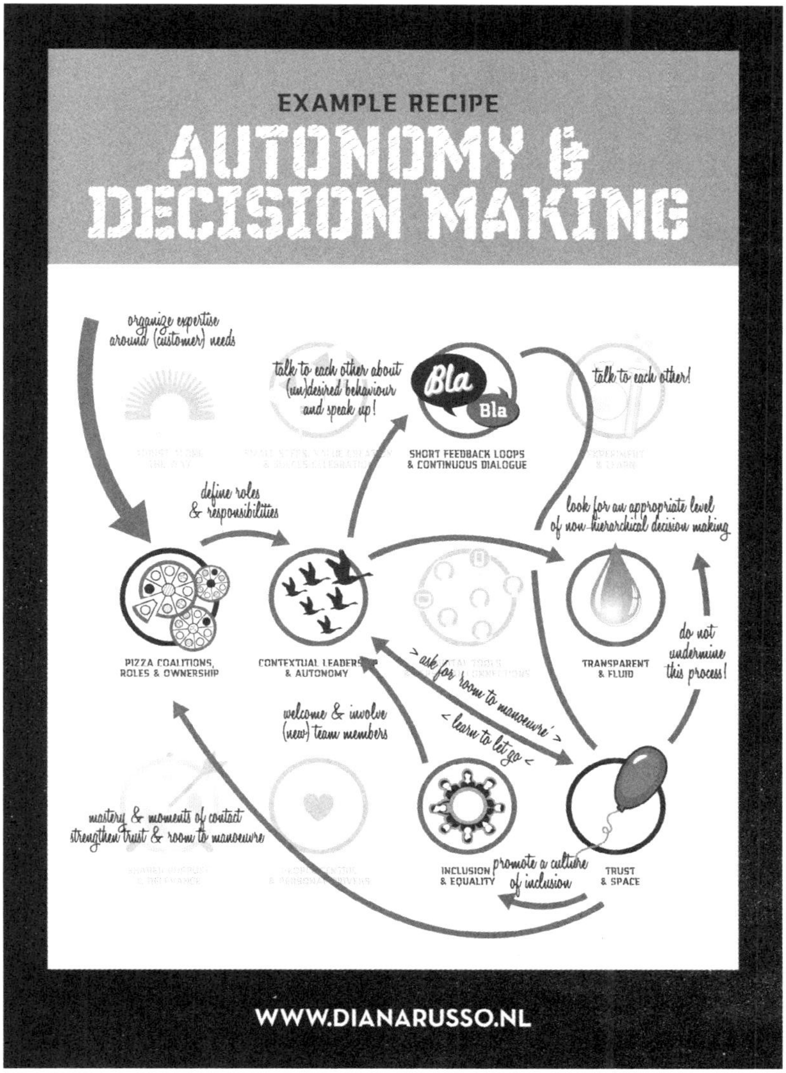

Abb. 56: Example Recipe Autonomy & Decision Making

»Changing the organization structure and team set up into self-organizing teams causes lumps elsewhere. Trying to kneed these lumps out of the pizza dough one by one and understand where the next lump might pop up is exactly how the Transition Leader can help to move the transition forward!«

In practice HR is often involved quite late in this transition process: when the works council is needed to give their consent in a reorganization or when HR tools need to be redesigned for example. I find that a pity as with our knowledge of and vision on organizational architecture, change management and people – and team coaching, we definitely have some value to add in the early stages of the transition. So take a step forward!

The (Visionary) Trend Translator

The Trend Translator can help the Transition Leader in painting possible pictures of the organization of the future as he/she is constantly monitoring trends and developments and translates these to the context of the organization. Obviously this is about trends that are directly related to HR, Culture & Leadership and Future of Work like scarcity on the labor market, 21st century skills, impact from Artificial Intelligence, a growing focus on happiness at work and so on, but I always encourage people to take a broader look and also include topics like:

- society
- science & technology
- demographics
- politics & economics

How do these developments impact the organization, HR and the individual employee?

This role also helps HR to be more ›on top of the game‹ (instead of being reactive): a step ahead and ready to move! It also ensures that HR's perspective is not (only) inward focused, but it forces HR to look outward as well. Since organizational boundaries are becoming less defined and the internal and external work forces are getting more and more blended (in talent communities, knowledge-sharing networks, alumni groups and so on), we need to understand what drives people in this ›external‹ work force and how we can involve them in, have them contribute to and make them feel part of ... the shared purpose and culture of the organization.

Although I believe Trend Translation should not be limited to one function or one team, but everyone should be curious & alert and translate the impact from what is going on in the world to their own context, the Trend Translator can help by sharing information about relevant developments and innovations and ignite & inspire others in the organization.

Is there a fourth role?

These three roles are interrelated: the HR Agilist can show the Transition Leader how to use agile ways of working in the transition process and share with the Trend Translator newly developed, state of the art, people practices. The Transition Leader in its turn can feed the HR Agilist with information about needs & challenges in the agile teams and share with the Trend Translator developments on the current state of agility in the organization with the Trend Translator. The Trend Translator, finally, can share information with the HR Agilist on current trends in agile ways of working and can help the Transition Leader to get a clearer picture of the organization of the future!

But I also see another important role for HR in the transition. Namely the role as ›fire feeder‹. HR can be the unexpected (or maybe obvious one) to help scaling agile and bring it to an enterprise level. Connecting hubs of agile and innovation inside (and outside) the organization. The one that ensures that the temperature in the oven (the culture, the timing, the context) is hot enough ... feeding and spreading the fire! Let's get moving!

Published on February 25, 2019, https://www.linkedin.com/pulse/4-hr-roles-agile-transition-diana-russo/

The author: Diana Russo is an HR & Organizational Innovator. With over 20 years of experience in HR, she spent the first 10 years in traditional, corporate organizations and the following 10 years as an independent ›advisor by doing‹, helping HR and organizations to design the organization of the future. She loves topics like Future of Work, HR Innovation, Agile Organizations, Agile HR, Culture & Leadership, AI in HR, HR & Social Media, Employer Branding & Employee Experience, Employee Engagement & the Employee Journey and Integrated People (Ops) Strategies.

Her motto: »It is a great time to be in HR! Let's get moving and discover the future of organizations and HR together.«

6 Agile Transformation – Am Ende steht ein bimodales Unternehmen

Summary

Agile Methoden einzuführen ist ein relativ einfaches Unterfangen. Damit wird ein Unternehmen aber nicht agil. Erst eine Agile Transformation, d. h. die Reorganisation für eine durchgängige Nutzung von Agilität entlang der Wertschöpfungskette, verspricht echte Business Agility. Die Komplexität einer Agilen Transformation darf jedoch nicht unterschätzt werden, sodass ein unterstützendes Framework hilfreich ist. Das A6P-Framework zeigt, wie die Bereiche Purpose, Structure, Skills und Methods in eine Agile Transformation eingebunden werden. Auch die Schnittmengen aus je zwei Bereichen – Organisationsdesign, Motivation, Produktivität und Professionalität – spielen eine Rolle. Auch in der Agilen Transformation spielt die Personalabteilung eine wesentliche Rolle, denn die Mehrheit der acht genannten Transformationsfelder fällt in ihren Verantwortungsbereich.

Frank: Wie kommt eigentlich Veränderung in die Welt? Die meisten Geschichten, die man über Change kennt, sind Geschichten von Krisen und Turnarounds. Dies könnte eine Folge sensationslüsterner Medien sein, allerdings findet sich diese eher düstere Tendenz der Betrachtung auch in den üblichen Change-Modellen. Nehmen wir das beliebte 8-Stufen-Modell von Kotter. Die erste Stufe darin ist: create a sense of urgency! Wo kommt diese Dringlichkeit her?

Heiko: Für mich ist Veränderung zunächst ganz normal, alltäglich. Jedes Individuum, jede Organisation verändert sich jeden Tag ein bisschen. Wir lernen täglich dazu, lernen neue Leute kennen, verändern Prozesse usw. Dringlichkeit entsteht erst dann, wenn die Veränderungsrate hinter der Veränderung des Umfelds zurückbleibt. In Hinblick auf zukünftige Situationen und Ziele oder im Vergleich zum Wettbewerb muss ich als Individuum eine Schippe zulegen, um mithalten zu können. Ein Beispiel ist IBM und die Veränderung von einem Produktanbieter zum Serviceanbieter.

Frank: Das Beispiel zeigt, was vielfach zu beobachten ist: Alle starren auf die starken Veränderungen, wie sie eine IBM vollzogen hat, und fühlen sich: nicht betroffen! Unser Umfeld ist schließlich viel stabiler, wir stehen gut am Markt da, und jeder macht natürlich einen guten Job. Change? Wozu? Ein wenig KVP hier, ein neues Tool dort, das reicht.

Heiko: Wir benötigen einen reflektierten Umgang mit Veränderung – im Hinblick auf große Veränderungen, wie sie aus der Digitalisierung oder einer Agilen Transformation resultieren, aber auch auf die vielen kleinen Veränderungen, die tagtäglich stattfinden und mehr Aufmerksamkeit und Steuerung verdienen. Steuerung deswegen, weil es die kleinen Veränderungen sind, die wir vollziehen und die die Grundlage der großen Changes sind.

Frank: Während ich dir zuhöre, frage ich mich gerade, wie es eigentlich um die Veränderungsrate in der Personalarbeit aussieht. Hat sich unsere Profession wirklich weiterentwickelt und dies in ausreichendem Maße? In vielen Unternehmen kann ich dies nur sehr begrenzt beobachten. HR macht eigentlich immer mehr vom selben und zeigt wenig Mut, innovative Ideen auszuprobieren. Es wird viel geredet, aber wenig umgesetzt. Wir in HR brauchen eine solche Veränderungsrate, wie sie in der IT üblich ist.

HR braucht eine solche Veränderungsrate, wie sie in der IT üblich ist.

Heiko: Was wir eben besprochen haben, gilt für jede Form der Veränderung, die in einem Unternehmen stattfindet. Da aktuell viele Unternehmen vor der Herausforderung stehen, eine Agile Transformation anzugehen, sollten wir dies aufgreifen. Für die meisten Organisationen und Verantwortlichen stellt eine Transformation eine sehr große Aufgabe dar – eine, die über einen sehr langen Zeitraum hinweg einen tiefgreifenden Wandel mit sich bringen wird. In bisher traditionell geführten Unternehmen wird dieser Weg radikale Veränderungen in den Einstellungen, Werten, dem Mindset, den Denkweisen und Interaktionen mit anderen, neuen Organisationen beinhalten – was zu einer massiven Veränderung der Organisationskultur führt.

Frank: Das stimmt, die meisten Unternehmen sind heute noch nicht agil. Eine Umfrage von Deloitte (2017) unter mehr als 10.000 Führungskräften hat ergeben, dass weniger als 10 % der Führungskräfte ihre aktuelle Organisation als agil ansehen. Über das Jahr 2018 hinweg dürfte sich dies nicht wirklich signifikant verändert haben. Das angestrebte Ziel der Business Agility ist klar, es beinhaltet die Fähigkeit des Unternehmens, sich selbst zu erneuern bzw. anzupassen, sich schnell zu verändern und in einem sich schnell wandelnden, mehrdeutigen und turbulenten Umfeld erfolgreich zu bleiben oder zu werden, und natürlich die Fähigkeiten, Strategien, Strukturen, Prozesse, Menschen und Technologie schnell neu einzustellen, damit wertschöpfende Möglichkeiten geschaffen werden.

If it doesn't challenge you, it doesn't change you.

Heiko: Wenn ich auf unsere vorherigen Kapitel zurückschaue, dann ist die Umsetzung von Business Agility selbst nicht das Ziel. Vielmehr sollte doch das Ziel sein, dass Organisationen bzw. Unternehmen in die Lage versetzt werden, einen schnellen, reibungslosen inkrementellen Wert zu generieren und hieraus den wirtschaftlichen Vorteil zu ziehen, so wie es AGFA (Amazon, Google, Facebook, Apple) vormachen.

Frank: Es gibt aber erfolgreiche Agile Champions, die nicht auf das Top-Management warten, sie haben ihre Erfahrungen in Eigeninitiative und ohne Budget/Ressourcen begonnen. Es handelt sich dabei eher um Graswurzelbewegungen als um strategische Initiativen.

Heiko: Sollten Organisationen so anfangen, sich zu verändern? Muss die Veränderung nicht auf allen Ebenen stattfinden oder spielt das Top-Management eine besondere Rolle?

Frank: Da wir ja über die Agile Transformation sprechen, spielt aus meiner Sicht die Strategie des Unternehmens eine große Rolle. Das Top-Management sollte sich fragen, wie es das eigene Management im Unternehmen mit der Welt des Agilen Arbeitens hält und welche Herausforderungen bei der Agilen Transformation bevorstehen. Hierzu gibt es eine große Auswahl von Material, das als Basis dienen und im Vorfeld gesichtet werden kann. Zum Beispiel sollten sich Manager im Internet durch die vielen Diskussionen bei LinkedIn sowie durch Case Studies anderer Unternehmen lesen. So gewinnt man einen guten ersten Eindruck davon, welche Themen in Zusammenhang mit Agilität relevant sind. Alternativ gibt es auch sehr gute Crashkurse für einen ersten Einblick in die Agile Unternehmenssteuerung wie zum Beispiel »Business Agility« vom AgileSixPack. In diesem Craskurs betrachtet man an zwei Tagen die Agilen Wirkmechanismen, Strukturen, neu benötigte Skills und das gewollte »Ver-lernen« alten Verhaltens ebenso wie die eigene Rolle als Führungskraft innerhalb der Agilen Transformation (AgileSixPack 2018a). Etwas intensiver über vier Module in zwölf Tagen ist die entsprechende Executive Ausbildung zur Agilen Unternehmenssteuerung (AgileSixPack 2018b).

Heiko: Zur Vorbereitung gehört aber auch, sich einen Überblick darüber zu verschaffen, ob und wenn ja welche Agilen Prinzipien und Praktiken bereits in Teilen der eigenen Organisation, vielleicht auch unter anderen Bezeichnungen, etabliert wurden. Die Agile Bewegung ist heute so weit fortgeschritten, dass die meisten Unternehmen zumindest in Teilen bereits Agile Methoden einsetzen, teilweise aber komplett unter dem Radar des Managements.

Frank: Das ist ein wichtiger Punkt! Das Management muss unbedingt diese Agilen Teams finden und deren Erfahrungen im Hinblick auf die erzielten Fortschritte, aber auch auf die Einschränkungen innerhalb der Organisation nutzen. Die bereits erzielten Erfolge sollten gefeiert werden und als Grundstein für die Zukunft genutzt werden. Die Agilen Vorreiter, die diese Erfolge erzielt haben, sind potenzielle Verbündete für die kommende Agile Transformation und es ist immer leichter, mit einer Erfolgsgeschichte in eine Transformation zu starten.

6.1 Worüber reden wir bei einer Agilen Transformation?

Heiko: Bevor wir uns intensiver mit der Agilen Transformation auseinandersetzen, müssen wir uns zunächst auf eine gemeinsame Terminologie einigen und eine Begriffsdefinition vornehmen. Denn in der Literatur und in vielen Onlinemedien werden Begriffe wie Agile Transition und Agile Transformation oft uneinheitlich verwendet.

Frank: Die allgemein akzeptierte und auch von uns im AgileSixPack so verstandene Definition von Agiler Transition lautet: »Eine Änderung des bestehenden Prozesses zu einem neuen Prozess, der mit den Agilen Werten und Prinzipien vereinbar ist.«

> Agile Transition – eine Änderung des bestehenden Prozesses zu einem neuen Prozess, der mit den Agilen Werten und Prinzipien vereinbar ist.

Heiko: Das heißt also, der Fokus bei Agiler Transition liegt auf der Prozessveränderung. Wir können die Agile Transition als Übergang von einem Prozess, wie beispielsweise dem Wasserfall-Modell oder dem Software Development Life Cycle, zu einem Agilen Prozess oder Framework betrachten.

Frank: Dies könnte auch als Agiler Übergang bezeichnet werden. Die häufigste Änderung ist die Implementierung des Scrum Frameworks in den Prozess. Es könnte aber auch bedeuten, Kanban, Lean Software Development, eXtreme Programming (XP) oder eine der anderen Agilen Methoden zu implementieren. Die meisten Unternehmen erleben Agilität in dieser Weise, ohne gleich das große Ganze zu verändern. Im Gegensatz zur Agilen Transition kann die Agile Transformation definiert werden als »Prozess der Transformation der Kultur und Natur einer Organisation in eine Kultur von Agilität«. Bei der Transformation geht es um eine grundlegende Veränderung in der Art und Weise, wie Menschen denken und fühlen (Mindset), sowie um einen Umbau der Organisation (Governance, Organisationsdesign). Einige unterscheiden dies von der Transition, indem sie die Transition als »agil machen« und die Transformation als »agil sein« bezeichnen.

> Agile Transformation – der Prozess der Transformation der Kultur und Natur einer Organisation in eine Kultur von Agilität.

Heiko: Agile Methoden und Frameworks sind Werkzeuge oder »Enabler« in einer Agilen Transformation. Mit anderen Worten, Agilität ist ein Vehikel – aber nicht das Ziel. Das Ziel wird von Unternehmen zu Unternehmen unterschiedlich sein, aber für die meisten Unternehmen geht es darum, echte Geschäftsagilität zu erreichen – die Fähigkeit, flexibel zu sein, auf Veränderungen zu reagieren. Diese Änderungen sind möglichst schnell und kostengünstig durchzuführen. Es bedeutet auch, eine Kultur zu erreichen, in der die Menschen befähigt werden, ihre beste Leistung zu erbringen.

Frank: Eine Agile Transformation ist alles andere als einfach. Sie greift grundlegend in das bestehende System ein und erfordert einen hohen Aufwand. Das Ausfallrisiko ist hoch. Es bedarf einer langfristigen Investition, um die tief verwurzelten Denk- und Arbeitsweisen sowie die Unternehmenskultur und Unternehmensorganisation zu verändern, aber die Produktivitätsgewinne können enorm sein.

Wenn eine Veränderung schwierig ist, muss sie kontinuierlich stattfinden.

Heiko: Eine Agile Transformation wird also länger dauern. Die Vorbereitung alleine erfordert bereits einigen Aufwand, denn wie wir ja schon am Beispiel des Personalmanagements gesehen haben, steht uns viel Arbeit bevor. Einige Unternehmen und Organisationen beginnen ihre Agile Reise mit dem Ziel der kontinuierlichen Verbesserung oder des Kulturwandels. Viele Unternehmen, die sich in der Transformation befinden, haben das Gefühl, dass sie nie ankommen werden.

6.2 Hindernisse für Agile Transformationen

Frank: In der Praxis ist das Gesagte ja nicht so einfach umzusetzen. Da haben wir eine bestehende Organisation und darin verankerte Menschen mit all ihren Gewohnheiten, Ansichten und Ängsten. Das muss man berücksichtigen, da kommt viel Sand ins Getriebe.

Heiko: Neue Themen sind halt wie ein Puzzle! Zuerst lässt man sich von einer hübschen Verpackung verführen, kämpft mit dem ersten Zugang, d. h. der Verpackung, und findet dann eine Tüte mit ganz vielen Teilen, die nur eines vermitteln: die Erkenntnis, dass es viel Arbeit wird! Nun muss es einer wagen, die Tüte aufzureißen, das Teilechaos auf dem Tisch zu ordnen und Stück für Stück an dem Bild zu arbeiten. Hier zeigen sich dann deutliche Unterschiede bei der Art, wie sich Menschen einem Thema nähern. Der »Humanist« sucht den Austausch in der Gruppe und die gemeinsame Arbeit am Thema, der »Methodiker« sortiert zunächst alle Steine, der »Aktivist« fängt einfach an usw.

Frank: Auch bei den hochkomplexen Themen Digitalisierung und Agiles Arbeiten sind solche Gruppen zu beobachten:

- Humanisten, die davon ausgehen, dass die Menschen ermächtigt werden müssen, dass man ihnen nur Vertrauen entgegenbringen muss und dann funktioniert alles (Management by Bällebad)

- Methodiker, die davon ausgehen, dass die Einhaltung von Regeln und methodisches Vorgehen zum Erfolg führen (Management by 5 Steps)
- Techniker, die vor allem auf die neuesten Gimmicks und Technologien setzen (Management by Silicon)
- Anarchisten, die allen völlig freie Hand lassen wollen (Management by antiautoritär)
- Miesmacher, die alles für übertrieben und ohnehin nur für alten Wein in neuen Schläuchen halten (Management by Geh-mich-wech!)

Die zugehörigen Meinungen schwappen in unterschiedlich starken Wellenbewegungen durch die Agile Community. Bei der Digitalisierung sind die Techniker als initiale Treiber erkennbar gewesen, bei Agilität die Methodiker. Die Humanisten sind dafür oft die lautesten, mit der stärksten Meinung. Falls dann etwas nicht funktioniert, dann sind stets die Führungskräfte in den Organisationen schuld. Da sind sich wieder alle einig.

Heiko: Die bisher nicht erwähnten Praktiker, d. h. diejenigen, die nach Lösungen in dem jeweiligen Kontext suchen und sich auf operatives, wirtschaftliches Handeln fokussieren, äußern sich eher selten. Ob sie annehmen, es würde ohnehin niemand zuhören, oder ob sie einfach keine Lust haben, sich mit »Engagierten« herumzustreiten, sei dahingestellt. Wenn man sich mit den Praktikern unterhält, werden meist mehrere Aspekte als relevant genannt:

- Lernen ist ein zentraler Erfolgsfaktor.
- Menschliche Lernprozesse dauern länger als technische Entwicklungen und organisationale Anpassungen an Veränderung dauern ebenso lange.

Menschen verändern sich langsamer als Technologien.

Frank: Oft werden notwendige Veränderungen zu spät, mit zu wenig Nachdruck und Konsequenz vorangetrieben. In der Folge resultiert daraus ein fast dauerhafter Zustand des Bekämpfens von Feuern, der wiederum zu Überlastung führt, die überlegtes und strukturiertes Handeln massiv erschwert. Et voilà: Das Hamsterrad ist geboren.

Heiko: Damit wären wir wieder bei den funktionalen Silos. Funktionssilos, die auf Effizienz ausgelegt waren, sind heute eine der Hauptursachen für mangelnde Agilität. Sie verlangsamen Entscheidungen und schaffen Machtkämpfe, während die breitere Organisation Marktchancen verpasst und Marktanteile an wendigere Wettbewerber verliert. Es ist leicht, die Ineffizienz zu erkennen, aber viel schwieriger, sie zu ändern.

Frank: Die Antwort auf die Ineffizienz von Silos besteht darin, zu langjährigen, funktionsübergreifenden Teams zu wechseln. Bei einer Transformation werden diese funktionalen Organisationen durch Gruppen von Teams ersetzt, die auf Kunden oder interne Produkte ausgerichtet sind. Der grundlegende Baustein für diese Organisation sind funktionsübergreifende und sich selbst organisierende Teams. Dies ist einer der Hauptgründe dafür, weshalb die Agile Transformation nichts für schwache Nerven ist. Agile Transformationen wirken sich direkt auf die Machtverhältnisse und Kontrolle in Unternehmen und Organisationen aus.

Heiko: Bei einer Agilen Transition können sich das selbstorganisierte Team und die Stakeholder so fühlen, als hätten sie sich verändert. Sie fühlen sich vielleicht stärker befähigt und werden hoffentlich bei ihrer Selbstorganisation unterstützt. Sie können danach streben, nach den Agilen Werten und Prinzipien zu leben. Die Frage ist, wie sich die Organisation drumherum verändert.

Frank: Agile Sub-Communities können in Organisationen gedeihen, die noch nicht vollständig umgewandelt sind. Leider habe ich auch Scrum-Piloten gesehen, bei denen sich die Kultur nicht von der der breiteren Organisation unterscheidet. Scrum wird eher wie eine Waffe verwendet und die Agilen Werte und Prinzipien werden nicht geschätzt oder geübt.

Es gibt kein delikateres Unternehmen, kein gefährlicheres, keines, dessen Erfolg zweifelhafter ist, als die Führung beim Wandel zu übernehmen. Der Neuerer wird als Gegner alle haben, denen es mit der existierenden Ordnung der Dinge gut geht, und nur lauwarme Unterstützung von denen bekommen, die von der neuen Ordnung profitieren könnten. Dieses lauwarme Gehabe kommt teilweise von der Angst vor den Gegnern, die die alte Ordnung zum eigenen Nutzen ausbeuten und das Gesetz auf ihrer Seite haben, und zum anderen vom Unglauben der Menschheit, die nicht wirklich an Neues glauben kann, bevor sie nicht selbst praktische Erfahrung damit gemacht hat.

Niccolò Machiavelli: Il Principe/Der Fürst

Heiko: In einer Agilen Transformation ist es eigentlich die Kultur, die transformiert wird. Zu den wichtigsten Aspekten dieses Kulturwandels könnten gehören:

- Vorrangiger Fokus auf Kundenzufriedenheit
- Respekt vor den Menschen
- Investitionen in die Qualifizierung der Mitarbeiter
- Einführung einer Denkweise der kontinuierlichen Verbesserung
- Empowerment und verteilte Entscheidungsfindung

Frank: Kultur zu verändern ist ein dickes Brett und die Größe der Aufgabe kann in manchen Fällen schon entmutigend wirken. Aber was wäre die Alternative? Das Ende des

Unternehmens? Durch die mangelnde kontinuierliche Anpassung an einen sich schnell verändernden Markt bzw. an das Kundenverhalten wächst diese Gefahr beständig. Es sollte nach dem bisher Dargestellten klar sein, dass die eigentliche Option darin besteht, wann und wie die Veränderungen in der Organisation vorgenommen werden, nicht ob!

Heiko: Es müssen aber auch die Risiken, die aus der Beteiligung des eigenen Top-Managements entstehen, bewertet werden. Wenn top-down damit angefangen wird, Agilität als Standardmuster zu implementieren, und die Mitarbeiter gezwungen werden, Agile Prozesse und Methoden anzuwenden, weil die Top-Manager davon gehört oder gelesen haben, dass Agilität in einem von ihnen als Vorbild angesehenen Unternehmen bestens funktioniert, oder weil ein Unternehmensberater ihnen »zuflüstert«: »Machen Sie sich keine Sorgen, wir machen Ihr Unternehmen Agil« – dann wird das Risiko des Widerstands vonseiten der eigenen Mitarbeiter innerhalb der Unternehmung deutlich gesteigert.

Frank: Das ist komplett richtig. In sehr tiefgreifenden Veränderungen, wie dies die Agile Transformation ist, funktioniert Copy-and-paste gar nicht. Um eine funktionierende Agile Organisation zu gestalten, muss das Unternehmen die Veränderung soweit irgend möglich und so schnell wie möglich von innen heraus starten, damit sie sich als »wie im eigenen Land« anfühlt – oder, in anderen Worten, als etwas, das organisch in das Unternehmen passt. Die Opposition und die verdeckten Widerstände, die unweigerlich mit jeder tiefgreifenden organisatorischen Veränderung einhergehen, werden noch stärker ausgeprägt sein, wenn der Wandel als eine Initiative des Managements durchgesetzt wird. Wir erleben oft, dass in Unternehmen entschieden wurde, Agile Methoden einzuführen und die Mitarbeiter in diesen Methoden zu schulen. Zack, nun sind wir agil. Das ist ganz mein Humor!

Heiko: Natürlich müssen nicht alle Veränderungen direkt am ersten Tag der Agilen Transformation auf allen Ebenen vorgenommen werden, aber man muss darüber nachdenken, was auf der Strecke vor uns liegt und wann und wie es sinnvoll ist, die Veränderungen auch in solchen Unternehmensbereichen vorzunehmen, die nicht offensichtlich von Agilität profitieren.

Frank: Der richtige Zeitpunkt ist ein kritisches Thema und blöderweise weiß man immer erst in der Rückschau, wann dieser gewesen wäre. Das Agile Manifest wurde 2001 verabschiedet und viele Jahre bestand das Problem darin, Manager für Agilität zu begeistern. Inzwischen hat sich das Blatt gedreht, mehr als 90 % der Führungskräfte messen dem Thema Agilität und Zusammenarbeit hohe Priorität bei. Damit ist auch das Risiko gestiegen, dass Agilität zu einem weiteren Instrument in Unternehmen degradiert wird, um in einer Reihe mit anderen Instrumenten zur Effizienzsteigerung und zur Reduzierung der Mitarbeiterzahl eingesetzt zu werden. Im Ergebnis ist die

Belohnung für den Erfolg das Verbrennen des Begriffs Agilität und die Verbreitung von Fake-Agile.

Heiko: Agilität kann also lediglich zu einem Instrument zur Kostensenkung oder zu einem einzelnen Baustein innerhalb eines bestehenden Arbeitsablaufs werden. Einige Organisationen haben Agilität bei ihren Top-Talenten zum Einsatz gebracht, aber in anderen Teilen der Organisation die »Sweat-Shop-Bedingungen« beibehalten – das steht im krassen Gegensatz zum Agilen Management. Andere Organisationen haben ein Agile-Scaling-Framework eingeführt, ohne aber wesentliche Änderungen in den Arbeitspraktiken und -prozessen vorgenommen zu haben. Noch mehr Beispiele dafür, warum Agilität versagt, sind hier zu finden: http://whyagiletransformationsfail.com

Frank: In der Agilen Welt – also sobald sich Agile Teams und Agile Arbeitsweisen fest in der Organisation etabliert haben – müssen die Bemühungen darauf ausgerichtet werden, alle etablierten Backoffice-Funktionen der Organisation, wie HR oder Controlling, in Einklang mit Agilität zu bringen. Sonst werden diese Funktionen zwar nun in Form von Agilen Teams auftreten, aber weiterhin bürokratisch wirken. Wahrscheinlich muss auch die oberste Führungsebene der Organisation unterstützen, da sich auch dort viel verändert. Das ist der Schlüssel, um die Rahmenbedingung für Veränderungen zu schaffen, die Richtung zu bestimmen und die unvermeidlichen Widerstände gegen die Transformation abzuwehren. Diese Unterstützung muss nicht sofort gegeben werden, aber sie wird zwingend benötigt, wenn sich die Veränderung ausbreitet.

6.3 Erfahrungen mit Agilen Transformationen nutzen

Frank: Bei den Überlegungen, wann und wie eine Agile Transformation aussehen kann, werden viele zuerst versuchen, von anderen Organisationen zu lernen, die sich aktuell in der Agilen Transformation befinden. Sie können solche Firmen besuchen und sich mit ihnen darüber austauschen, was aus deren Sicht die notwendigen Schlüsselqualifikationen waren und welche Learnings man aus heutiger Sicht nicht wiederholen sollte, um die Agile Transformation erfolgreich zu gestalten. Um mit solchen Unternehmen in Kontakt zu kommen, empfehlen sich entsprechende Konferenzen wie zum Beispiel die Agile Beyond IT in Berlin oder Manage Agile. Dort sind in aller Regel sehr unterschiedliche Unternehmen mit ihren Transformationsbeispielen vertreten, sodass hier jeder etwas für sich mitnehmen kann – und im persönlichen Gespräch bekommt man auch einen guten Blick »hinter die Kulissen«.

Heiko: Solche Veranstaltungen und Begegnungen können eine exzellente Hilfe sein, den jeweiligen Schlüssel zur gelungenen Agilen Transformation zu finden, insbesondere da es hier um Agile Denkweisen und nicht um einen einzelnen Prozess oder eine bestimmte Methodik geht. Wenn sich Unternehmen vornehmen, alle Agilen Praktiken lehrbuchhaft zu implementieren, werden sie relativ schnell feststellen, dass sie – in Bezug auf das Hauptziel: erfolgreicher am Kunden und Markt zu agieren – keinen allzu großen Nutzen stiften. Andere Unternehmen sind wesentlich erfolgreicher und profitieren von der Business Agility, da sie die Agilen Praktiken zwar kennen, aber an ihre spezifische Situation angepasst und nicht nach Lehrbuch eingeführt haben. Der Unterschied liegt oft darin, dass man Menschen für den neuen Weg entzünden muss.

Frank: Dies führt unter anderem zu der Frage, welcher Weg beschritten werden soll: Big Bang, d. h. die Agile Transition für alle sofort, oder eher ein iterativer Prozess, der langsam startet und dann skaliert wird. Microsoft hat den iterativen Weg gewählt und ist mit einem Team im Jahr 2008 gestartet, mit mehreren Teams im Jahr 2009, dann mit ca. 25 Teams im Jahr 2010 in der Visual Studio-Gruppe (https://www.youtube.com/watch?v=nno6Dwevspl), schließlich mit mehreren 100 Teams in der Develop Division im Jahr 2011 und dann kam es zum Commitment, Agilität bis 2014 in der gesamten Organisation einzuführen. Die Agile Transformation läuft noch heute.

Heiko: Es gibt Beispiele, in denen die Transformation auf einen Schlag umgesetzt wurde, so wie bei Salesforce.com. Im Jahr 2006 wurde von Anfang an ein umfassender Wandel in der gesamten Organisation vollzogen. Die Transformation vom traditionellen Management zum Agilen Management wurde in nur drei Monaten erfolgreich vollzogen. Im Vorfeld hatte aber auch Salesforce bereits ein Team, das erfolgreich ein für alle sichtbares Projekt mit agilen, iterativen Methoden durchgeführt hat. Diese Erfahrung diente als Blaupause für weitere Teams. Aber diese Veränderungsprozesse gehen am Management und bei Mitarbeitern nicht spurlos vorüber. So haben sowohl Manager als auch Mitarbeiter das Unternehmen verlassen, da sie mit den neuen Methoden nicht zurechtkamen – Command and Control hatte für diese Menschen einen größeren Reiz.

Frank: Nach meinen Erfahrungen treffen alle Organisation bei der Agilen Transformation auf Widerstände und erfahren Rückschläge, insbesondere am Anfang der Transformation. Es dauerte beispielsweise bei Microsoft rund ein Jahr, bis die Teams die unabdingbare Voraussetzung für Agile Teams erfüllen konnten, d. h. die komplette Arbeit in Rahmen von Sprints.

Heiko: Auch die Vorstellung von Agilität selbst entwickelt sich im Laufe der Transformation immer weiter. Es geht also nicht darum, eine Vision zu entwerfen und dann in der gesamten Organisation einzuführen. Es ist kein mechanisches achtstufiges Programm. Es geht darum, die Idee kontinuierlich an die sich verändernden Gegebenheiten des Unternehmens anzupassen. Während die Organisation und jeder Mitarbeiter in ihr die Geschichte der Veränderung an seinen eigenen Kontext anpasst, kann sie jeder Einzelne zu seinem Eigenen machen.

Frank: Es sollten auch Überlegungen darüber angestellt werden, welche Agile Terminologie gefördert bzw. eingesetzt werden soll. Das Management wird auf einen Wirrwarr von verschiedensten Begriffen stoßen. Die Organisation muss erkennen, dass es Agile Begriffe und Methoden gibt, die für die eigene Situation nicht hilfreich sind, einschließlich des Begriffs »Agilität« selbst, zusammen mit einigen eher in der Softwareentwicklung beheimateten Methoden wie Scrum etc. Jede Organisation, die sich auf den Weg der Agilen Transformation begibt, sollte sich also im Klaren darüber sein und einen Konsens erzielen, welche Agilen Begriffe und Methoden in der spezifischen Situation verwendet werden – und auch hilfreich sind – und welche besser vermieden werden.

Heiko: Wenn ich die verschiedenen mir bekannten Beispiele ansehe, dann zeichnet sich schon ein erstes Bild davon ab, welche Erfahrungen immer wieder gemacht werden. Mir fällt Folgendes auf:

- Agile Methoden lassen sich relativ schnell und unproblematisch einführen, werden nach einer Pilotphase aber sehr rasch durch die bestehende Organisation limitiert. Hier besteht eine starke Abhängigkeit von der Organisationsstruktur und Unternehmenskultur.
- Der Sinn (Nutzen) ist durch eine kleine Gruppe von Entscheidern (meist das Top-Management) schnell festzulegen. Die eigentliche Herausforderung besteht in der Agilen Transformation darin, den Sinn (Purpose) an möglichst große Teile der Belegschaft zu vermitteln. Das Storytelling hat alleine deswegen schon eine ziemliche Verbreitung erfahren.
- Skills zu erweitern ist sehr aufwendig und langwierig. In der Agilen Transformation sollten auch hier die Agilen Prinzipien gelten, d. h. jeder Mitarbeiter treibt seine Weiterentwicklung eigenverantwortlich in Kooperation mit anderen voran. Wie intensiv die Mitarbeiter ihre eigene Entwicklung vorantreiben, hängt stark von der Kraft eines motivierenden Purpose ab.
- In der Praxis legt die funktional verantwortliche Organisations-/Personalentwicklung zu oft großen Wert darauf, Inhalte, Abläufe und Ziele zu bestimmen und den Prozess kleinskalig zu steuern. Auch die Kultur, d. h. die verhaltenssteuernden Regeln und Werte, erweisen sich im Operativen oft als Hemmschuh für den Wandel. Verändert sich die Organisation zu langsam, kommt anfänglicher Elan dann schnell zum Erliegen.

Frank: Diese erste Betrachtung zeigt, dass eine Agile Transformation in den meisten Unternehmen von der Veränderung des Organisationsdesigns (Purpose) und der Aufbau-/Ablauforganisation (Methoden, Prozesse) abhängen wird. Je größer die zeitliche Herausforderung (Speed, Exonomics) ist, desto früher und radikaler muss die Organisation verändert werden.

6.4 Eine Agile Transformation gestalten – Das A6P-Framework

Heiko: Diese Erkenntnis hat uns im AgileSixPack dazu gebracht, unsere Erfahrungen zu sammeln und ein Vorgehen zu definieren, von dem wir glauben, dass es erfolgversprechend ist. Alle Mitglieder des AgileSixPack sind schließlich erfahrene Führungskräfte, die einige Jahre Erfahrung mit Change- und Transformationsprojekten/-programmen mitbringen. Trotz großer Unterschiede hinsichtlich der Fachlichkeit, Funktionen, Branchen usw. ähnelten sich doch viele der Erfahrungen, die wir in der folgenden Aufzählung zusammengefasst haben:

- Kommissionen als Vorbereiter: Isolierte Projektteams mit einem erkennbaren Überhang an Stabsstellenmitgliedern definieren politisch akzeptable Programme, die dann auf die Belegschaft ausgerollt werden.
- Berater als Projektsteuerer: Viele Unternehmen beauftragen Beratungsgesellschaften, den anstehenden Change zu konzipieren und zu koordinieren. Da sitzen dann junge Menschen ohne jegliche Arbeitserfahrung (im Sinne operativer Verantwortung) und schreiben isoliert von den Menschen im System schlaue Papiere. Die Umsetzungskompetenz geht gegen null.
- Schwierige Themen werden ausgeblendet: Eine fatale (menschliche) Tendenz ist, die besonders schwierigen und konfliktträchtigen Themen kleinzureden, zu verschieben oder anderweitig aus dem Fokus herauszunehmen. Das betrifft dann meist die Themen einer sauberen, durchdachten Vorbereitung, der anstehenden Kulturveränderung, der Lernprozesse, der Evaluation der Ergebnisse etc.
- Mechanistische Umsetzung: Abarbeiten eines 8-Stufen-Modells, eines 12-Punkte-Plans oder was auch immer aus der Konzeption herauskam.

Frank: Bei Agilen Transformationen sind darüber hinaus noch spezifische Themen zu nennen:

- Agilität wird als Methode eingeführt, oft mit »Einbahnstraßen-Beratern«, die nur diese Methode können oder nur Agilität vertreten und wenig operative Erfahrung mitbringen.
- Agilität wird in ausgelagerten oder isolierten Einheiten eingeführt, es besteht nur geringer Bezug zur Gesamtorganisation.
- Auf Menschen und deren Bedürfnisse wird (zu Recht) großer Wert gelegt, der Teil Business Value aber ignoriert.
- Der Qualifikationsaufwand und die dafür nötige Zeit werden unterschätzt.
- Teams werden mit »Splitterköpfen« besetzt, d. h. mit Mitarbeitern, die nicht nur im Agilen Team, sondern auch in ihrer Heimatabteilung oder in anderen Projekten eingesetzt werden.
- Die Kundeneinbindung erfolgt dadurch, dass über den Kunden gesprochen wird, statt mit ihm zu sprechen.

- Keine End-to-end-Verantwortung für den Projekt- oder Maßnahmengegenstand, d. h., das Team darf für den eigenen Anteil am Gesamtergebnis die End-to-end-Verantwortung tragen, nicht jedoch für das gesamte Ergebnis.

Diese Liste ließe sich noch fortsetzen, aber es wird bereits klar, dass allzu häufig das tiefe Verständnis für Agilität fehlt und die nötige Konsequenz nicht erbracht wird.

Heiko: Ein weiterer Punkt ist mir noch wichtig. Der oft beobachtete Konflikt aus tagtäglichem Irrsinn und Aufwand für die Transformation resultiert primär aus den vielen, teilweise gleichzeitig stattfindenden Change-Projekten, die nötig sind, um Geld zu verdienen. Die Effizienz im Change muss steigen. Dies am besten durch Agiles Vorgehen, das ja darauf beruht, schnell nutzbare Ergebnisse zu liefern. Dies bedeutet:

- Weniger Projekte parallel, mehr Fokus auf Fertigstellung
- Speed, Speed, Speed!
- Ausreichend Ressourcen, um erkennbare Effekte zu erzielen

Frank: Da sind wir wieder bei der Flow Efficiency, die ein wesentlicher Bestandteil der Agilität ist. Für eventuell eingerichtete Change-Teams empfiehlt sich daher auf jeden Fall, agil zu arbeiten.

Heiko: Auf der anderen Seite sollte die Liste nicht den Eindruck erwecken, dass Agile Transformationen schieflaufen. Das ist mitnichten so, denn die Agilen Teams haben die erfreuliche Angewohnheit, die zugrundeliegenden Prinzipien schnell zu nutzen und die Defizite der eigenen Organisation bzw. in der Transformation zu beseitigen. Daher sind Agile Transformationen erfahrungsgemäß deutlich erfolgreicher als vergleichbare Change-Projekte in klassischer Manier. Der unangenehme Nebeneffekt ist, dass über die Organisation und die Zeit ein Sammelsurium an unabgestimmten und unterschiedlich professionellen Lösungen anfällt. Auch die daraus resultierenden Defizite können Agile Teams nach und nach beseitigen, aber man sollte sich schon fragen, ob eine Agile Transformation nicht deutlich effizienter und entspannter abläuft, wenn von vorneherein alle wesentlichen Aspekte berücksichtigt werden.

Frank: Entsprechend haben wir die nach unserer Erfahrung im AgileSixPack wichtigsten Faktoren in einem Transformationsmodell zusammengefasst, das in der Kurzform durch einen »Diamanten« dargestellt werden kann.

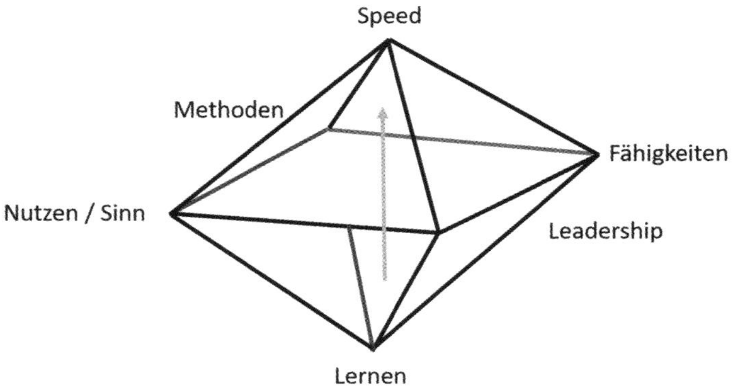

Abb. 57: Der Diamant der Agilen Transformation

Heiko: Im Kern geht es in der Agilität um eine größere Geschwindigkeit (Speed), um mit den schnellen Veränderungen in der Wirtschaft Schritt zu halten. Die wesentliche Grundlage dafür ist ein kontinuierlicher und umfänglicher Lernprozess. Bei genauer Betrachtung ist jede Transformation vor allem der Lernprozess der daran Beteiligten. Der Auslöser für Lernen und Veränderung ist eine Motivation zu dieser Veränderung. Der Zweck (Purpose) ist daher ein wesentlicher Treiber für die Menschen, zumindest wenn er transparent und inspirierend kommuniziert wurde. Der Lernprozess selbst wird neue, verbesserte, auf jeden Fall andere Fähigkeiten (Skills) ergeben, die für Professionalität in der neuen, angestrebten Situation erforderlich sind. Leadership spielt eine doppelte Rolle, denn die Kommunikation und glaubhafte Repräsentanz des Zwecks ist in der Regel eine Führungsaufgabe. Daneben schaffen die Führungskräfte die Rahmenbedingungen, die Agilität erst zulassen. Methoden helfen und sind unverzichtbar, aber wohl auch der am einfachsten zu realisierende Bestandteil der Agilen Transformation.

Jede Transformation ist der Lernprozess der daran Beteiligten.

Frank: Damit sind die wichtigsten Faktoren für eine Agile Transformation dargestellt. In unseren Diskussionen im AgileSixPack haben wir aber schnell festgestellt, dass die Realität so einfach nicht ist, und den Diamanten zu einem etwas umfangreicheren Framework ausgebaut. Darin sind auch Schnittmengen der vier Bereiche (vgl. Abb. 58) aufgenommen. Diese können Transformationsverantwortlichen aufzeigen, worauf in der Transformation zu achten ist.

RICHTIG (AGIL) TRANSFORMIEREN

1. Das Ziel ist der Weg → Agilität agil einführen!
2. Veränderung = Lernen! → Lernprozesse in den Vordergrund stellen und sehr offensiv organisieren

3. Soziale Prozesse > Methoden → Bildet Banden. Gemeinsam seid Ihr stark!
4. 98 % dessen, was benötigt wird, ist in der Belegschaft bereits vorhanden → Nutzt eure Mitarbeiter.
5. Die Führungskräfte sind die besten Katalysatoren für den Prozess → Macht Führungskräfte stark.
6. Machen. Einfach machen. Jetzt.

Heiko: An die heißen Diskussionen kann ich mich noch gut erinnern. Es hat eine Weile gedauert, bis wir die nach unserem Verständnis passenden Worte gefunden hatten. Schließlich ging es die ganze Zeit um die Frage, was jemand, der eine Agile Transformation umsetzen will, beachten sollte. Anders formuliert: Was gehört dazu? Eine gefährliche Frage, denn wir kennen ja den entsprechenden Kontext nicht, und alleine daher ist es schwierig, einen Rat zu geben. Dann befinden wir uns auf einer Meta-Ebene, so wie das Cynefin-Framework. Analog wollen wir das A6P-Framework auch verstanden wissen.

Frank: Stimmt, und wir nennen jetzt einfach mal die vier Begriffe für die Schnittmengen:
1. Motivation = Purpose + Skills
2. Organisationsdesign = Purpose + Struktur
3. Professionalität = Skills + Methoden
4. Produktivität = Struktur + Methoden

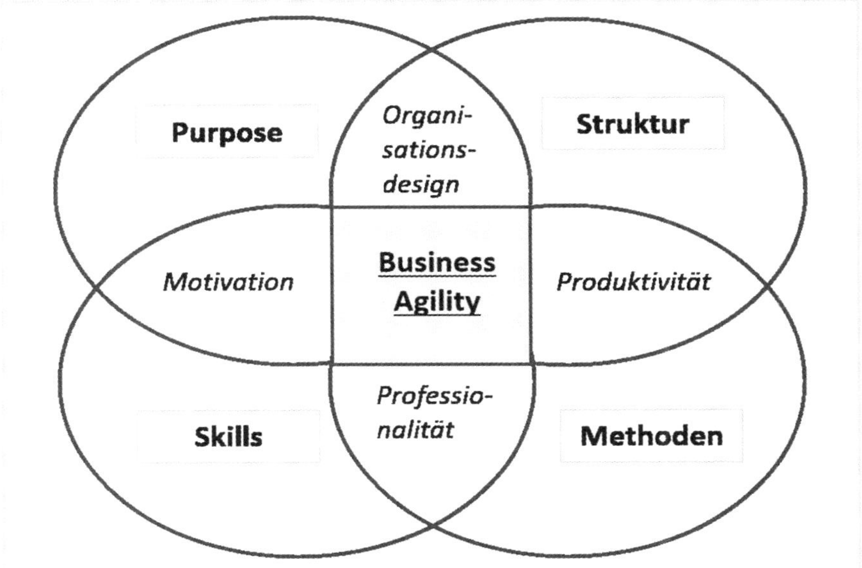

Abb. 58: Das A6P-Framework für eine Agile Transformation

Heiko: In dieser Reihenfolge steckt schon eine gewisse Rangfolge und Wertschätzung. Ganz im Sinne der Agilen Community, die das Mindset sehr oft nach vorne stellt.

Frank: Ja, fast schon gebetsmühlenartig und damit schon wieder gefährlich. Da verweise ich doch lieber auf die Diskussion, die wir hier schon zur Agilität = Mindset x Governance x Technique geführt haben. Die Logik ist in beiden Fällen sehr ähnlich.

Heiko: Gut, dann weiter im Text. Was verstehen wir unter den vier Begriffen und warum ist dieser jeweils für die Agile Transformation wichtig?

Frank: Auf Position 1 haben wir die Motivation = Purpose + Skills gesetzt. Dahinter steht schlicht die Gewissheit, dass eine Agile Transformation nur gelingen kann, wenn eine positive Motivation dazu besteht. Am Ende ist jede Transformation ja ein neuer, veränderter Satz an Handlungen und oft auch Sichtweisen. Dazu muss ein Lernprozess durchlaufen werden und möglichst alle Stakeholder werden sich entsprechend verändern. Warum sollten sie das tun? Am Ende wird jeder Beteiligte für sich eine Nutzenbetrachtung anstellen und nur wenn diese unter dem Strich positiv ausfällt, ist eine Motivation zur Veränderung vorhanden. Damit steht das Ziel, repräsentiert durch den Begriff Purpose, im Fokus. Den Purpose zu vermitteln ist ein wichtiges Element der Transformation. Dazu gehört aber auch das Gefühl, die anstehende Veränderung bewältigen zu können. Vorhandene und noch zu erwerbende Kompetenzen werden somit ebenfalls in die Nutzeneinschätzung einfließen. Kann ich das oder kann ich das Nötige lernen? Wie groß ist der mutmaßliche Aufwand?

! **Tooltipp: Vivid Vision**

Der Geschäftsführer oder CEO schreibt einen Brief an die Belegschaft, der aus seiner Perspektive drei Jahre in der Zukunft geschrieben ist. In dem Brief beschreibt er, was in den drei dann vergangenen Jahren passiert ist. Aus der Vivid Vision kann eine Roadmap für die Transformation abgeleitet werden.

Heiko: Unser zweiter Punkt hat ebenfalls etwas mit der Frage der Stakeholder zu tun, ob die Veränderung zu bewältigen ist. Selbst wenn ich für mich persönlich annehme, die Veränderung bewältigen zu können, wird die Motivation nicht groß sein, wenn klar ist, dass die vorhandene Organisation die Veränderung behindert. Agiles Arbeiten und mehrwöchige Entscheidungsprozesse oder Zulieferungen vertragen sich nicht und sind demotivierend. Da die Gleichung lautet Organisationsdesign = Purpose + Struktur, ist für die Arbeit am System unbedingt auch darauf zu achten, dass der Purpose in der neuen Struktur abgebildet wird.

Frank: So wie wir beim Agilen Lernen gefordert haben, die Qualifikation für Agiles Arbeiten in einem Agilen Prozess abzubilden. Nur so lässt sich effizient die Professionalität herstellen, die wir benötigen, um die Transformation zu bewältigen. Die vorhandenen oder zu erwerbenden Skills erfordern wiederum passende Methoden. Für das Lerndesign, aber vor allem für das aufzubauende System ist die Auswahl der besten Methoden wichtig. Einfach Scrum einzuführen macht noch keine Agilität.

Einfach Scrum einzuführen macht noch keine Agilität.

Heiko: Dies lernen viele Unternehmen gerade schmerzhaft. Es geht bei Agilität eben immer um den Outcome und dies gilt auch für die Agile Transformation. Daher sollte die Gleichung Produktivität = Struktur + Methoden einen hohen Stellenwert haben. Richtige Strukturen und passende Methoden sind die Grundlage für das Gelingen.

Frank: Wenn alle vier Felder des Frameworks und alle vier Schnittbereiche betrachtet werden, sollte eine Agile Transformation zumindest in die Kategorie »durchdacht« fallen und eine gute Chance auf Erfolg haben.

Heiko: Das glaube ich auch. Aber wie bereits gesagt. Im konkreten Fall gilt es, eine zum gegebenen Kontext passende Umsetzung zu planen. Jeder der genannten 4+4-Faktoren wird sich in den Unternehmen anders darstellen und zu anderen Entscheidungen für das Vorgehen führen.

Frank: Dies schreit danach, dass wir die Diskussion hier beenden, um ja nicht den Eindruck zu erwecken, wir würden einen Prozess für eine Agile Transformation vorschlagen – vielleicht sogar einen, der zu einem Ende kommt, an dem das Unternehmen Agil ist.

Mächtig zu sein ist wie eine Lady zu sein. Wenn man den Leuten sagen muss, dass man es ist, ist man es nicht.
Margaret Thatcher

Heiko: Der Eindruck dürfte nach der bisherigen Diskussion eigentlich nicht entstehen, denn jeder Leser wird nun wissen, dass ein Agiles Vorgehen angesagt ist und dazu gehören Kundeneinbindung, Nutzenorientierung, kurze iterative Schritte, permanente Reviews usw. Eine Agile Transformation ist kein klassisches Change-Projekt, sondern ein lebender Prozess, der mit ersten kleinen Schritten beginnt und nie zu Ende ist. Nur durchdacht sollte der Start sein.

Frank: Dann lass uns doch den nächsten Schritt gehen und eine Agile Transformation exemplarisch durchdenken.

6.5 Vorgehen in einer Agilen Transformation

Heiko: Wenn der Beschluss in der Organisation gefasst ist, mit der Agilen Transformation fortzufahren, muss wohl ein Umsetzungsteam gebildet werden. Im Idealfall wird die Transformation von Teilen des C-Levels selbst mit Unterstützung des Vorstandsvorsitzenden des Unternehmens geleitet. Die Agile Transformation selbst ist eine nicht endende Reise, die sich letztlich auf alles innerhalb der Organisation und die Beziehung des Unternehmens zur Außenwelt auswirken wird. Die Strukturen einer Organisation lassen sich vergleichsweise schwer verändern, da jedes System eine Tendenz zur Selbststabilisierung aufweist und viele interne und externe Abhängigkeiten bestehen.

Frank: Wenn ich dir so zuhöre, beschleicht mich ein ungutes Gefühl. Das klingt alles sehr top-down. In der Vergangenheit wurden Veränderungen (Transformationen) meist top-down getrieben und sind gescheitert. Heute liefern die selbstorganisierten, Agilen Teams wesentliche Beiträge, die häufig auch der Auslöser Agiler Transformationen sind. Der Anspruch an das Change-Team und an die Mittelmanager steigt damit. Vor allem aber würde ich diese Agilen Teams unbedingt in den Start der Transformation einbinden.

Heiko: Davon bin ich jetzt natürlich ausgegangen. Wir haben so lange über Agilität gesprochen, dass mich dein Einwurf jetzt überrascht. Ein Team für die Agile Transformation sollte cross-funktional und cross-hierarchisch zusammengesetzt sein.

Frank: In der Anfangsphase, während die Organisation noch bis zu einem gewissen Grad ihren Weg findet, wird das Team also Teile des C-Levels, Fachexperten und Agile Champions aus anderen Teilen und Ebenen der Organisation miteinbeziehen. Wenn das Führungsteam nur aus Personen an der Spitze des Unternehmens besteht, riskiert es wie gesagt, als Befehlshaber angesehen zu werden, es wird wieder latent das alte Schema Command and Control bedient. Andersherum, wenn niemand aus dem C-Level mitwirkt, hat das Team möglicherweise nicht die Autorität und Anerkennung, den Wandel organisch und erfolgreich zu gestalten.

Heiko: Unabhängig von der Herkunft muss das Team als eine Gruppe Agiler Champions agieren, die die Notwendigkeit von Veränderungen erkennen, leidenschaftlich daran glauben, die Transformation zu verwirklichen, und bereit sind, für ihre Idee zu kämpfen, ganz egal, was passiert. Es beinhaltet den Mut, »der Macht« die Wahrheit zu sagen, und dies zusammen mit den Menschen in der Organisation zum passenden Zeitpunkt und am richtigen Ort und auf die passende Art und Weise zu tun. Weiterhin fehlt die Abstimmungsschnittstelle zum Top-Management, die für schnelle Entscheidungen wichtig ist.

Frank: Zu Beginn der Transformation gibt es also viel zu entscheiden. Dazu gehört auch die Frage, in welchen Teilen der Organisation die Agile Transformation starten soll, zumindest wenn kein Big Bang für alle gefragt ist. Erfahrungsgemäß sollte man sich sogenannte »Scaling Edges« suchen, d. h. Bereiche, in denen eine Veränderung wahrscheinlich besonders gut läuft, weil etwa der Nutzen besonders groß ist oder die vorherrschende Kultur unterstützend wirkt. Nach den ersten Erfolgen an diesen Stellen werden andere folgen. Ein Schritt könnte dann sein, Sabbaticals zu nutzen: Mitarbeiter aus anderen Bereichen werden temporär in den Bereich des Scaling Edge versetzt und lernen die entsprechenden Bereiche, neuen Praktiken usw. kennen.

Transformation am Scaling Edge starten.

Heiko: Dieses Beispiel spricht indirekt schon die Frage an, wie aus den Pilotbereichen heraus skaliert werden kann. Die Idee mit der temporären Mitarbeit gefällt mir gut. Dann gehört ja noch einiges mehr dazu.

Frank: Zwingend benötigt werden Ausdauer, Dringlichkeit, Antrieb, Energie, die Befähigung, Begeisterung zu wecken, zusammen mit dem Realismus, das Ausmaß der Aufgabe und Veränderung sowie die Zeit, die voraussichtlich in Anspruch genommen wird, zu erkennen. Bei der Agilen Transformation handelt es sich also um einen Prozess, der nie einen Endpunkt erlangen wird. Alle Mitglieder des Umsetzungsteams müssen die Leidenschaft miteinander teilen und die Transformation inspirierend verwirklichen und leiten. Leadership Storytelling wird voraussichtlich eine große Rolle spielen, also sollte sich das Team auch mit solchen Formaten wie TED Talk auseinandersetzen, um die Veränderungen kommunikativ und inspirierend in die Mannschaft zu bringen.

Heiko: Wenn ich das bisher Gesagte reflektiere, ist Unterstützung von außerhalb der Organisation, zum Beispiel von Beratern, möglich und kann als befruchtender Impuls eingesetzt werden. Sie ist aber nicht zwingend notwendig. Die Erfahrungen anderer können nutzen, sollten aber nicht sklavisch als gegeben verfolgt werden. Erfahrungen anderer sollten und müssen bewertet werden und an die individuelle Situation in der eigenen Organisation angepasst werden. Im Zuge dieses Anpassungsprozesses werden Impulse zum eigenen Handeln gesetzt, die für die eigene Organisation im gegebenen Kontext Sinn machen.

Frank: Es gibt eben nicht nur **einen** Weg (quasi Malen nach Zahlen) und nicht nur die *eine* Methode, die funktionieren. Unternehmen sind auch nur Individuen, die eine eigene Geschichte, Persönlichkeit und Marotten haben. Dieser individuelle Kontext ist ein wesentliches Element für den Wandel. Wir Berater sind diejenigen, die das System herausfordern, die Joker, die es handlungsfähiger machen, die Katalysatoren, die den Prozess beschleunigen und sonstige Hilfestellungen geben.

Transformation ist kein Malen nach Zahlen.

Heiko: Dabei muss ein Unternehmen der Versuchung widerstehen, die Berater umfassend einzusetzen, das widerspricht der Agilen Logik. Ich denke mit Grausen an Change-Projekte, in denen ganze Beratergruppen in einem Change-Office saßen, viel Papier und große Rechnungen, aber wenig Ergebnis produziert haben.

Frank: Du hast recht, die Transformation muss organisch erfolgen. Der Prozess beginnt damit, das Konzept von Agilität in einem oder in mehreren kleinen Teams, am besten mit Freiwilligen und Interessierten, zu erproben. In diesen Teams wird Agiles Management implementiert. Wenn dies erfolgreich ist, wird das positive Ergebnis genutzt, um mit der gewonnenen Energie und Begeisterung an anderer Stelle weiterzumachen. Die erfolgreichen Teams beginnen, mit anderen Menschen in der Organisation zu sprechen und sie zu inspirieren, Mitarbeiter aus anderen Bereichen werden in den Agilen Pilotteams tätig. Diese wiederum sprechen mit neuen Gruppen von Menschen in der Organisation und bringen sie dazu, sich eine neue Zukunft vorzustellen und umzusetzen. So werden nach und nach die gesamte Organisation bzw. das gesamte Unternehmen inspiriert und machen sich auf den Weg der Agilen Transformation. Hier empfiehlt sich übrigens, die Macht der Exponentialität im Kopf zu haben. Wenn ich mit 10 Personen starte, dann 20 erreiche, dann 40 usw. habe ich rasend schnell alle Mitarbeiter erfasst.

6.6 HR in der Agilen Transformation

Heiko: Etwas anderes: Wie sollte denn die Rolle der Personalabteilung in der Agilen Transformation aussehen?

Frank: Da gibt es einiges und vieles hat mit Agilität selbst gar nicht mal so viel zu tun. Der Punkt ist häufig, dass eine Agile Transformation ein langer, mühsamer Change-Prozess ist, der vielfältige Veränderungen nach sich zieht – und deshalb vielen Beteiligten schwerfällt. Mir fällt dazu ein:

- Kundenorientierung: Die in agil geforderte Orientierung am Kundennutzen wird als Lippenbekenntnis gerne bestätigt. Die Umstellung der eigenen Handlung fällt dagegen mager aus. Es wird viel über den Kunden geredet, aber wenig mit dem Kunden. HR sollte selbst vorangehen und sich im Business mit Agilität auseinandersetzen und dort dann immer auch fragen, wie der Kunde direkt einbezogen werden kann.

- Transparenz: Einer der gewollten Effekte Agiler Methoden ist die Herstellung absoluter Transparenz der Arbeit und Arbeitsflüsse. Diese Transparenz ist vielen nicht geheuer oder sie lehnen sie rundheraus ab. Man kann sich vorstellen, warum. HR kann und muss dabei unterstützen, dass Transparenz nicht als Bedrohung, sondern hilfreiche Ressource verstanden wird. Denken wir nur an Betriebsräte, die auf jede Form von Transparenz mit »unzulässige Leistungskontrolle machen wir nicht mit« reagieren. Es geht aber vor allem um die Mitarbeiter, die sich nicht mehr verstecken können.
- End-to-end-Verantwortung: Vielen Menschen, selbst Führungskräften, fällt es enorm schwer, in Systemen zu denken und die Gesamtverantwortung eines Teams zu beschreiben, entsprechend zu organisieren und zu arbeiten. Wir sind so sehr im tayloristischen System der Arbeitsteilung verwurzelt, dass der Wechsel auf eine Gesamtverantwortung schwerfällt. Dies kann man als Qualifizierungsthema sehen, aber ich denke auch hier eher an eine aktive Begleitung im operativen Alltag.
- Lauffähig > Perfekt: In einer Industrienation, die stolz auf hochqualitative Ingenieurskunst ist, fällt es sehr vielen Unternehmen schwer, die Produktqualität auf Beta-Versionen oder »Einfach-nur-lauffähig«-Versionen herunterzubrechen und damit zufrieden zu sein. Dies liegt nur teilweise daran, dass gute Gründe wie Sicherheitsfragen gegen Teillieferungen sprechen. Auch hier geht es um eine Veränderung von Haltung, also um ein Thema der Kulturveränderung. Dazu benötigen wir positive Beispiele und geschützte Räume, in denen experimentiert werden kann. Das HR-Lab oder eine digitale Garage könnten solche Orte sein.
- Definition of Done: Erstaunlich schwer tun sich viele auch mit der Definition, was als fertig anzusehen ist. Dies gehört mit dem vorherigen Punkt zusammen. Es geht mir neben dem Anspruch aber auch um die Fähigkeit, angestrebte Ergebnisse zu beschreiben. Damit werden zum Beispiel Tests sehr schwierig, die deswegen wiederum verschoben und zu großen Testszenarien zusammengezogen werden. Damit wird die Logik des iterativen Arbeitens und Lieferns konterkariert. Dies ist auch ein Lernthema, dass mit Qualifizierung der Agilen Teams mutmaßlich in den Griff zu bekommen ist.
- Teamstabilität: Damit die Teams als organisatorische Basis Agiler Organisationen gut arbeiten können, sollten sie personell möglichst stabil sein. Teams entwickeln eigene Routinen und Rituale und jede personelle Veränderung wirft die Produktivität etwas zurück. Oft wird zu wenig Wert darauf gelegt, dass Teams stabil sind, und es wird mehr darauf geachtet, dass die Teammitglieder nach ihrem Beitrag für das Ergebnis in die »Stammorganisation«, damit ist die funktionale Organisation gemeint, zurückkehren. Hier ist HR gut geeignet, die Besetzung der Teams, aber auch die Begleitung der Mitarbeiter mitzusteuern. Dann kann auch auf eine sinnvolle Teamstabilität geachtet werden.

Heiko: All diese Punkte haben primär etwas mit dem Verständnis von Agilität zu tun, dem viel beschworenen Mindset, das oft als Grundlage Agilen Arbeitens beschworen wird. Es reicht offensichtlich nicht, die Werte und Prinzipien zu kennen, man muss sie auch leben. Gleichzeitig bedeutet dies alles, das HR unbedingt über eine hohe Agil-Kompetenz verfügen muss, damit bereits in der Vorbereitung einer Agilen Transformation an solche Dinge gedacht wird. Da kommen spannende Zeiten auf uns zu.

Frank: Kulturveränderung ist ein Bereich, der eigentlich nur von HR wirklich professionell bearbeitet werden kann. Kultur besteht aus Haltungen und Werten, Gewohnheiten und Artefakten (sichtbaren Zeichen der Kultur). Kultur ist ein komplexes und sich nur langsam veränderndes Konstrukt. Wenn ich als Führungskraft Einfluss auf die Kultur nehmen möchte, ist der beste Weg, tagtägliches Verhalten zu ändern – meines und das von anderen. In unserer Diskussion heißt dies, sehr bewusst Agiles Denken und Handeln vorzuleben und sich vor allem möglichst wenig Fehler (meist Rückfall in alte Muster) zu erlauben. Große Kulturprojekte mit Plakatwänden voller neuer Werte und Appelle bringen nichts, kleine Interaktionen und der Fokus auf die Menschen, die von anderen beachtet werden, sind dagegen erfolgversprechend. Ansonsten gelten auch hier die Kanban-Prinzipien.

Change behaviours, the mindset will follow!

Heiko: Da wir schon viel über HR gesprochen haben, ist inhaltlich eigentlich alles gesagt. Ich empfehle den Kollegen immer, so früh wie möglich mitzuarbeiten und sich aktiv einzubringen. Mehr können wir nicht tun, aber nach meiner Erfahrung sind qualifizierte Personaler in einem Transformationsprozess ein echter Mehrwert und ihre Expertise wird gerne genutzt.

Frank: Fassen wir also zusammen. Die Einführung von Agilität ist ein mühsames und anspruchsvolles Unterfangen. Es erfordert Klarheit darüber, dass es sich um einen dauerhaften Prozess handelt, der mit vielen Auf und Abs, Konflikten und Widersprüchen, Erfolgen und Ergebnissen verbunden ist. Agilität ist ein komplexer, sich ständig weiterentwickelnder Rahmen. Agilität einzuführen ist am ehesten mit dem Erlernen eines neuen Sports zu vergleichen. Man muss sich entscheiden, es zu tun, die Grundlagen erlernen und dann konsequent trainieren und sich dem Wettkampf stellen. Dabei entstehen immer wieder Phasen großen Frusts, wenn:

- klar wird, welche Komplexität und Mühe mit der Agilen Transformation verbunden ist und wie viel Arbeit es bedeutet,
- ein Grundverständnis Agilen Arbeitens nicht ausreicht. Es gibt viel zu lernen, bevor agil geschmeidig läuft.
- Motive und Interessen zu unterschiedlicher Motivation und mehr oder weniger ausgeprägtem Veränderungswillen bei Beteiligten und Betroffenen führt.

Agilität ist ein komplexer, sich ständig weiterentwickelnder Rahmen.

Heiko: Wie wäre es zum guten Schluss noch mit ein paar konkreten Tipps, auch wenn wir wissen, dass in komplexen Umfeldern keine Best Practices bestehen?

Frank: Also nur zur Reflexion? Okay, ich fang mal an. Je innovativer eine Idee, je anstrengender eine Veränderung ist, umso stärker sollte anfangs auf Freiwilligkeit gesetzt werden (Law of Diffusion of Innovation). Wenn dann die ersten Erfolge zu vermelden sind, kann die nächste Gruppe in der Verteilung adressiert werden. Die »Laggards« (Nachzügler) müssen in der Agilen Transformation übrigens nicht negativ gesehen werden. Ich vermute, dass die große Masse der Unternehmen bimodale Systeme, d. h., klassische und agile Organisationselemente existieren parallel, aufbauen wird. Da sind viele Aufgaben und Organisationseinheiten, in denen nicht agil gearbeitet wird, und dort ist Platz für Menschen, die Vorgaben und sich wiederholende Abläufe bevorzugen.

Heiko: Meine erste Idee bezieht sich auf die Frage: Welche Tipps kann man Führungskräften geben, die sich so gut wie möglich auf die agile/digitale Transformation vorbereiten bzw. die ihre Organisationseinheit darauf vorbereiten wollen? Agilität lehrt uns ja zu fokussieren. Daher empfehle ich zunächst, sich auf drei Dinge zu konzentrieren: Lernen, Vernetzung, Experimentieren.

Konzentriere Dich auf Lernen, Vernetzung, Experimentieren.

Frank: Weiter geht es mit dem Fokus auf mich selbst, wenn ich in einer Transformation aktiv bin. Man sollte sich immer fragen: Tue ich wirklich das, was ich für richtig halte, als Person und als Führungskraft einer Organisationseinheit? Wir erleben allzu oft, dass der operative Alltag die Erkenntnisse zu richtigem Verhalten überrollt. Nehmen wir das Beispiel Managementliteratur, ganz konkret Stephen Coveys »The 7 Habits of Highly Effective People«. Das Buch wurde zigtausend Mal verkauft und sehr positiv besprochen. Die ersten drei Habits sind: Be Proactive, Begin With the End in Mind, Put First Things First. Wenn jetzt jeder einmal sein eigenes Arbeitsverhalten betrachtet und die Arbeit in seiner Abteilung – wie oft handeln wir danach, wie oft leider nicht? Konkret zu unserem Thema »Agiles Arbeiten und die Personalarbeit«: Wie proaktiv kümmern sich Personaler um das Thema agil? Wie strukturiert im Sinne einer veränderten und agiler gewordenen Organisation gehen sie vor? Wie priorisiert gehen sie vor? Mehr Konsequenz könnte selten schaden.

Be proactive, begin with the end in mind und put first things first.
Steven Covey

Heiko: Thinking from the end? Wie sieht das in der Qualifizierung aus? Wenn eine Gruppe von Menschen qualifiziert werden soll, agil zu arbeiten und zu führen, steht die Vorstellung eines Agilen Endzustands am Anfang der Qualifizierung. Um dort hinzukommen, müssen die Teilnehmer neues Wissen erwerben, neue Verhaltensweisen trainieren und Fertigkeiten entwickeln. Dies kann am besten gelingen, wenn der Endzustand soweit wie möglich vorweggenommen wird, d. h. die Qualifizierung bereits so organisiert und umgesetzt wird, wie es im Endzustand normal sein wird. Im konkreten Fall Agilen Arbeitens bedeutet dies, die Prinzipien Agilen Arbeitens anzuwenden und die Teilnehmer vom ersten Moment an agil arbeiten zu lassen bzw. Agiles Denken und Handeln einzufordern. Dies muss im Formatdesign abgebildet sein. Ein Curriculum mit vordefinierten Inhalten, die in Workshops zu definierten Zeitpunkten durch Experten vermittelt werden, passt gar nicht zur Agilen Zukunft. Wir arbeiten lieber nach dem Grundmuster: Probe – Sense – Respond.

Frank: Okay, das war es dann. This is the end, my only friend the end.

Glossar

5W: Von Taiichi Ohno entwickelt, geht 5W von der Idee aus, dass kein Problem so kompliziert/komplex ist, dass es nicht durch die höchstens fünfmalige Frage »Warum?« detailliert beschreibbar wäre.

AGFA: Kurzform für die Unternehmen Apple, Google, Facebook, Amazon. Diese werden oft auch als die vier apokalyptischen Reiter bezeichnet, da sie die Welt mit ihren Systemen dominieren und es keine Alternativen gibt.

Agiles Manifest: Das Manifest für Agile Softwareentwicklung. Es gilt als wesentlicher Auslöser für die Agile Bewegung. Zitat: »Wir erschließen bessere Wege, Software zu entwickeln, indem wir es selbst tun und anderen dabei helfen. Durch diese Tätigkeit haben wir diese Werte zu schätzen gelernt:

- Individuen und Interaktionen mehr als Prozesse und Werkzeuge
- Funktionierende Software mehr als umfassende Dokumentation
- Zusammenarbeit mit dem Kunden mehr als Vertragsverhandlung
- Reagieren auf Veränderung mehr als das Befolgen eines Plans

Das heißt, obwohl wir die Werte auf der rechten Seite wichtig finden, schätzen wir die Werte auf der linken Seite höher ein.«

AgileSixPack: Im AgileSixPack treffen Avantgardisten auf Querdenker und Disruptoren auf konsequente Umsetzer, denn AgileSixPack ist ein Konsortium aus Experten und Change Agents mit langjähriger Erfahrung in Transition verschiedener Couleur, Größenordnung und Organisationseinheiten.

AI: Artificial Intelligence – ein Teilgebiet der Informatik, das sich mit der Automatisierung intelligenten Verhaltens und dem Maschinenlernen befasst.

AÜG-Novellierung: Novellierung des Arbeitnehmerüberlassungsgesetzes 2017, aus der u. a. erhebliche Beschränkungen für den Einsatz von Freiberuflern resultieren.

Backlog: Dynamische Liste mit den Arbeitsaufträgen, die in einem Projekt oder einem Prozess zu erledigen sind. Im wörtlichen Sinne ist es der Arbeitsrückstand oder Bestand an Aufträgen. In Scrum werden zwei Backlogs unterschieden. Im Product Backlog wird die gesamte Arbeit für ein Projekt aufgelistet. Im Sprint Backlog wird die in einem Sprint zu leistende Arbeit aufgeführt.

Backlog Refinement: Das Backlog Refinement ist die Ableitung konkreter Arbeiten (Tasks) aus dem Product Backlog. Dazu werden die Anforderungen präzisiert und ausgearbeitet, die Definition of Done erstellt, die Aufwände geschätzt und die zu erledigenden Aufgaben neu priorisiert (vergl. Backlog Replenishment).

Backlog Replenishment: Ein Agiles Backlog (Sprint Backlog) beinhaltet Arbeit für ein bis drei Sprints (je nach Teamentscheidung). So, wie Arbeit aus dem Backlog in die Bearbeitung geht und erledigt wird, sind neue Arbeiten in das Backlog aufzunehmen. Hierzu dient das Backlog Replenishment Meeting, in dem aus dem Product Backlog Aufgaben übernommen und präzisiert werden (vergl. Backlog Refinement).

BaFin: Bundesanstalt für Finanzdienstleistungsaufsicht.

Bimodal: Bimodal bezeichnet die Zweiteilung einer Organisation in das Management von sicheren und in ihrem Verhalten vorhersagbaren Kernelementen auf der einen sowie einer experimentellen, agilen und den Kunden sowie Partnern zugewandten Organisation auf der anderen Seite.

Burndown-Chart: Das Burndown-Chart visualisiert den Umfang eines Backlogs im zeitlichen Verlauf.

CCPM – Critical Chain Project Management: CCPM basiert auf der Arbeit von E. Goldratt, in der er die Theory of Constraints, d. h. das engpasszentrierte Arbeiten erläutert.

Chatbots: Textbasierte Systeme, die chatten mit automatischen Systemen erlauben.

Conway's Law: Conway's Law besagt, dass die Strukturen von Systemen durch die Kommunikationsstrukturen der sie umsetzenden Organisationen vorbestimmt sind.

Cost of Delay: Kosten, die entstehen, wenn ein Produkt später auf den Markt kommt. Eng damit verbunden ist die Time-to-Market, also die Zeit, die es braucht, bis das Produkt nach dem Start der Entwicklungsarbeit an den Markt geht.

Creative Commons: Creative Commons ist eine gemeinnützige Organisation, die 2001 in den USA gegründet wurde. Sie veröffentlicht verschiedene Standard-Lizenzverträge, mit denen ein Autor der Öffentlichkeit auf einfache Weise Nutzungsrechte an seinen Werken einräumen kann.

Daily Standup: Kurze Meetings, meist täglich, in denen das Team (vor dem Agile/Kanban Board) zusammenkommt und in fünf bis fünfzehn Minuten die Arbeit bespricht.

Design Thinking: Systematische Herangehensweise an komplexe Problemstellungen. Im Zentrum des Prozesses stehen Nutzerwünsche und -bedürfnisse sowie nutzerorientiertes Entwickeln von Prototypen.

DevOps: Prozessverbesserungsansatz aus den Bereichen der Softwareentwicklung und Systemadministration. *DevOps* ist ein Kunstwort aus den Begriffen *Development* (englisch für *Entwicklung*) und IT *Operations* (englisch für IT-*Betrieb*). *DevOps* soll durch gemeinsame Anreize, Prozesse und Softwarewerkzeuge (englisch: *tools*) eine effektivere und effizientere Zusammenarbeit der Bereiche *Dev*, *Ops* und Qualitätssicherung (QS) ermöglichen.

Disruption: Disruption ist ein Prozess, bei dem ein bestehendes Geschäftsmodell oder ein gesamter Markt durch eine stark wachsende Innovation abgelöst beziehungsweise »zerschlagen« wird.

DoD: Definition of Done.

DSGVO: Datenschutz-Grundverordnung.

Dunbar-Zahl: Nach Robin Dunbar die Anzahl an Menschen, mit denen eine Einzelperson soziale Beziehungen unterhalten kann.

Durchlaufzeit: Zeit, in der eine Arbeit erledigt wird. Durchlaufzeit wird oft als Quotient aus WiP (Anzahl der Arbeiten im System) und Durchsatz gemessen.

Durchsatz: Die Anzahl der Arbeiten, die in einem Zeitraum fertiggestellt werden (Tasks pro Sprint, Projekte pro Quartal usw.).

EBA: Europäische Finanzaufsichtsbehörde für das Bankwesen.

Epic: Unter einem Epic versteht man im Kontext des Anforderungsmanagements die Beschreibung einer Anforderung an eine neue Software auf einer hohen Abstraktionsebene. Die Beschreibung der Anforderung geschieht dabei in der Alltagssprache (analog zu User Stories).

Feature: Beschreibt die Funktionalität einer Software oder eines Produkts.

FinTech: Finanztechnologie (englisch financial technology, verkürzt zu Fintech bzw. FinTech) ist ein Sammelbegriff für technologisch weiterentwickelte Finanzinnovationen, die in neuen Finanzinstrumenten, -dienstleistungen oder -intermediären resultieren.

Gartner: Gartner ist ein Anbieter, der Marktforschungsergebnisse und Analysen über die Entwicklungen in der IT anbietet. Das Unternehmen hat seinen Hauptsitz in Stamford (Connecticut), USA.

Holacracy: Kunstwort, das aus Holon bzw. Holokratie (griech. Herrschaft) gebildet wird. Der Begriff beschreibt ein Ganzes, das gleichzeitig Teil eines größeren Ganzen ist.

Impediment: Hindernisse, die ein Agiles Team erlebt.

Impediment Backlog: Sammlung aller Hindernisse eines Teams.

Interimsmanagement: Interimsmanager übernehmen Ergebnisverantwortung für ihre Arbeit in einer Linienposition oder in Projekten. Sie verlassen das Unternehmen oder die besetzte Position, sobald das Problem gelöst ist, beispielsweise eine stabile neue Unternehmens- oder Bereichsführung zu etablieren, oder nach Abschluss des Projekts, in dem sie tätig waren.

IPTM: Arbeitsabfolge aus Idea, Prototype, Test, Measure.

Kanban: Ursprünglich eine Methode der Produktionsprozesssteuerung. Das Vorgehen orientiert sich ausschließlich am tatsächlichen Verbrauch von Materialien am Bereitstell- und Verbrauchsort. Kanban ermöglicht eine Reduktion der lokalen Bestände von Vorprodukten in und nahe der Produktion, die dort in Produkten der nächsten Integrationsstufe verbaut werden.

KI: Künstliche Intelligenz ist ein Teilgebiet der Informatik, das sich mit der Automatisierung intelligenten Verhaltens und dem Maschinenlernen befasst (im Englischen: AI).

Label: Etikett, das auf ein Produkt aufgeklebt wird.

Lego Serious Play: Moderierter Prozess, der die Vorzüge des Spiels und des Modellierens mit Legosteinen mit den Belangen der Geschäftswelt verbindet.

LeSS: Large Scale Scrum. Skalierungsframework, in dem Scrum genutzt wird, um größere Projekte (mehr als ein Team) zu bearbeiten.

Logarithmus: Zahl, mit der man eine andere Zahl, die Basis, potenzieren muss, um eine vorgegebene Zahl, den Numerus, zu erhalten

Marktfolge: Unter Marktfolge versteht man im Bankwesen die nicht unmittelbar mit Kundenkontakt betrauten Geschäftsbereiche, die aufbauorganisatorisch von den »Marktbereichen« zu trennen sind. Eine derartige Trennung ist bankaufsichtsrechtlich nur für das Kreditgeschäft vorgesehen.

Mindset: Steht für das deutsche Wort Mentalität und umfasst die Werte und Haltungen, die ein Mensch oder eine Organisation aufweist.

Minimum Viable Product (MVP): Ein Minimum Viable Product, wörtlich ein »minimal überlebensfähiges Produkt«, ist die erste minimal funktionsfähige Iteration eines Produkts, das entwickelt werden muss, um mit minimalem Aufwand den Kunden-, Markt- oder Funktionsbedarf zu decken und handlungsrelevantes Feedback zu gewährleisten.

Net Promoter Score (NPS): Der NPS zeigt an, mit welcher Wahrscheinlichkeit die Kunden einen Dienstleister an andere weiterempfehlen. Der NPS reicht von - 100 (keiner empfiehlt weiter) bis 100 (alle empfehlen weiter).

OKR: Objectives and Key Results.

Product Owner: Der Product Owner ist eine Rolle im Scrum Framework. Der Product Owner ist für die Eigenschaften und den wirtschaftlichen Erfolg des Produkts verantwortlich.

Publikation: Als Publikation (von lateinisch publicatio) bezeichnet man eine Veröffentlichung.

Regulatorik: Bankenregulierung ist die Tätigkeit des Staates, Normen zu setzen, durch die seine Rolle im Bankensektor definiert wird, also insbesondere Vorschriften zur Überwachung von Kreditinstituten. Die Begriffe Bankenaufsicht und -regulierung sind nicht scharf voneinander getrennt und werden zum Teil als Synonyme verwendet.

Retrospektive: In Retrospektiven wird die Zusammenarbeit in einem definierten Zeitraum aufgearbeitet. Verhalten, Prozesse und Arbeitsweisen werden reflektiert und es wird nach Möglichkeiten zur Verbesserung gesucht.

Reverse Pitch: Etablierte Manager bzw. Unternehmen stellen ihr Geschäftsmodell einer Jury aus Start-up-Gründern vor. Diese bewerten das Geschäftsmodell aus Sicht der modernen Wirtschaft.

Review: Am Ende des Sprints präsentiert das Team dem Product Owner und Interessierten das Ergebnis und sammelt Feedback (Meinungen, Verbesserungsvorschläge, Lob und Kritik) ein.

Ripple Effect: Bezeichnet die »wellenförmige« Ausbreitung eines Effekts, analog zu den Wellen, wenn ein Gegenstand ins Wasser geworfen wird.

Robo Advisor: Die Bezeichnung ist ein Kofferwort, zusammengesetzt aus den englischen Wörtern Robot (Roboter) und Advisor (Berater); dementsprechend haben Robo Advisors das Ziel, die Dienstleistungen eines traditionellen Finanzberaters zu digitalisieren und zu automatisieren.

Root-Cause-Analyse: Fehler-Ursache-Analyse, in der in meist mehreren Stufen die Ursachen eines Problems identifiziert werden. Eine gängige Methode dazu ist 5W.

SAFe: Scaled Agile Framework. Rahmenwerk, das beschreibt, wie auch größere Projekte/Produkte realisiert werden können, die nicht von einem Agilen Team in einer End-to-end-Verantwortung bearbeitet werden können.

Scrum: Scrum (englisch für »Gedränge«) ist ein Vorgehensmodell des Projekt- und Produktmanagements, insbesondere zur Agilen Softwareentwicklung. Es wurde ursprünglich in der Softwaretechnik entwickelt, ist aber davon unabhängig.

Scrum Master: Rolle im Scrum. Der Scrum Master verantwortet die Einhaltung der Scrum-Regeln und moderiert das Team hinsichtlich des Vorgehens.

Social Media: Der Begriff Social Media beschreibt Webseiten und Apps, über die Nutzer Inhalte kreieren sowie teilen und sich vernetzen können. Zentrales Merkmal von Social Media ist die Interaktivität.

Story Point: Abschätzung des Aufwands, der anfallen wird, um eine Aufgabe zu erledigen.

Swimlane: Schwimmbahn. Im Prozessmanagement oder in Agilen Skalierungsmethoden werden parallele Verantwortungsbereiche definiert, die in nebeneinander liegenden Bahnen dargestellt werden.

Technical Debt: Technische Schuld. Unter der technischen Schuld versteht man den Zusatzaufwand, der für Änderungen und Erweiterungen an schlecht geschriebener Software im Vergleich zu gut geschriebener Software aufgebracht werden muss.

Theorie X/Y: Von Douglas McGregor eingeführte Unterscheidung der Grundannahmen, dass Menschen von Natur aus faul (X) oder aus sich heraus ehrgeizig wären (Y).

Theory of Constraints (TOC): TOC oder Engpasstheorie bezeichnet die Gesamtheit der Denkprozesse und Methoden zur Steigerung des Durchsatzes von Systemen. Dabei wird angenommen, dass der Durchsatz durch einen Engpass begrenzt wird.

User Story: User Stories sind die Geschichten der Nutzer einer Leistung. Verantwortlich für die Erstellung ist der Product Owner, der darin beschreibt, wie sich die Nutzer oder Kunden eine Leistung wünschen, um ihre Ziele zu erreichen.

VUCA: Akronym aus den Worten Volatile, Uncertain, Complex, Ambiguous. Es steht exemplarisch für die sich schnell verändernde Wirtschaftswelt und beschreibt die Konsequenzen für den Einzelnen und Unternehmen.

VZU-Matrix: Instrument aus der Luftfahrt, in dem Vorfälle, Zwischenfälle und Unfälle erfasst werden. Zugrunde liegt die Erfahrung, dass Unfälle aus der Verkettung kleinerer Probleme entstehen und durch das Erfassen auch kleiner Abweichungen besser prognostizierbar sind.

Work in Progress (WiP): Bezeichnet die Aufgaben, die aktuell im Team bearbeitet werden. Der WiP wird auf dem Agile Board dargestellt und ist meist limitiert, um den Fluss aufrechtzuerhalten.

Working out Loud (WOL): Durch John Stepper bekannt gewordene Methode, in der kleine Gruppen ihre Lernprozesse gegenseitig transparent machen. Lernen basiert hier wesentlich auf Beziehungen und Austausch.

Abbildungsverzeichnis

Literaturverzeichnis

AgileSixPack (2018a): https://www.slideshare.net/fredel00/agile-sixpack-businessagility2tage

AgileSixPack (2018b): http://www.mentus.de/Medien/Dokumente/AgileSixPack_Executive-Ausbildung_Agile-Steuerung_12Tage.pdf

Anderson, C. (2013): How to give a killer presentation, in: Harvard Business Review, June 2013

Anderson, C. (2010): How web videos powers global innovation: http://www.ted.com/talks/chris_anderson_how_web_video_powers_global_innovation

Bilello, M. (2018): A transparent approach to salaries: https://smarketshq.com/a-transparent-approach-to-salaries-d63478421622

Conway, M. E. (1968): How Do Committees Invent? In: F. D. Thompson Publications, Inc. (Hrsg.): Datamation, Band 14, Nr. 5, April 1968, S. 28–31

Conplement (2019): https://www.conplement.de/de/karriere/mitarbeiter-canvas

Cortinovis, S. (2015): Veränderung als Normalzustand – Agile Praxis aus Personalmanagement-Sicht, Vortrag auf der Zukunft Personal 2015

Deloitte (2017): Rewriting the rules for the digital age - 2017 Deloitte Global Human Capital Trends: https://www2.deloitte.com/de/de/pages/human-capital/articles/human-capital-trends-deutschland-2017.html

Deutsche Telekom, Detecon International und Henley Centre for Leadership/Henley Business School (2018): Arbeit 2028 – Trends, Dilemmata und Chancen: https://www.telekom.com/de/medien/medieninformationen/detail/studie-arbeitswelt-2028-537156

Deutsche Gesellschaft für Personalführung (2011a): DGFP Langzeitstudie Professionelles Personalmanagement: Ergebnisse der pix-Befragung 2010: https://www.dgfp.de/fileadmin/user_upload/DGFP_e.V/Medien/Publikationen/Praxispapiere/201103_Praxispapier_langzeitstudiepix2010.pdf

Deutsche Gesellschaft für Personalführung (2011b): DGFP Studie: HR Kennzahlen auf dem Prüfstand: https://www.dgfp.de/hr-wiki/DGFP_Studie__HR_Kennzahlen_auf_dem_Pr%C3%BCfstand.pdf

Dräger Medizintechnik GmbH (2018): https://www.draeger.com/de_corp/Ueber-Draeger/Innovation/Innovations-Stories

Edelkraut, F.; Balzer, S. (2016): Inspiring! Kommunikation im TED-Stil, Springer, 2016

Edelkraut, F. (2014): Der letzte räumt die Erde auf! Wie sich »agil« auf die Personalabteilung auswirkt. Vortrag auf der Manage Agile 2014: http://de.slideshare.net/fredel00/hr-in-agilen-umgebungen

Edelkraut, F.; Eickmann M. (2015): Agiles Management – jetzt wird es ernst! In: Wirtschaftsinformatik & Management (1/2015)

Edelkraut, F. (2016): Personalmanagement in der agilen Organisation: Management Innovation Camp 2016 (1/2016): http://managementinnovation.camp/

Folkman, J. (2016): The Key to Organizational Agility – Leadership Speed (August 2016): http://zengerfolkman.com/webinars/

Folkman, J. (2015): 8 Ways To Get Work Done Faster: http://www.forbes.com/sites/joefolkman/2015/03/23/8-ways-to-get-work-done-faster/#39eac21975f9

Folkman, J. (2014): Gute Führung reicht nicht, Interview, in: managerseminare, April 2014

Gartner: https://www.gartner.com/en/research/methodologies/gartner-hype-cycle

Goldratt, E. (2002): Das Ziel: Ein Roman über Prozessoptimierung, Campus Verlag, 2002

GPM Fachgruppe Agile Management (2018): Handbook Agile Management, Release 2, BoD

GPM Fachgruppe Agile Management (2019): Handbook Agile Management, Release 3, BoD

Graf, N.; Gramß, D.; Edelkraut, F. (2017): Agiles Lernen: Neue Rollen, Kompetenzen und Methoden im Unternehmenskontext, Haufe, 2017

Graf, N.; Gramß, D.;Heister, M. (2016): Gebrauchsanweisung fürs lebenslange Lernen. Vodafone Stiftung Deutschland, 2016

Günther, A. (2016): Die schönsten Fettnäpfchen aus 10 Jahren Agiler Transition, Vortrag auf der Tools4AgileTeams: https://blog.seibert-media.net/blog/2016/11/15/die-schoensten-fettnaepfchen-aus-zehn-jahren-agiler-transition-vortrag-von-albrecht-guenther-bei-der-tools4agileteams-2016/

Haufe Whitepaper: Agile Unternehmen – Das Betriebssystem für die Arbeitswelt der Zukunft (2015): http://www.haufe.de/personal/download-agile-unternehmen-whitepaper_48_319054.html

Haufe Umantis (2015): http://presse.haufe.de/pressemitteilungen/detail/article/ceo-marc-stoffel-erneut-demokratisch-gewaehlt/

Häusling, A. (Hrsg.) (2016): Agile Organisationen – Transformationen erfolgreich gestalten – Beispiele agiler Pioniere, Haufe, 2016

Holacracy.Org (2018): HOLACRACY – Discover A Better Way of Working: https://www.holacracy.org/wp-content/uploads/2016/08/Holacracy-WhitePaper-v5.pdf

Hsieh, T. (2016): Delivering Happiness. Vahlen, 2016

Ismail, S.; Mike M.; van Geest Y. (2014): Exponential Organizations: Why new organizations are ten times better, faster, cheaper than yours (and what to do about it), Diversion Books, 2014

Joiner, B.; Josephs, S. (2007): Leadership Agility, HB Printing, 2007

Kienbaum Consultants International und Deutsche Gesellschaft für Personalführung. All-Agile HR? Erkenntnisse zum Reifegrad der HR-Funktion in der agilen Transformation (2018): https://www.dgfp.de/fileadmin/user_upload/DGFP_e.V/Medien/Publikationen/Studien/CO110-189_WhitePaper_AllAgileHR_181205.pdf

Klumpp, B.; Guillium, L. (2012): Betriebsverfassungsgesetz und Scrum – Wie passt das zusammen? Vortrag auf der Deutsche Scrum 2012: http://deutschescrum.de/sites/deutschescrum.de/files/article/Deutsche%20Scrum%202012_Betriebsverfassungsgesetz%20und%20Scrum.pdf

Kolbjørnsrud, V.; Amico, R.; Thomas, R. J. (2016): How Artificial Intelligence Will Redefine Management, Harvard Business Review: https://hbr.org/2016/11/how-artificial-intelligence-will-redefine-management

Komus, A.; Kassner, M. (2018): Agiler Einkauf 2018, Beschaffung im Zuge der Digitalen Transformation: https://www.process-and-project.net/survey-agiler-ek/

Komus A. et al. (2014): Status Quo Agile – Zweite Studie zu Verbreitung und Nutzen agiler Methoden: http://www.status-quo-agile.de/

Kniberg, I.; Ivarsson, A. (2012): Scaling Agile @ Spotify with Tribes, Squads, Chapters & Guilds (2012): http://de.slideshare.net/xiaofengshuwu/scalingagilespotify (Anm.: Bei Slidshare.net finden sich einige weitere Dokumente zu der Art, in der Spotify sich organisiert)

Kotter, J. P. (2014): Accelerate – Building strategic agility for a faster moving world, Harvard Business Review Press, 2014

Kurtz, C. F.; Snowden, D. J. (2003): »The new dynamics of strategy: Sense-making in a complex and complicated world« IBM Systems Journal. 42 (3): 462–483: http://alumni.media.mit.edu/~brooks/storybiz/kurtz.pdf

Laloux, F. (2014): Reinventing Organizations, Vahlen, 2014

Leopold, K. (2018): Agilität neu denken, Leanability, 2018

McKinsey (2015): The keys to organizational agility: https://www.mckinsey.com/business-functions/organization/our-insights/the-keys-to-organizational-agility

Nagel, R. (2014): Organisationsdesign: Modelle und Methoden für Berater und Entscheider, Schäffer Poeschel, 2014

Newport, C. (2016): Deep Work: Rules for Focused Success in a Distracted World, Grand Central Publishing, 2016

Nisen, M. (2015): Why GE had to kill its annual performance reviews after more than three decades: https://qz.com/428813/ge-performance-review-strategy-shift/

Pistrui, J.; Dimov, D. (2018): The Role of a Manager Has to Change in 5 Key Ways: https://hbr.org/2018/10/the-role-of-a-manager-has-to-change-in-5-key-ways?utm_source=linkedin&utm_medium=social&utm_campaign=hbr

PMI: Capturing the value of project management through organizational agility (2015): http://www.pmi.org/~/media/PDF/learning/translations/2015/capture-value-organizational-agility.ashx

Quartz 2016: GE Performance Strategy Shift: http://qz.com/428813/ge-performance-review-strategy-shift/

Redmann, B. (2017): Agiles Arbeiten im Unternehmen, Haufe, 2017

Riedel, T. (2017): Agile Personalauswahl – Erfolgreiche Vorstellungsgespräche im Kontext von Innovation und Vielfalt, Haufe, 2017

Robertson, B. J. (2016): Holacracy, Ein revolutionäres Management-System für eine volatile Welt, Vahlen, 2016

Robinson, K. (2006): Do schools kill creativity?: https://www.ted.com/talks/ken_robinson_says_schools_kill_creativity

Rogers, E. M. (1983): Diffusion of innovations (3rd ed.), Free Press of Glencoe, 1983

Russo, D. (2019): 4 Roles For HR In The Agile Transition: https://www.linkedin.com/pulse/4-hr-roles-agile-transition-diana-russo/

Scaled Agile (2018): SAFe® 4.6 Introduction – Overview of the Scaled Agile Framework® for Lean Enterprises: https://www.scaledagile.com/resources/safe-whitepaper/

Schwaber, K.; Sutherland, J. (2017): The Scrum Guide: https://www.scrumguides.org/docs/scrumguide/v2017/2017-Scrum-Guide-US.pdf#zoom=100

Singularity University (2018) – The Exponential Leader's Guide to Achieving 10x Growth: https://more.su.org/10xgrowth

Snowden, D. J.; Boone, M. E. (2007): A Leader's Framework for Decision Making, in: Harvard Business Review, 69–76: https://hbr.org/2007/11/a-leaders-framework-for-decision-making

Startup Lab workshop: How Google sets goals (2013): OKRs: https://www.youtube.com/watch/?v=mJB83EZtAjc

Stoffel, M.; Grabmeier S. (2015): Mitarbeiterzentriertes Betriebssystem Keynote auf dem Talent Management Gipfel: https://www.haufe.com/vision/mitarbeiterzentriertes-betriebssystem/

Weick, K.; Sutcliffe, K. (2015): Managing the unexpected – Sustained Performance in a Complex World, Jossey-Bass, 2015

Wikibook Corporate Learning (2017): https://de.wikibooks.org/wiki/Organisationales_Lernen_im_Digitalen_Zeitalter

Wilkat, B.; Haas, A.: Human Centred Design bei der Swisscom: http://www.the-new-worker.com/human-centred-design-swisscom/

Zenger, J. H.; Folkman, J. R.; Edinger, S. K. (2009): The Inspiring Leader: Unlocking the Secrets of How Extraordinary Leaders Motivate. McGraw-Hill Education, 2009

Inklusive Arbeitshilfen online

Exklusiv für Buchkäufer!

Ihre Arbeitshilfen zum Download:

- **http://mybook.haufe.de/**
- **Buchcode:** ELZ-1198

Feedback